21 世纪高等院校自动化系列实用规划教材

电气控制技术(第 2 版)

主　编　韩顺杰　吕树清

副主编　张根宝　张克明

参　编　张改莲　蔡长青

北京大学出版社
PEKING UNIVERSITY PRESS

内 容 简 介

本书在介绍传统的低压电器、典型的控制电路及其设计方法的基础上，系统地介绍了电气控制系统的构成、特点及分析方法。内容包括常用(电磁式)低压电器、电气控制系统的基本控制电路、电气控制线路设计基础、典型机床电气控制线路分析、可编程控制器、变频调速器。本书既保留了传统的电气控制内容，又介绍了当今先进的电气控制技术。

本书可作为高等院校电气工程及其自动化、工业自动化、机电一体化等专业的教材，也可供工程技术人员自学，还可作为培训教材。

图书在版编目(CIP)数据

电气控制技术/韩顺杰，吕树清主编. —2 版. —北京：北京大学出版社，2014.11
(21 世纪高等院校自动化系列实用规划教材)
ISBN 978-7-301-24933-8

Ⅰ. ①电… Ⅱ. ①韩…②吕… Ⅲ. ①电气控制—高等学校—教材 Ⅳ. ①TM921.5

中国版本图书馆 CIP 数据核字(2014)第 231058 号

书　　名：电气控制技术(第 2 版)
著作责任者：韩顺杰　吕树清　主编
策 划 编 辑：程志强
责 任 编 辑：程志强
标 准 书 号：ISBN 978-7-301-24933-8/TP・1349
出 版 发 行：北京大学出版社
地　　址：北京市海淀区成府路 205 号　100871
网　　址：http://www.pup.cn　新浪官方微博：@北京大学出版社
电 子 邮 箱：编辑部 pup6@pup.cn　总编室 zpup@pup.cn
电　　话：邮购部 010-62752015　发行部 010-62750672　编辑部 010-62750667
印 刷 者：北京虎彩文化传播有限公司
经 销 者：新华书店
787 毫米×1092 毫米　16 开本　13.25 印张　306 千字
2006 年 8 月第 1 版
2014 年 11 月第 2 版　2024 年 1 月第 5 次印刷
定　　价：28.00 元

第 2 版前言

电气控制技术是高等工科院校自动化、电气工程及其自动化专业中应用性很强的一门专业课。随着计算机技术、电力电子技术、自动控制技术的发展，电气控制技术已由继电—接触器硬接线的常规控制转向以计算机为核心的软件控制。PLC 和变频器是典型的现代电气控制装置。它们具有抗干扰能力强、可靠性和性能价格比高、编程方便、结构模块化、易于网络化等技术特点，易于与多种智能化电气传动产品相连接，实现各种生产设备或工业生产制造过程的自动化控制，近年来在工业控制系统中得到广泛的应用。

为了适应新技术发展对电气控制技术课程的教学需要，我们遵循结合工程实际、突出技术应用原则编写了本书。本书通过继电控制、可编程控制器、变频调速器三大部分，介绍现代工业自动化实用技术，以实际应用为重点，给出适量的应用实例。

全书共分 6 章。第 1 章为传统的低压电器；第 2 章介绍传统的低压电器组成的基本控制环节；第 3 章在介绍基本控制环节的基础上，着重介绍继电—接触器电气控制系统的设计思想与方法；第 4 章通过对典型机床的电气控制线路的实例分析，总结电气控制系统分析的基本内容和一般规律；第 5 章为可编程控制器的内容，在介绍可编程控制器的基本原理基础上，强调新的控制器带来新的控制理念，并从应用角度出发，力图展现可编程控制器的强大功能；第 6 章介绍目前应用极为普遍的变频器，重点在变频器的功能和应用上，略去了烦琐的理论推导。

本书由长春工业大学韩顺杰、南昌工程学院吕树清担任主编；陕西科技大学张根宝、西安外事学院张克明担任副主编；西安外事学院张改莲、长春工程学院蔡长青参加编写。具体分工为：第 1 章由张根宝编写；第 2 章由张改莲编写；第 3 章由张克明编写；第 4 章由吕树清编写；第 5 章由蔡长青编写；韩顺杰负责第 6 章的编写和全书的统稿、定稿工作。

本书在编写过程中得到长春工业大学电气与电子工程学院部分师生的支持，在此表示衷心的感谢。

由于编者水平及编写时间所限，书中难免存在不妥之处，恳请广大读者给予批评指正。

编　者

2014 年 7 月

目　　录

第 1 章　常用(电磁式)低压电器

本章主要介绍在电力拖动系统和自动控制系统中常用的且发挥重要作用的一些低压电器，如接触器、继电器、主令电器等的工作原理、选用原则等内容，以便为学习和设计可编程序控制器控制系统打下基础。

1.1　低压电器的作用与分类

电能在工农业生产、国防、交通及人们日常生活等各个领域起着十分重要的作用，而低压电的产生、输送、分配和应用均离不开低压电器。低压电器中最典型、应用最广泛的一类就是电磁式低压电器。本章主要介绍电磁式低压电器的结构、工作原理等。

1.1.1　低压电器的定义与作用

所谓低压电器是指工作在直流 1200V、直流 1500V 额定电压以下的电路中，能根据外界信号(机械力、电动力和其他物理量)，自动或手动接通和断开电路的电器。其作用是实现对电路或非电对象的切换、控制、保护、检测和调节。低压电器可分为手动低压电器和自动低压电器。随着电子技术、自动控制技术和计算机技术的飞速发展，自动电器越来越多，不少传统低压电器将被电子线路所取代。然而，即使是在以计算机为主的工业控制系统中，继电—接触器控制技术仍占有相当重要的地位，因此低压电器是不可能完全被替代的。

1.1.2　低压电器的分类

低压电器的用途广泛、种类繁多、功能多样，其规格、工作原理也各不相同。低压电器可按工作电压和按用途等方法分类，按用途可分为以下几类：

(1) 控制电器。用于各种控制电路和控制系统的电器。对这类电器的主要技术要求是有一定的通断能力，操作频率要高，电器的机械寿命要长。如接触器、继电器、启动器和各种控制器等。

(2) 主令电器。用于发送控制指令的电器。对这类电器的主要技术要求是操作频率要高，抗冲击，电器的机械寿命要长。如按钮、主令开关、行程开关和万能转换开关等。

(3) 保护电器。用于对电路和用电设备进行保护的电器。对这类电器的主要技术要求是有一定的通断能力，可靠性要高，反应要灵敏。如熔断器、热继电器、电压继电器和电流继电器等。

(4) 执行电器。用于完成某种动作和传动功能的电器。如电磁铁、电磁离合器等。

(5) 配电电器。在供电系统中进行电能的输送和分配的电器。对这类电器的主要技术要求是分断能力强，限流效果好，动稳定性能及热稳定性能好。如低压断路器、隔离开关、刀开关、自动开关等。

低压电器还可按使用场合分为一般工业用电器、特殊工矿用电器、安全电器、农用电器和牵引电器等；按操作方式可分为手动电器和自动电器；按工作原理分为电磁式电器、非电量控制电器等。电磁式低压电器是采用电磁现象完成信号检测及工作状态转换的。电磁式低压电器是低压电器中应用最广泛、结构最典型的一类。

1.2　电磁机构及触点系统

各类电磁式低压电器在结构和工作原理上基本相同。从结构上来看，主要由两部分组成：电磁机构(检测部分)、触点系统(执行部分)。

1.2.1　电磁机构

电磁机构是电磁式低压电器的关键部分，其作用是将电磁能转换成机械能。

1. 电磁机构的组成与分类

电磁机构由线圈、铁心和衔铁组成，其作用是通过电磁感应原理将电磁能转换成机械能，带动触点动作，完成接通或断开电路。电磁式低压电器的触点在线圈未通电状态时有常开(动合)和常闭(动断)两种状态，分别称为常开(动合)触点和常闭(动断)触点。当电磁线圈有电流通过，电磁机构动作时，触点改变原来的状态，常开(动合)触点将闭合，使与其相连电路接通；常闭(动断)触点将断开，使与其相连电路断开。根据衔铁相对铁心的运动方式，电磁机构可分为直动式和拍合式两种，如图1.1所示为直动式电磁机构，图1.2所示为拍合式电磁机构，拍合式电磁机构又包括衔铁沿棱角转动和衔铁沿轴转动两种。

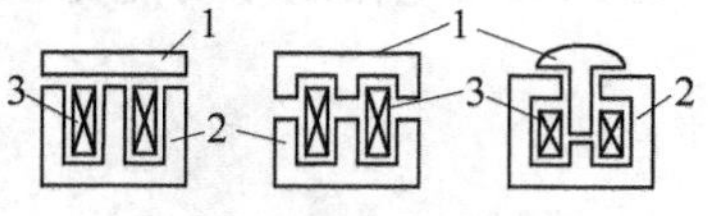

图1.1　直动式电磁机构

1—衔铁　2—铁心　3—吸引线圈

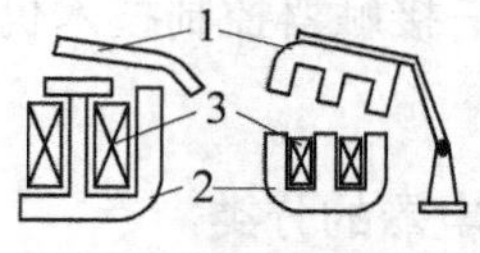

图1.2　拍合式电磁机构

1—衔铁　2—铁心　3—吸引线圈

吸引线圈的作用是将电能转换为磁场能，按通入电流种类不同可分为直流和交流线圈。直流线圈一般做成无骨架、高而薄的瘦高型，使线圈与铁心直接接触，以便散热。交流线圈由于铁心存在涡流和磁滞损耗，铁心也会发热，为了改善线圈和铁心的散热条件，线圈设有骨架，使铁心与线圈隔离，并将线圈制成短而厚的矮胖型。另外，根据线圈在电路中的连接形式，可分为串联型和并联型。串联型主要用于电流检测类电磁式电器中，大多数电磁式低压电器线圈都按照并联接入方式设计。为了减少对电路的分压作用，串联线圈采用粗导线制造，匝数少，线圈的阻抗较小。并联型为了减少电路的分流作用，需要较大的阻抗，一般线圈的导线细，而匝数多。

2. 电磁吸力与反力特性

电磁线圈通电以后，铁心吸引衔铁带动触点改变原来状态进而接通或断开电路的力称为电磁吸力。电磁式低压电器在吸合或释放过程中，气隙是变化的，电磁吸力也将随气隙的变化而变化，这种特性称为吸力特性。电磁吸力是反映电磁式电器工作可靠性的一个非常的重要参数，电磁吸力可按式(1-1)计算，即

$$F = \frac{B^2 S \times 10^7}{8\pi} \tag{1-1}$$

式中　F——电磁吸力(N)；

B——气隙中磁感应强度(T)；

S——铁心截面积(m^2)。

因磁感应强度 B 与气隙 δ 及外加电压大小有关，所以，对于直流电磁机构，外加电压恒定时，电磁吸力的大小只与气隙有关，即

$$I = \frac{U}{R} \tag{1-2}$$

$$\Phi = \frac{IN}{R_m} \tag{1-3}$$

式中　I——线圈电流(A)；

U——外加电压(V)；

R——直流电阻(Ω)；

N——线圈匝数(匝)；

Φ——磁通(Wb)；

R_m——磁阻(H^{-1})。

可见，对直流电磁机构 $F \propto \Phi^2 \propto 1/R_m \propto 1/\delta^2$，其励磁电流的大小与气隙无关，衔铁动作过程中为恒磁动作，电磁吸力随气隙的减小而增加，所以吸力特性曲线比较陡峭，如图 1.3 中曲线 1 所示。

但对于交流电磁机构，由于外加正弦交流电压，在气隙一定时，其气隙磁感应强度也按正弦规律变化，即 $B=B_m \sin\omega t$。所以，吸力公式为

$$F = \frac{10^7 S B_m^2 \sin^2 \omega t}{8\pi} \tag{1-4}$$

电磁吸力也按正弦规律变化，最小值为零，最大值为

$$F_m = \frac{10^7 S B_m^2}{8\pi} \tag{1-5}$$

对交流电磁机构其励磁电流与气隙成正比，在动作过程中为恒磁通工作，但考虑到漏磁通的影响，其吸力随气隙的减小略有增加，所以吸力特性比较平坦，吸力特性曲线如图 1.3 中曲线 2 所示。

所谓反力特性是指反作用力 F_r 与气隙 δ 的关系曲线，如图 1.3 中曲线 3 所示。为了使电磁机构能正常工作，其吸力特性与反力特性配合必须得当。在衔铁吸合过程中，其吸力特性必须始终处于反力特性上方，即吸力要大于反力；反之，衔铁释放时，吸力特性必须位于反力特性下方，即反力要大于吸力(此时的吸力是由剩磁产生的)。在吸合过程中还须注意吸力特性位于反力特性上方不能太高，否则会因吸力过大而影响到电磁机构寿命。

3. 交流电磁机构上短路环的作用

电磁吸力由电磁机构产生，当电磁线圈断电时使触点恢复常态的力称为反力，电磁式

电器中反力由复位弹簧和触点产生，衔铁吸合时要求电磁吸力大于反力，衔铁复位时要求反力大于电磁吸力(此时是剩磁产生的电磁吸力)。当电磁吸力的瞬时值大于反力时，铁心吸合；当电磁吸力的瞬时值小于反力时，铁心释放。所以交流电磁机构在电源电压变化一个周期中电磁铁将吸合两次，释放两次，电磁机构会产生剧烈的振动和噪声，因而不能正常工作。为此必须采取有效措施，以消除振动与噪声。

解决的具体办法是在铁心端面开一小槽，在槽内嵌入铜质短路环，如图 1.4 所示。加上短路环后，磁通被分为大小接近、相位相差约 90°电角度的两相磁通 Φ_1 和 Φ_2，因两相磁通不会同时过零，又由于电磁吸力与磁通的二次方成正比，故由两相磁通产生的合成电磁吸力变化较为平坦，使电磁铁通电期间电磁吸力始终大于反力，铁心牢牢吸合，这样就消除了振动和噪声，一般短路环包围 2/3 的铁心端面。

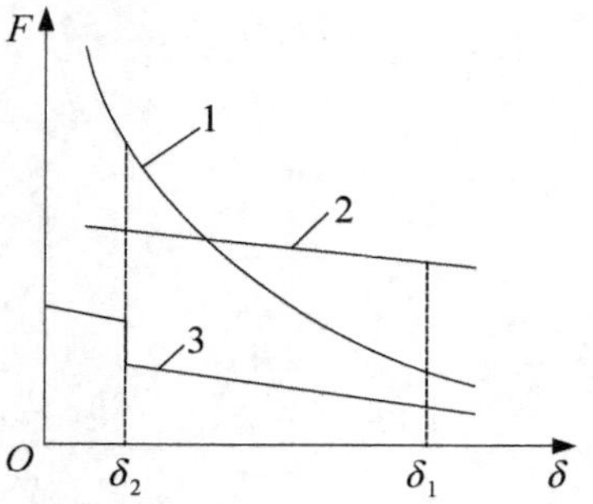

图 1.3　电磁铁吸力特性与反力特性

1—直流电磁铁吸力特性　2—交流电磁铁吸力特性　3—反力特性

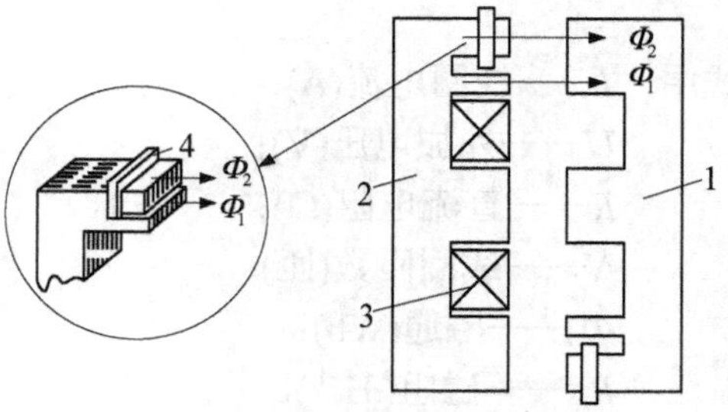

图 1.4　交流电磁铁的短路环

1—衔铁　2—铁心　3—线圈　4—短路环

1.2.2　触点系统

触点是电磁式电器的执行机构，电器就是通过触点的动作来接通或断开被控制电路的，所以要求触点导电导热性能要好。电接触状态就是触点闭合并有工作电流通过时的状态，这时触点的接触电阻大小将影响其工作情况。接触电阻大时触点易发热，温度升高，从而使触点易产生熔焊现象，这样既影响工作的可靠性，又降低了触点的寿命。触点接触电阻的大小主要与触点的接触形式、接触压力、触点材料及触点的表面状况有关。触点的结构形式主要有两种：桥式触点和指形触点。触点的接触形式有点接触、线接触和面接触共 3 种。

1. 触点的结构形式

如图 1.5 所示为桥式触点，图 1.5(a)、图 1.5(b)为桥式常开(动合)触点的结构。电磁式电器通常同时具有常开(动合)和常闭(动断)两种触点，桥式常闭(动断)触点与桥式常开触点结构及动作对称，一般在常开触点闭合时，常闭触点断开。图中静触点的两个触点串于同一条电路中，当衔铁被吸向铁心时，与衔铁固定在一起的动触点也随着移动，当与静触点接触时，便使与静触点相连的电路接通。电路的接通与断开由两个触点共同完成，触点的接触形式多为点接触和面接触形式。

如图 1.5(c)所示为指形触点，触点接通或断开时产生滚动摩擦，能去掉触点表面的氧化膜。触点的接触形式一般为线接触。

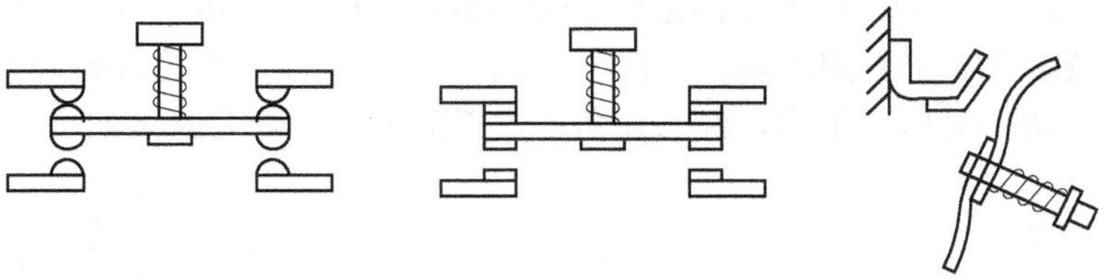

(a)　　(b)　　(c)

图 1.5　桥式触点的结构形式

2. 触点的接触形式

触点的接触形式有点接触、线接触和面接触 3 种，如图 1.6 所示。点接触适用于电流不大，触点压力小的场合；线接触适用于接通次数多，电流大的场合；面接触适用于大电流的场合。

为了减小接触电阻，可使触点的接触面积增加，从而减小接触电阻。一般在动触点上安装一个触点弹簧。选择电阻系数小的材料，材料的电阻系数越小，接触电阻也越小。改善触点的表面状况，尽量避免或减少触点表面氧化物形成，注意保持触点表面清洁，避免聚集尘埃。

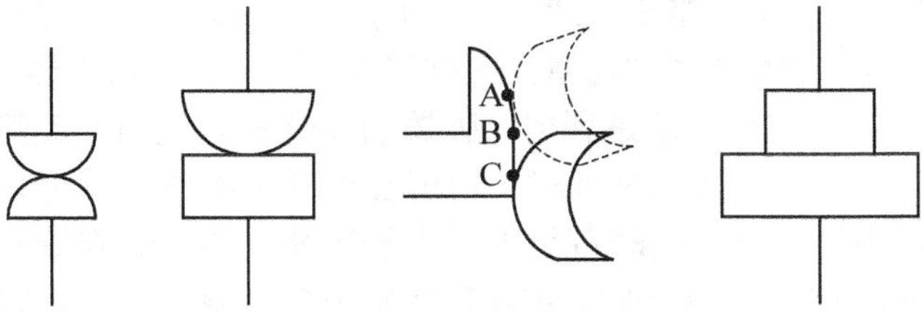

(a) 点接触　　(b) 线接触　　(c) 面接触

图 1.6　触点的接触形式

3. 灭弧原理及装置

触点在通电状态下动、静触点脱离接触时，由于电场的存在，使触点表面的自由电子大量溢出，在强电场的作用下，电子运动撞击空气分子，使之电离，阴阳离子的加速运动使触点温度升高而产生热游离，进而产生电弧。电弧的存在既使触点金属表面氧化，降低电气寿命，又延长电路的断开时间，所以必须迅速熄灭电弧。

根据电弧产生的机制，迅速使触点间隙增加，拉长电弧长度，降低电场强度，同时增大散热面积，降低电弧温度，使自由电子和空穴复合(即消电离过程)运动加强，可以使电弧快速熄灭。使电弧与冷却介质接触，带走电弧热量，也可使复合运动得以加强，从而使电弧熄灭。常用的灭弧装置有以下几种。

(1) 电动力吹弧。桥式触点在断开时具有电动力吹弧功能。当触点打开时，在断口中产生电弧，同时也产生如图 1.7 所示的磁场。根据左手定则，电弧电流要受到一个指向外侧的力 F 的作用，使其迅速离开触点而熄灭。这种灭弧方法多用于小容量交流接触器中。

(2) 磁吹灭弧。如图 1.8 所示，在触点电路中串入吹弧线圈。该线圈产生的磁场由导磁夹板引向触点周围，其方向由右手定则确定(图中×所示)，触点间的电弧所产生的磁场，其方向为⊕和⊙所示。在电弧下方两个磁场方向相同(叠加)，在电弧上方方向相反(相减)，所以弧柱下方的磁场强于上方的磁场。在下方磁场作用下，电弧受力的方向为F所指的方向，在F的作用下，电弧被吹离触点，经引弧角引进灭弧罩，使电弧熄灭。

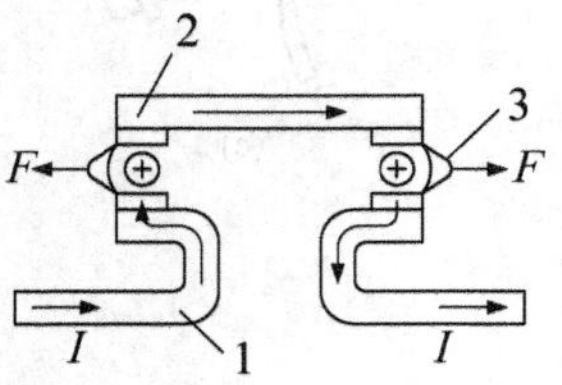

图 1.7　双断口结构的电动力吹弧效应

1—静触点　2—动触点　3—电弧

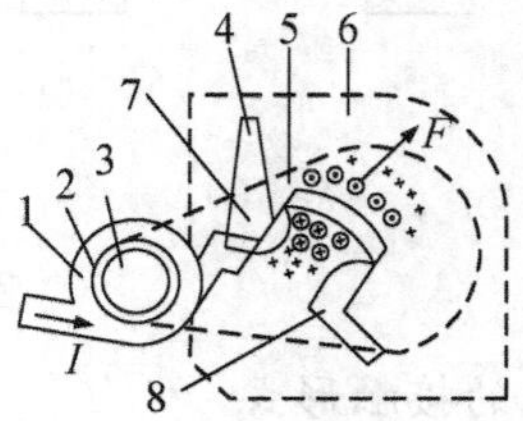

图 1.8　磁吹灭弧示意图

1—磁吹线圈　2—绝缘线圈　3—铁心　4—引弧角
5—导磁夹板　6—灭弧罩　7—静触点　8—动触点

(3) 栅片灭弧。如图 1.9 所示，灭弧栅是一组薄钢片，它们彼此间相互绝缘。当电弧进入栅片时被分割成一段一段串联的短弧，而栅片就是这些短弧的电极，这样就使每段短弧上的电压达不到燃弧电压。同时每两片灭弧片之间都有 150V～250V 的绝缘强度，使整个灭弧栅的绝缘强度大大加强，以致外加电压无法维持，电弧迅速熄灭。此外，栅片还能吸收电弧热量，使电弧迅速冷却。基于上述原因，电弧进入栅片后就会很快熄灭。由于栅片灭弧装置的灭弧效果在电流为交流时要比直流时强得多，因此在交流电器中常采用栅片灭弧。

(4) 窄缝灭弧。如图 1.10 所示是利用灭弧罩的窄缝来实现的。灭弧罩内有一个或数个纵缝，缝的下部宽上部窄。当触点断开时，电弧在电动力的作用下进入缝内，窄缝可将电弧柱分成若干直径较小的电弧，同时可将电弧直径压缩，使电弧同缝紧密接触，加强冷却和去游离作用，使加快电弧的熄灭速度。灭弧罩通常用耐热陶土、石棉水泥或耐热塑料制成。

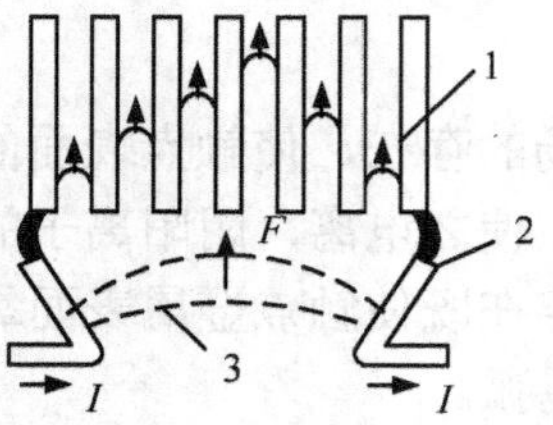

图 1.9　栅片灭弧示意

1—灭弧栅片　2—触点　3—电弧

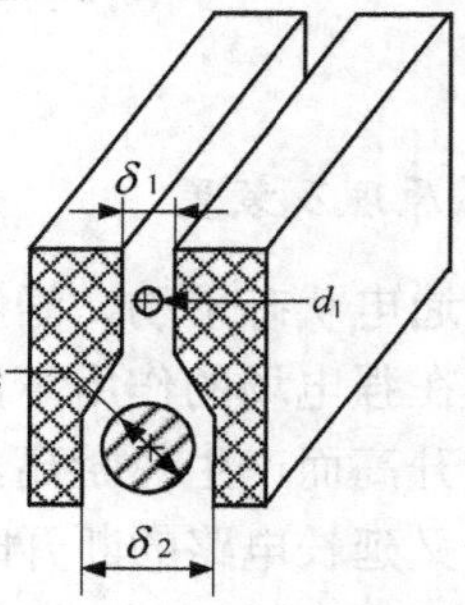

图 1.10　窄缝灭弧室的断面

1.3　接　触　器

接触器是一种用来频繁地接通和断开(交、直流)负荷电流的电磁式自动切换电器，主要用于控制电动机、电焊机、电容器组等设备，具有低压释放的保护功能，适用于频繁操作和远距离控制，是电力拖动自动控制系统中使用最广泛的电气元器件之一。

接触器按其分断电流的种类可分为直流接触器和交流接触器；按其主触点的极数可分为单极、双极、三极、四极、五极几种，单极、双极多为直流接触器。

接触器按流过主触点电流性质的不同，可分为交流接触器和直流接触器；而按电磁结构的操作电源不同，可分为交流励磁操作和直流励磁操作的接触器两种。

1.3.1 接触器的结构及工作原理

1. 交流接触器的结构

交流接触器主要由电磁机构、触点系统、灭弧装置和其他辅助部件四大部分组成，结构示意图如图 1.11 所示。

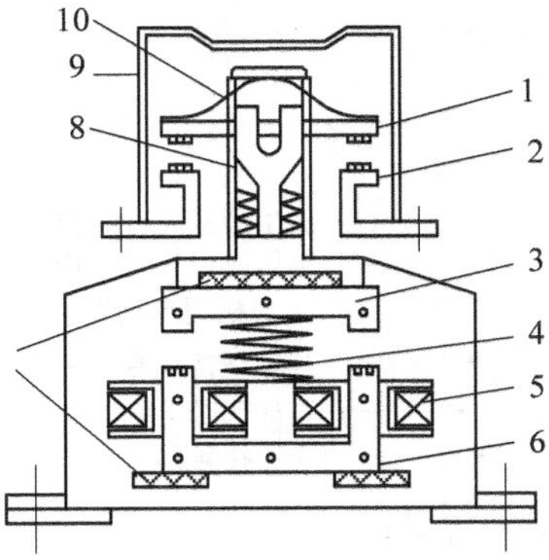

图 1.11　CJ20 系列交流接触器结构示意图

1—动触点　2—静触点　3—衔铁　4—弹簧　5—线圈　6—铁心
7—垫毡　8—触点弹簧　9—灭弧罩　10—触点压力弹簧

(1) 电磁机构。电磁机构由线圈、铁心和衔铁组成，用作产生电磁吸力，带动触点动作。

(2) 触点系统。触点分为主触点及辅助触点。主触点用于接通或断开主电路或大电流电路，一般为三极。辅助触点用于控制电路，起控制其他元件接通或断开及电气联锁作用，常用的常开、常闭各两对；主触点容量较大，辅助触点容量较小。辅助触点结构上通常常开和常闭是成对的。当线圈得电后，衔铁在电磁吸力的作用下吸向铁心，同时带动动触点移动，使其与常闭触点的静触点分开，与常开触点的静触点接触，实现常闭触点断开，常开触点闭合。辅助触点不能用来断开主电路。主、辅触点一般采用桥式双断点结构。

(3) 灭弧装置。容量较大的接触器都有灭弧装置。对于大容量的接触器，常采用窄缝灭弧及栅片灭弧，对于小容量的接触器，采用电动力吹弧、灭弧罩等。

(4) 其他辅助部件。包括反力弹簧、缓冲弹簧、触点压力弹簧、传动机构、支架及底座等。

2. 交流接触器的工作原理

接触器的工作原理是：当吸引线圈得电后，线圈电流在铁心中产生磁通，该磁通对衔铁产生克服复位弹簧反力的电磁吸力，使衔铁带动触点动作。触点动作时，常闭触点先断开，常开触点后闭合。当线圈中的电压值降低到某一数值时(无论是正常控制还是欠电压、失电压故障，一般降至线圈额定电压的 85%)，铁心中的磁通下降，电磁吸力减小，当减小到不足以克服复位弹簧的反力时，衔铁在复位弹簧的反力作用下复位，使主、辅触点的常开触点断开，常闭触点恢复闭合。这也是接触器的失压保护功能。

直流接触器的结构和工作原理与交流接触器基本相同。

1.3.2 接触器的型号及主要技术数据

目前，我国常用的交流接触器主要有 CJ20、CJX1、CJX2 和 CJ24 等系列；引进产品应用较多的有德国 BBC 公司的 B 系列、西门子公司的 3TB 和 3TF 系列，法国 TE 公司的 LC1 和 LC2 系列等；常用的直流接触器有 CZ18、CZ21、CZ22、CZ10 和 CZ2 等系列。

CJ20 系列交流接触器的型号含义：

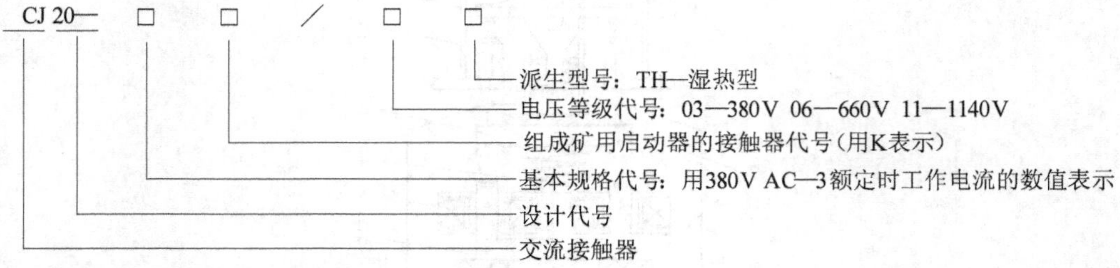

CZ18 系列直流接触器的型号含义：

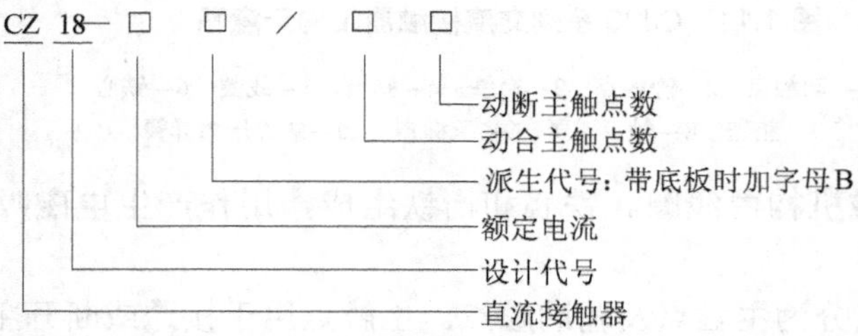

(1) 额定电压。接触器铭牌上标注的额定电压是指主触点的额定电压。交流接触器常用的额定电压等级有 110V、220V、380V、500V 等；直流接触器常用的额定电压等级有 110V、220V 和 440V。

(2) 额定电流。接触器铭牌上标注的额定电流是指主触点的额定电流，即允许长期通过的最大电流。交流接触器常用的额定电流等级有 5A、10A、20A、40A、60A、100A、150A、250A、400A 和 600A。

(3) 线圈的额定电压。交流接触器线圈常用的额定电压等级有 36V、110V、220V 和 380V；直流接触器线圈常用的额定电压等级有 24V、48V、220V 和 440V。

(4) 额定操作频率。指每小时的操作次数(次/h)。交流接触器最高为 600 次/h，而直流接触器最高为 1200 次/h。操作频率直接影响到接触器的电寿命和灭弧罩的工作条件，对于交流接触器还影响到线圈的温升。选用时一般交流负载用交流接触器，直流负载用直流接触器，但交流负载在频繁动作时可采用直流线圈的交流接触器。

(5) 接通和分断能力。指主触点在规定条件下能可靠地接通和分断电流值。在此电流值下，接通时主触点不应发生熔焊；分断时主触点不应发生长时间燃弧。电路中超出此电流值的分断任务则由熔断器、自动开关等保护电器承担。

另外，接触器还有个使用类别的问题。这是由于接触器用于不同负载时，对主触点的接通和分断能力的要求不一样，而不同类别接触器是根据其不同控制对象(负载)的控制方式所规定的。根据低压电器基本标准的规定，接触器的使用类别比较多，其中，在电力拖动控制系统中，接触器常见的使用类别及其典型用途见表 1-1。

表 1-1　接触器的使用类别及典型用途

电流种类	使用类别代号	典型用途
AC	AC—1	无感或微感负载、电阻炉
	AC—2	绕线式电动机的启动和中断
	AC—3	笼型电动机的启动和中断
	AC—4	笼型电动机的启动、反接制动、反向和点动
DC	DC—1	无感或微感负载、电阻炉
	DC—3	并励电动机的启动、反接制动、反向和点动
	DC—5	串励电动机的启动、反接制动、反向和点动

接触器的使用类别代号通常标注在产品的铭牌或工作手册中。表 1-1 中要求接触器主触点达到的接通和分断能力为：AC—1 和 DC—1 类允许接通和分断额定电流；AC—2、DC—3 和 DC—5 类允许接通和分断 4 倍的额定电流；AC—3 类允许接通 6 倍的额定电流和分断额定电流；AC—4 类允许接通和分断 6 倍的额定电流。

1.3.3　接触器的图形符号和文字符号

接触器的图形符号和文字符号如图 1.12 所示，要注意的是，在绘制电路图时同一电器必须使用同一文字符号。

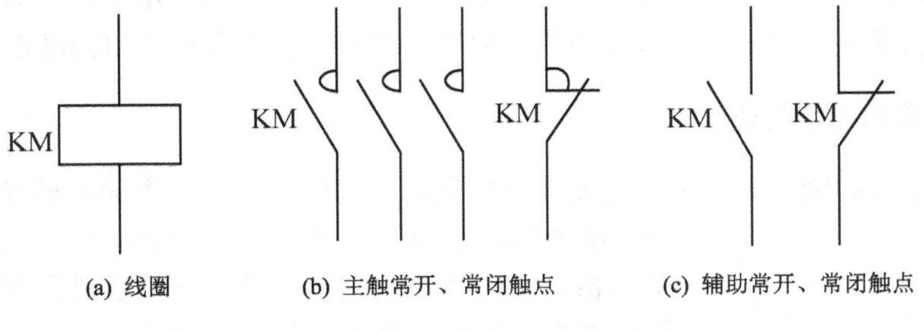

图 1.12　接触器的符号

1.3.4　接触器的选择与使用

(1) 接触器的类型选择。根据接触器所控制负载的轻重和负载电流的类型，来选择交流接触器或直流接触器。

(2) 额定电压的选择。接触器的额定电压应大于或等于负载回路的电压。

(3) 额定电流的选择。接触器的额定电流应大于或等于被控回路的额定电流。对于电动机负载可按式(1-6)计算：

$$I_C = \frac{P_N \times 10^3}{KU_N} \tag{1-6}$$

式中　I_C——流过接触器主触点的电流(A)；

P_N——电动机的额定功率(kW)；

U_N——电动机的额定电压(V)；

K——经验系数，一般取 1～1.4。

选择接触器的额定电流应大于等于 I_C。接触器如使用在电动机频繁启动、制动或正反转的场合，一般将接触器的额定电流降一个等级来使用。

(4) 吸引线圈的额定电压选择。吸引线圈的额定电压应与所接控制电路的额定电压相一致。对简单控制电路可直接选用交流 380V、220V 电压，对复杂、使用电器较多者，应选用 110V 或更低的控制电压。

(5) 接触器的触点数量、种类选择。接触器的触点数量和种类应根据主电路和控制电路的要求选择。如辅助触点的数量不能满足要求时，可通过增加中间继电器的方法解决。

接触器安装前应检查线圈额定电压等技术数据是否与实际相符，并要将铁心极面上的防锈油脂或黏接在极面上的锈垢用汽油擦净，以免多次使用后被油垢粘住，造成接触器断电时不能释放。然后再检查各活动部分(应无卡阻、歪曲现象)和各触点是否接触良好。另外，接触器一般应垂直安装，其倾斜角不得超过 5°。注意不要把螺钉等其他零件掉落到接触器内。

1.4　继　电　器

继电器是一种根据某种输入信号的变化来接通或断开控制电路，实现自动控制和保护的电器。其输入量可以是电压、电流等电气量，也可以是温度、时间、速度、压力等非电气量。

继电器种类很多，常用的有电压继电器、电流继电器、功率继电器、时间继电器、速度继电器、温度继电器等。本节仅介绍电力拖动和自动控制系统常用的继电器。

1.4.1　继电器的继电特性

无论继电器的输入量是电气量或非电气量，其工作方式都是当输入量变化到某一定值时，继电器触点动作，接通或断开控制电路。从这一点来看，继电器与接触器是相同的，但它与接触器又有区别：首先，继电器主要用于小电流电路，触点容量较小(一般在 5A 以下)，且无灭弧装置，而接触器用于控制电动机等大功率、大电流电路及主电路；其次，继电器的输入信号可以是各种物理量，如电压、电流、时间、速度、压力等，而接触器的输入量只有电压。

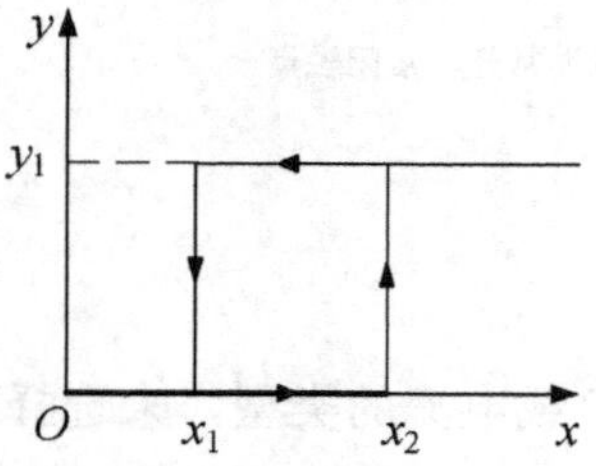

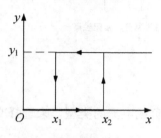

图 1.13　继电器特性曲线

尽管继电器的种类繁多，但它们都有一个共性，即继电特性，其特性曲线如图 1.13 所示。

当继电器输入量 x 由零增加至 x_2 以前，继电器输出量为零。当输入量增加到 x_2 时，继电器吸合，通过其触点的输出量突变为 y_1，若 x 继续增加，y 值不变。当 x 减小到 x_1 时，继电器释放，输出由 y_1 突降到零，x 再减小，y 值仍为零。

在图 1.13 中，x_2 称为继电器的吸合值，欲使继电器动作，输入量必须大于此值。x_1 称为继电器的释放值，欲使继电器释放，输入量必须小于此值。将 $k=x_1/x_2$ 称为继电器的返回系数，是继电器的重要参数之一。不同场合要求不同的 k 值，k 值可根据不同的使用场合进行调节，调节方法随着继电器结构不同而有所差异。下面介绍几种常用的继电器。

1.4.2 电磁式继电器

电磁式继电器是应用得最早、最多的一种继电器，其结构和工作原理与接触器大体相同，也由铁心、衔铁、线圈、复位弹簧和触点等部分组成。其典型结构如图 1.14 所示。

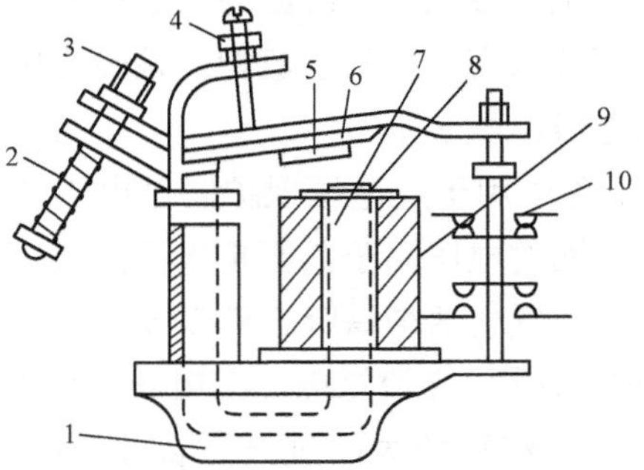

图 1.14　电磁式继电器的典型结构

1—底座　2—反力弹簧　3、4—调节螺钉　5—非磁性垫片　6—衔铁　7—铁心　8—极靴　9—电磁线圈　10—触点系统

电磁式继电器按输入信号的性质可分为电磁式电流继电器、电磁式电压继电器和电磁式中间继电器。

1. 电磁式电流继电器

触点的动作与线圈的电流大小有关的继电器称为电流继电器，电磁式电流继电器的线圈工作时与被测电路串联，以反应电路中电流的变化而动作。为降低负载效应和对被测量电路参数的影响，其线圈匝数少，导线粗，阻抗小。电流继电器常用于按电流原则控制的场合。如电动机的过载及短路保护、直流电动机的磁场控制及失磁保护。电流继电器又分为过电流继电器和欠电流继电器。

(1) 过电流继电器。过电流继电器用作电路的过电流保护。正常工作时，线圈电流为额定电流，此时衔铁为释放状态；当电路中电流大于负载正常工作电流时，衔铁才产生吸合动作，从而带动触点动作，断开负载电路。所以电路中常用过电流继电器的常闭触点。

由于在电力拖动系统中，冲击性的过电流故障时有发生，因此常采用过电流继电器作电路的过电流保护。通常，交流过电流继电器的吸合电流调整范围为 $I_x=(1.1\sim4)I_N$，直流过电流继电器的吸合电流调整范围为 $I_x=(0.7\sim3.5)I_N$。

(2) 欠电流继电器。欠电流继电器在电路中作欠电流保护。正常工作时，线圈电流为负载额定电流，衔铁处于吸合状态；当电路的电流小于负载额定电流，达到衔铁的释放电流时，衔铁则释放，同时带动触点动作，断开电路。所以电路中常用欠电流继电器的常开触点。

在直流电路中，由于某种原因而引起负载电流的降低或消失，往往会导致严重的后果，如直流电动机的励磁回路断线，会产生飞车现象。因此，欠电流继电器在有些控制电路中是不可缺少的。当电路中出现低电流或零电流故障时，欠电流继电器的衔铁由吸合状态转入释放状态，利用其触点的动作而切断电气设备的电源。直流欠电流继电器的吸合电流与释放电流调整范围分别为$I_x=(0.3～0.65)I_N$和$I_f=(0.1～0.2)I_N$。

2. 电磁式电压继电器

触点的动作与线圈的电压大小有关的继电器称为电压继电器。它可用于电力拖动系统中的电压保护和控制，使用时电压继电器的线圈与负载并联，其线圈的匝数多、线径细、阻抗大。按线圈电流的种类可分为交流型和直流型；按吸合电压相对额定电压的大小又分为过电压继电器和欠电压继电器。

(1) 过电压继电器。在电路中用于过电压保护。过电压继电器线圈在额定电压时，衔铁不产生吸合动作，只有当线圈的电压高于其额定电压的某一值时衔铁才产生吸合动作，所以称为过电压继电器。过电压继电器衔铁吸合而动作时，常利用其常闭触点断开需保护的电路的负荷开关，起到保护的作用。交流过电压继电器吸合电压的调节范围为$U_x=(1.05～1.2)U_N$。因为直流电路不会产生波动较大的过电压现象，所以产品中没有直流过电压继电器。

(2) 欠电压继电器。在电路中用作欠电压保护。当电路中的电气设备在额定电压下正常工作时，欠电压继电器的衔铁处于吸合状态；如果电路出现电压降低至线圈的释放电压时，衔铁由吸合状态转为释放状态，同时断开与它相连的电路，实现欠电压保护。所以控制电路中常用欠电压继电器的常开触点。

通常，直流欠电压继电器的吸合电压与释放电压的调节范围分别为$U_x=(0.3～0.5)U_N$。和$U_f=(0.07～0.2)U_N$；交流欠电压继电器的吸合电压与释放电压的调节范围分别为$U_x=(0.6～0.85)U_N$和$U_f=(0.1～0.35)U_N$。

3. 电磁式中间继电器

中间继电器的吸引线圈属于电压线圈，但它的触点数量较多(一般有4对常开、4对常闭)，触点容量较大(额定电流为5A～10A)，且动作灵敏。其主要用途是当其他继电器的触点数量或触点容量不够时，可借助中间继电器来扩大触点容量(触点并联)或触点数量，起到中间转换的作用。

电磁式继电器在运行前，须将它的吸合值和释放值调整到控制系统所要求的范围内。一般可通过调整复位弹簧的松紧程度和改变非磁性垫片的厚度来实现。在可编程控制器控制系统中，电压继电器、中间继电器常作为输出执行器件。

常用的中间继电器有JZ7系列。以JZ7—62为例，JZ为中间继电器的代号，7为设计序号，有6对常开触点、2对常闭触点。JZ7系列中间继电器的主要技术数据见表1-2。

表 1-2　JZ7 系列中间继电器的主要技术数据

型号	触点数量及参数						操作频率/(次/h)	线圈消耗功率/W	线圈电压/V
	常开	常闭	电压/V	电流/A	断开电流/A	闭合电流/A			
JZ—44	4	4	380	5	3	13	1200	12	12，24，36，48，110，127，220，380，420，440，500
JZ—62	6	2	220		4	13			
JZ—80	8	0	127		4	20			

电磁式继电器在电路中的一般图形符号和文字符号如图 1.15 所示。

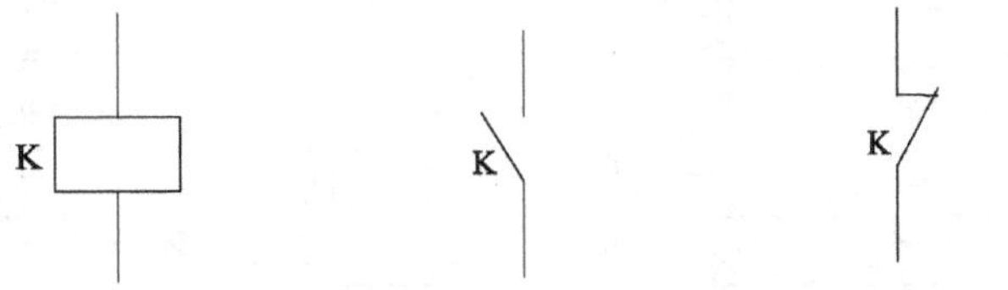

(a) 线圈　　(b) 常开触点　　(c) 常闭触点

图 1.15　继电器图形及文字符号

1.4.3　时间继电器

在敏感元器件获得信号后，执行器件要延迟一段时间才动作的继电器称为时间继电器。这里指的延时区别于一般电磁式继电器从线圈通电到触点闭合的固有动作时间。时间继电器常用于按时间原则进行控制的场合。时间继电器可分为通电延时型和断电延时型。通电延时型当有输入信号后，延迟一定时间，输出信号才发生变化；当输入信号消失后，输出信号瞬时复原。断电延时型当有输入信号时，瞬时产生相应的输出信号；当输入信号消失后，延迟一定时间，输出信号才复原。

时间继电器种类很多，按工作原理划分，时间继电器可分为电磁式、空气阻尼式、晶体管式和数字式等。下面对继电—接触器控制系统中常用的空气阻尼式、电磁式和晶体管式时间继电器分别加以介绍。

1. 空气阻尼式时间继电器

空气阻尼式时间继电器是利用空气阻尼原理达到延时的目的。它由电磁机构、延时机构和触点组成。其中电磁机构有交、直流两种。通电延时型和断电延时型，两种原理和结构基本相同，只是将其电磁机构翻转 180°安装。当衔铁位于铁心和延时机构之间时为通电延时型；当铁心位于衔铁和延时机构之间时为断电延时型。JS7—A 系列时间继电器如图 1.16 所示：图 1.16(a)为通电延时型，图 1.16(b)为断电延时型。

以通电延时型为例，当线圈 1 得电后，衔铁 3 吸合，活塞杆 6 在塔形弹簧 8 作用下带动活塞 12 及橡皮膜 10 向上移动，橡皮膜下方空气室内的空气变得稀薄，形成负压，活塞杆只能缓慢移动，其移动速度由进气孔气隙大小来决定。经一段延时后，活塞杆通过杠杆7压动微动开关15，使其触点动作，起到通电延时作用。

当线圈断电时，衔铁释放，橡皮膜下方空气室内的空气通过活塞肩部所形成的单向阀迅速排出，使活塞杆、杠杆、微动开关等迅速复位。由线圈得电至触点动作的一段时间即为时间继电器的延时时间，其大小可以通过调节螺钉13调节进气孔气隙大小来改变。

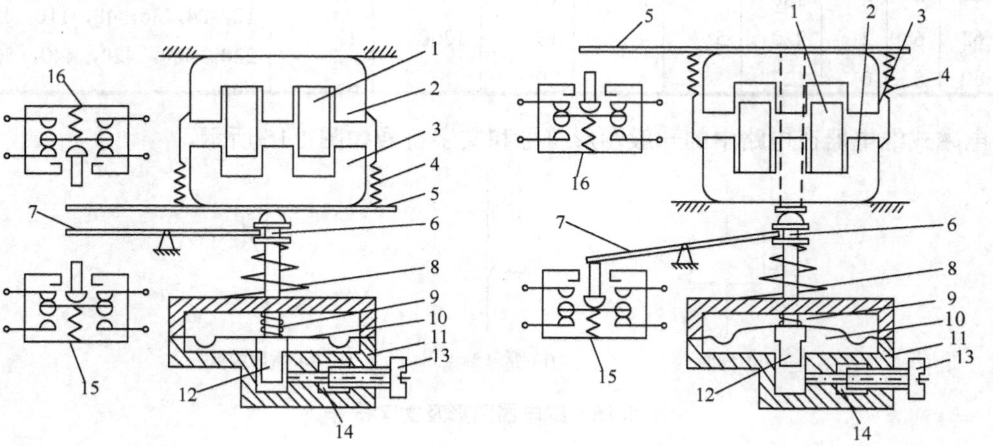

(a) 通电延时型　　　　(b) 断电延时型

图1.16　JS7—A系列时间继电器

1—线圈　2—铁心　3—衔铁　4—反力弹簧　5—推板　6—活塞杆　7—杠杆　8—塔形弹簧　9—弱弹簧　10—橡皮膜　11—空气室壁　12—活塞　13—调节螺钉　14—进气孔　15、16—微动开关

在线圈通电和断电时，微动开关16在推板5的作用下都能瞬时动作，其触点即为时间继电器的瞬动触点。

空气阻尼式时间继电器的优点是延时范围大、结构简单、寿命长、价格低廉。缺点是延时误差大，没有调节指示，很难精确地整定延时值。在延时精度要求高的场合，不宜使用。国产JS7—A系列空气阻尼式时间继电器技术数据见表1-3。

表1-3　JS7—A系列空气阻尼式时间继电器技术数据

<table>
<tr><th rowspan="3">型号</th><th colspan="2" rowspan="2">瞬时动作触点数量</th><th colspan="4">有延时的触点数量</th><th rowspan="3">触点额定电压/V</th><th rowspan="3">触点额定电流/A</th><th rowspan="3">线圈电压/V</th><th rowspan="3">延时范围/s</th><th rowspan="3">额定操作频率/(次/h)</th></tr>
<tr><th colspan="2">通电延时</th><th colspan="2">断电延时</th></tr>
<tr><th>常开</th><th>常闭</th><th>常开</th><th>常闭</th><th>常开</th><th>常闭</th></tr>
<tr><td>JS7—1A</td><td>—</td><td>—</td><td>1</td><td>1</td><td>—</td><td>—</td><td rowspan="4">380</td><td rowspan="4">5</td><td>24，36</td><td rowspan="4">0.4～60
及
0.4～180</td><td rowspan="4">600</td></tr>
<tr><td>JS7—2A</td><td>1</td><td>1</td><td>1</td><td>1</td><td>—</td><td>—</td><td>110，127</td></tr>
<tr><td>JS7—3A</td><td>—</td><td>—</td><td>—</td><td>—</td><td>1</td><td>1</td><td>220，380</td></tr>
<tr><td>JS7—4A</td><td>1</td><td>1</td><td>—</td><td>—</td><td>1</td><td>1</td><td>420</td></tr>
</table>

时间继电器的图形符号和文字符号如图1.17所示。

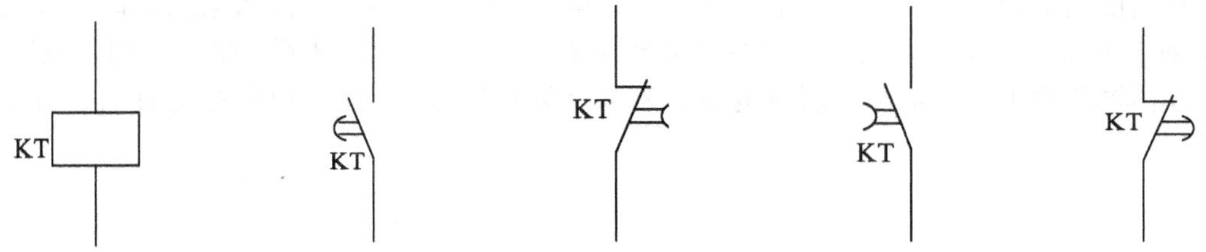

(a) 线圈一般符号 (b) 通电延时闭合常开触点 (c) 通电延时断开常闭触点 (d) 断电延时断开常开触点 (e) 断电延时闭合常闭触点

图 1.17 时间继电器的图形符号

2. 直流电磁式时间继电器

如图 1.18 所示是带有阻尼铜套的直流电磁式时间继电器结构，在铁心上装有一个阻尼铜套。

由电磁感应定律可知，在继电器线圈通断电过程中铜套内将产生感应电动势，同时有感应电流存在，此感应电流产生的磁通阻碍穿过铜套内的磁通变化，因而对原磁通起了阻尼作用。

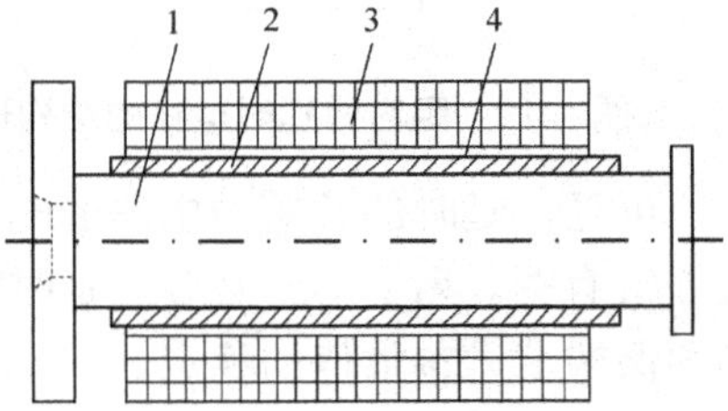

图 1.18 带有阻尼铜套的直流电磁式时间继电器结构

1—铁心 2—阻尼铜套
3—线圈 4—绝缘层

当继电器通电吸合时，由于衔铁处于释放位置，气隙大，磁阻大，磁通小，铜套阻尼作用也小，因此当铁心吸合时的延时不显著，一般可忽略不计。当继电器断电时，磁通变化大，铜套的阻尼作用也大，使衔铁延时释放起到延时的作用。因此，这种继电器仅作为断电延时用。这种时间继电器的延时时间较短，JT3 系列最长不超过 5s，而且准确度较低，一般只用于延时精度要求不高的场合。

直流电磁式时间继电器延时时间的长短可通过改变铁心与衔铁间非磁性垫片的厚薄(粗调)或改变释放弹簧的松紧(细调)来调节。垫片厚则延时短，垫片薄则延时长；释放弹簧紧则延时短，释放弹簧松则延时长。直流电磁式 JT3 系列时间继电器的技术数据见表 1-4。

表 1-4 JT3 系列时间继电器的技术数据

型号	吸引线圈电压/V	触点组数及数量(常开、常闭)	延时/s
JT3-□□/1 JT3-□□/3 JT3-□□/5	12，24，48，110，220，440	11，02，20，03，12，21，04，40，22，13，31，30	0.3～0.9 0.8～3.0 2.5～5.0

3. 晶体管时间继电器

晶体管时间继电器除了执行继电器外，均由电子元器件组成，没有机械部件，因而具有较长的寿命和较高精度、体积小、延时时间长、调节范围宽、控制功率小等优点。

1) 晶体管时间继电器的工作原理

晶体管时间继电器是利用电容对电压变化的阻尼作用作为延时基础的。大多数阻容式延时电路有类似如图 1.19 所示的结构形式。

电路由四部分组成：阻容环节、鉴幅器、输出电路和电源。当接通电源 E 时，通过电阻 R 对电容 C 充电，电容上电压 U_C 按指数规律上升。当 U_C 上升到鉴幅器的门限电压 U_d 时，鉴幅器即输出开关信号至后级电路，使执行继电器动作。阻容电路充电曲线如图 1.20 所示。

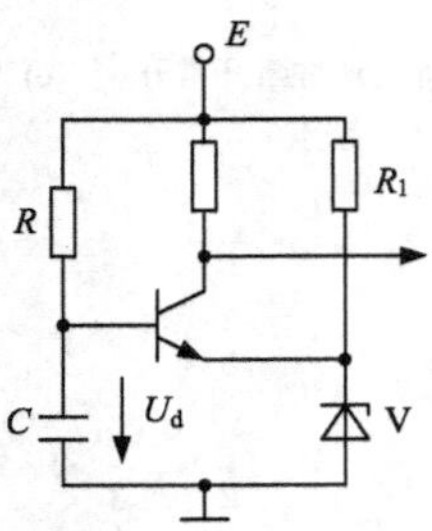

图 1.19　阻容式延时电路的结构形式

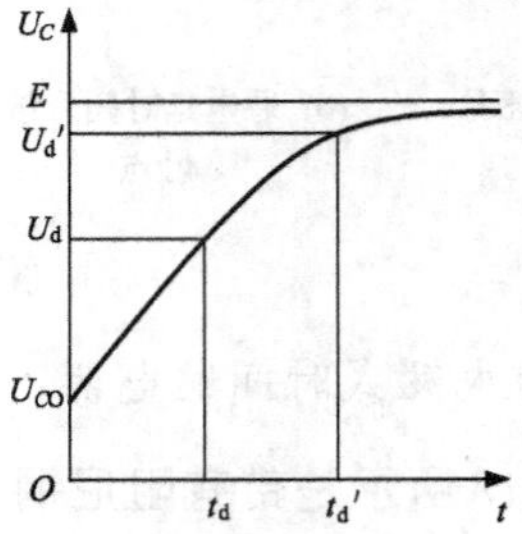

图 1.20　阻容电路充电曲线

可见，延时的长短与电路的充电时间常数 RC 及电压 E、门限电压 U_d、电容的初始电压 U_{C0} 有关。为了得到必要的延时时间 t_d，必须恰当地选择上述参数；为了保证延时精度，必须保持上述参数值的稳定。

晶体管时间继电器的种类很多，电路也不同。下面以 JS20 系列继电器为例进行分析。JS20 系列时间继电器有通电延时型、断电延时型、带瞬动触点的通电延时型 3 种型式。JS20 系列时间继电器所用的电路分为两类：一类是单结晶体管电路，另一类是场效应管电路。其延时等级通电延时型有 1s、5s、10s、30s、60s、120s、180s、300s、600s、1800s、3600s；断电延时型有 1s、5s、10s、30s、60s、120s、180s。

2) 单结晶体管通电延时电路

如图 1.21 所示为单结晶体管通电延时电路框图，全部电路由延时环节、鉴幅器、输出电路、电源和指示灯五部分组成，电路如图 1.22 所示。

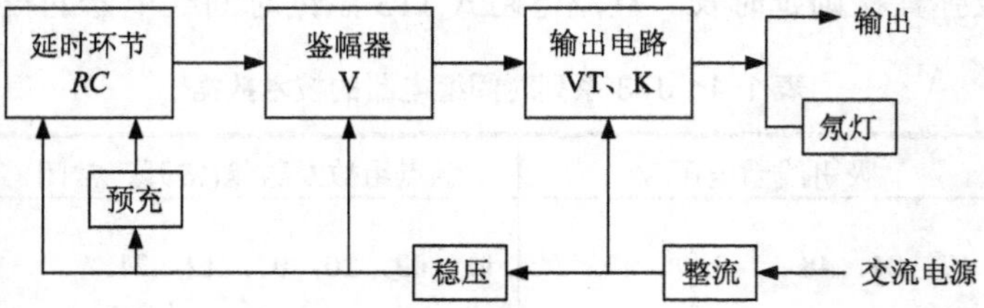

图 1.21　单结晶体管通电延时电路结构框图

电源的稳压部分由 R_1 和稳压管 V_3 构成，供给延时和鉴幅。输出电路中的晶闸管 VT 和继电器 K 则由整流电源直接供电。电容 C_2 的充电回路有两条，一条通过电阻 R_{W1} 和 R_2，另一条是通过由低阻值 R_{W2}、R_4、R_5 组成的分压器经二极管 V_2 向电容 C_2 提供的预充电路。

电路的工作原理是，当接通电源后，经二极管 V_1 整流、电容 C_1 滤波以及稳压管 V_3 稳压的直流电压通过 R_{W2}、R_4、V_2 向电容 C_2 以极小的时间常数充电。与此同时，也通过 R_{W1} 和 R_2 向电容充电。电容 C_2 上电压相当于 R_5 两端预充电压的基础上按指数规律逐渐升高。

当此电压大于单结晶体管 V_4 的峰值电压时，单结晶体管导通，输出电压脉冲触发晶闸管 VT，VT 导通后使继电器 K 吸合，除用其触点来接通或断开电路外，还利用其另一常开触点将 C_2 短路，使之快速放电，为下次使用作准备。此时氖指示灯 N 启辉。当切断电源时 K 释放，电路恢复原态，等待下次动作。

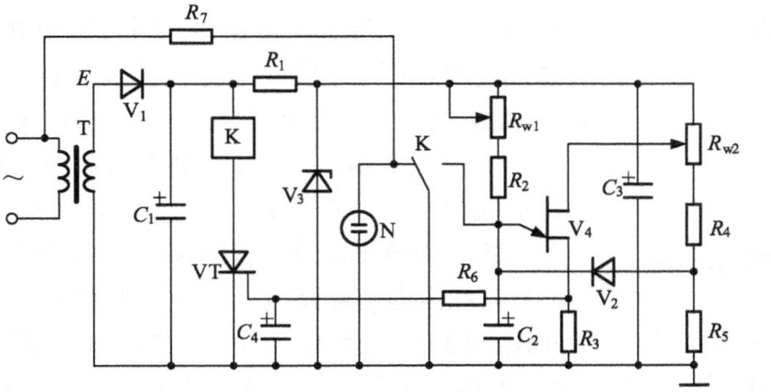

图 1.22　单结晶体管时间继电器通电延时电路

由于电路设有稳压环节，且 RC 与鉴幅器共用一个电源，因此电源电压波动基本上不产生延时误差。为了减少由温度变化引起的误差，采用了钽电解电容器，其电容量和漏电流为正温度系数，而单结晶体管的 U_P 略呈负温度系数，二者可以适当补偿，所以综合误差不大于 10%。对于抗干扰能力，JS20 型在晶闸管 VT 和单结晶体管 V_4 处分别接有电容 C_4 和 C_3，用来防止电源电压的突变而引起的误导通。

3) 带瞬动触点的通电延时电路

JS20 型对于带瞬动触点的延时电路采用结型场效应管。电路原理与不带瞬动触点的电路基本相同，只是增加了一个瞬时动作的继电器。由于增加了继电器，体积增大了很多，因此，采用了电阻降压法取代原来的电源变压器，以缩小体积，电路如图 1.23 所示。

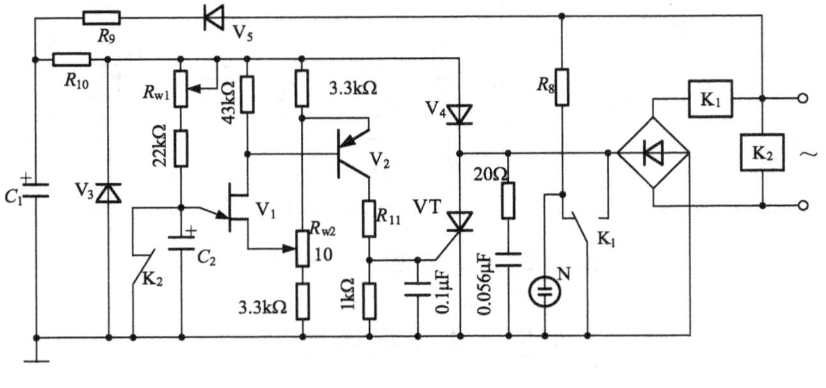

图 1.23　JS20 型带瞬动触点的时间继电器电路

延时和瞬时动作的两个继电器都采用交流继电器。延时继电器 K；由接在桥式整流直流侧的晶闸管控制。接通电源，K_2 吸合，同时交流电源经降压，V_3、V_5 整流和 C_1 滤波之后向延时电路提供直流稳压电源。当 K_1 吸合后，利用其常开触点将晶闸管 VT 短接，使 VT

以前的电路不再有电压和电流，从而提高了电路的可靠性。电路还利用 K_2 的一对常闭触点将电容 C_2 短接，这样电源在任何情况下断电，电容上电压总能在断电后立即迅速放电。

4) 断电延时电路

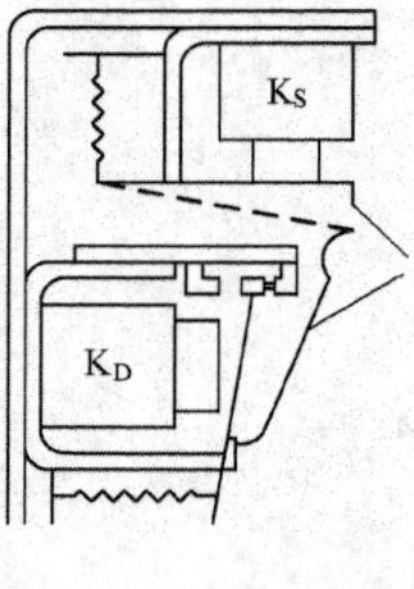

图 1.24　机械锁扣示意

断电延时电路要求切断电源后，继电器仍暂时保持吸合，等到延时达到后才释放。JS20 型继电器采用两个延时继电器，一个是带有机械锁扣的瞬时继电器 K_D，当接通电源时 K_D 立即吸合并通过机械结构自锁，其机械自锁示意如图 1.24 所示。当电源切断后，K_D 自己不能释放，而必须依靠另一个继电器 K_S。K_S 在断电以后经过预定的延时时间短时地吸合一下，打开 K_D 机械锁扣，于是 K_D 延时释放。

JS20 断电延时继电器电路如图 1.25 所示。接通电源后，4 个电容器均迅速充电。C_1 是电源滤波电容，C_3、C_4 是在电源断电以后分别提供场效应管和 K_D 回路电压及能量的电容器。C_3 是延时电容，C_3 上电压接近稳压管 V_4 的电压，而 C_2 上的电压由于有电位器 R_{W2} 的分压作用，其值较小，因此 V_1 的 $U_{GS}=U_{C2}-U_{C3}<0V$。调整 R_{W2} 可使 V_1 处于关断状态，V_2、V_3 也随之截止。当电源切断后，C_2、C_4 分别因 V_2、V_3 截止而无法放电。C_3 则可通过放电电阻 R_{W1} 和 R_5 放电。当放电到 U_{GS} 大于其截止电压一定值时，V_1 导通，C_2 通过 R_4、V_2、V_3 的发射极和 V_1 的 D、S 极放电，由于 V_2 导通，C_3 也经 R_4、V_3 的发射结及 V_2 放电，C_3 上的电压下降又促使 V_1 进一步导通。这一正反馈过程使 C_2、C_3、C_4 迅速放电，各管迅速导通，K_S 吸合，打开 K_D 的机械锁扣。电路中的二极管 V_6、V_7、V_9 分别用来防止 C_2、C_3、C_4 在延时过程中对其他低电阻放电，V_5 起温度补偿作用。K_D 在吸合后有锁扣自锁，故通电后可用其一对转换触点将自动断电。为使 K_D 吸合过程稳定可靠(K_D 中电流为半波)，线圈上并联了一个小容量电容 C_5。

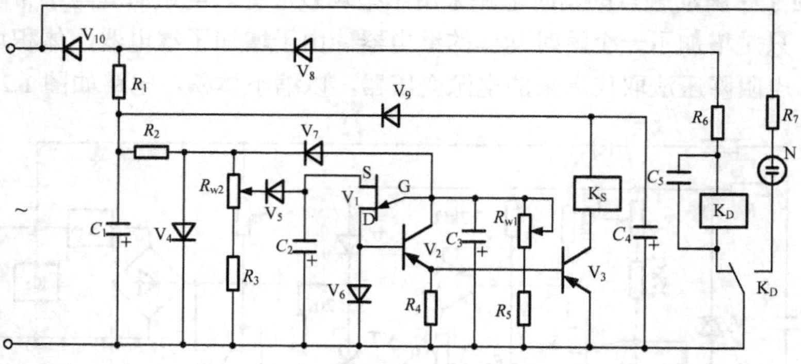

图 1.25　JS20 断电延时继电器电路

1.5　其他常用电器

1.5.1　低压开关

低压开关主要用于低压配电系统及电气控制系统中，对电路和电器设备进行不频繁地通断、转换电源或负载控制，有的还可用作小容量笼型异步电动机的直接启动控制。所以，低压开关也称低压隔离器，是低压电器中结构比较简单、应用较广的一类手动电器。主要有刀开关、组合开关、转换开关等，以下以 HK2 系列刀开关为例做一些说明。

HK2 系列瓷底胶盖刀开关(俗称闸刀)的结构如图 1.26 所示，由熔丝、触刀、触点座、操作手柄和底座组成。在使用时进线座接电源端的进线，出线座接负载端导线，靠触刀与触点座的分合来接通和断开电路。如图 1.27 所示为刀开关的图形及文字符号。

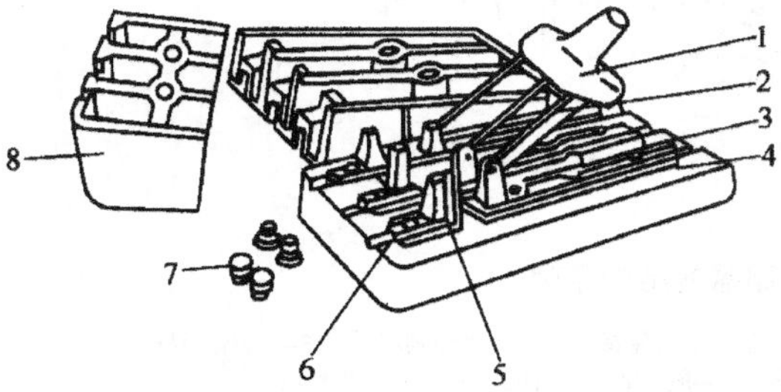

图 1.26　HK2 系列瓷底胶盖刀开关

1—瓷柄　2—动触点　3—出线座　4—瓷底座　5—静触点
6—进线座　7—胶盖紧固螺钉　8—胶盖

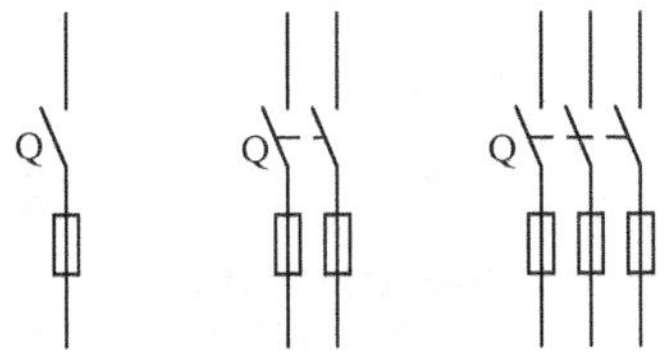

图 1.27　刀开关的图形及文字符号

刀开关安装时，手柄要向上，不得倒装或平装。倒装时手柄有可能因自重而下滑引起误合闸，造成人身安全事故。接线时，将电源线接在熔丝上端，负载线接在熔丝下端，拉闸后刀开关与电源隔离，便于更换熔丝。

1.5.2　低压断路器

低压断路器又称自动空气开关，可用来分配电能、不频繁地启动异步电动机、保护电动机及电源等，具有过载、短路、欠电压等保护功能。

1. 低压断路器的结构及工作原理

低压断路器的结构如图 1.28 所示。低压断路器在使用时，电源线接图中的 L_1、L_2、L_3 端为负载接线端。手动合闸后，动、静触点闭合，脱扣联杆 9 被锁扣 7 的锁钩钩住，它又将合闸联杆 5 钩住，将触点保持在闭合状态。发热元件 14 与主电路串联，有电流流过时发出热量，使热脱扣器 6 的下端向左弯曲。发生过载时，热脱扣器 6 弯曲到将脱扣锁钩推离脱扣联杆，从而松开合闸联杆，动、静触点受弹簧 3 的作用而迅速分开。电磁脱扣器 8 有一个匝数很少的线圈与主电路串联。发生短路时，电磁脱扣器 8 使铁心脱扣器上部的吸力大于弹簧的反力，脱扣锁钩向左转动，最后也使触点断开。同时电磁脱扣器兼有欠压保护功能，这样断路器在电路发生过载、短路和欠压时起到保护作用。如果要求手动脱扣时，按下按钮 2 就可使触点断开。脱扣器的脱扣量值都可以进行整定，只要改变热脱扣器所需要的弯曲程度和电磁脱扣器铁心机构的气隙大小就可以了。当低压断路器由于过载而断开后，应等待 2～3min 才能重新合闸，以保证热脱扣器回复原位。

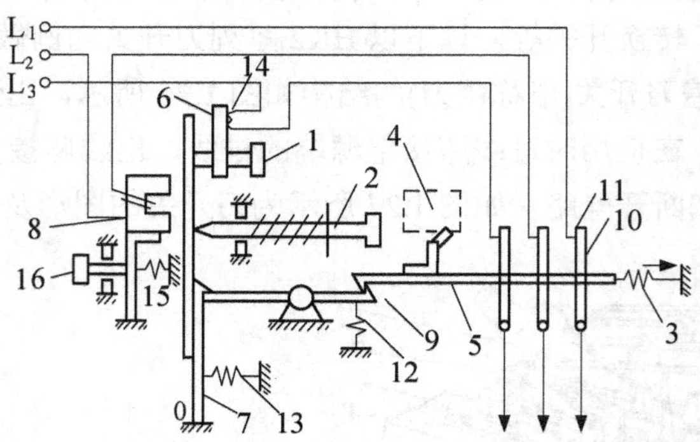

图1.28　低压断路器的结构原理

1—热脱扣器的整定按钮　2—手动脱扣按钮　3—脱扣弹簧　4—手动合闸机构　5—合闸联杆
6—热脱扣器　7—锁钩　8—电磁脱扣器　9—脱扣联杆　10、11—动、静触点
12、13—弹簧　14—发热元件　15—电磁脱扣弹簧　16—调节按钮

2. 低压断路器的类型及主要技术数据

(1) 装置式低压断路器。又称塑料外壳式低压断路器，用绝缘材料制成的封闭型外壳将所有构件组装在一起，用作配电网络的保护和电动机、照明电路及电热电器等的控制开关。主要型号有DZ5、DZ10、DZ20等系列。

(2) 万能式低压断路器。又称敞开式低压断路器，具有绝缘衬底的框架结构底座，所有的构件组装在一起，用于配电网络的保护。主要有DW10型和DW15型两个系列。

(3) 限流断路器。利用短路电流产生的巨大吸力，使触点迅速断开，能在交流短路电流尚未达到峰值之前就把故障电路切断，用于短路电流相当大(高达70kA)的电路中。主要型号有DZX10和DWX15两种系列。

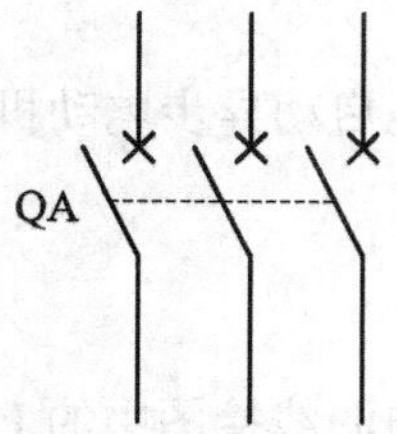

图1.29　低压断路器的图形及文字符号

(4) 快速断路器。具有快速电磁铁和强有力的灭弧装置，最快动作可在0.02s以内，用于半导体整流器件和整流装置的保护。主要型号有DS系列。

低压断路器的图形、文字符号如图1.29所示。

国产DZX10和DW15系列低压断路器的主要技术数据分别见表1-5和表1-6。

表1-5　DZX10系列断路器的技术数据

型号	极数	脱扣器额定电流/A	附件	
			欠电压(或分励)脱扣器	辅助触点
DZX10—100/22	2	63，80，100	欠电压：AC220V，AC380V 分励：AC220V，AC380V DC24V，48V，110V，220V	一开一闭 二开二闭
DZX10—100/23	2			
DZX10—100/32	3			
DZX10—100/33	3			

(续)

型号	极数	脱扣器额定电流/A	附件	
			欠电压(或分励)脱扣器	辅助触点
DZX10—200/22 DZX10—200/23 DZX10—200/32 DZX10—200/33	2 2 3 3	100，120，140， 170，200	欠电压：AC220V，AC380V 分励：AC220V，AC380V DC24V，48V，110V，220V	二开二闭 四开四闭
DZX10—630/22 DZX10—630/23 DZX10—630/32 DZX10—630/33	2 2 3 3	200，250，300，350， 400，500，630		

表 1-6　DW15 系列断路器的技术数据

型号	额定电压/V	额定电流/A	额定短路接通分断能力/kA					外形尺寸
			电压/V	接通最大值	分断有效值	cosφ	短路时最大延时/s	
DW15—200	380	200	380	40	20	—	—	242×420×341
DW15—400	380	400	380	52.5	25	—	—	386×420×316
DW15—630	380	630	380	63	30	—	—	
DW15—1000	380	1000	380	84	40	0.2	—	441×531×508
DW15—1600	380	1600	380	84	40	0.2	—	
DW15—2500	380	2500	380	132	60	0.2	0.4	687×571×631
DW15—4000	380	4000	380	196	80	0.2	0.4	897×571×631

3. 低压断路器的选择及使用

1) 低压断路器的选择应注意以下几个问题

(1) 低压断路器的额定电流和额定电压应大于或等于线路、设备的正常工作电压和工作电流。

(2) 低压断路器的极限分断能力应大于或等于电路最大短路电流。

(3) 过电流脱扣器的额定电流大于或等于线路的最大负载电流。

(4) 欠电压脱扣器的额定电压等于线路的额定电压。

2) 低压断路器的使用应注意以下几个问题

(1) 在安装低压断路器时应注意把来自电源的母线接到开关灭弧罩一侧的端子上，来自电气设备的母线接到另外一侧的端子上。

(2) 低压断路器投入使用时应先进行整定，按照要求整定热脱扣器的动作电流，以后就不应随意旋动有关的螺钉和弹簧。

(3) 发生断、短路事故的动作后，应立即对触点进行清理，检查有无熔坏，清除金属熔粒、粉尘等，特别要把散落在绝缘体上的金属粉尘清除干净。

(4) 在正常情况下，每六个月应对开关进行一次检修，清除灰尘。

使用低压断路器来实现短路保护比熔断器要好，因为当三相电路短路时，很可能只有一相的熔断器熔断，造成单相运行。对于低压断路器来说，只要造成短路都会使开关跳闸，将三相同时切断。低压断路器还有其他自动保护作用，所以性能优越。但它结构复杂，操作频率低，价格高，因此适用于要求较高的场合(如电源总配电盘)。

1.5.3 熔断器

熔断器是一种结构简单、使用方便、价格低廉的保护电器。主要用作电路或用电设备的短路保护，有时对严重过载也可起到保护作用。

1. 熔断器的结构类型

熔断器由熔体(俗称保险丝)和安装熔体的熔管(或熔座)两部分组成。其中熔体是关键部分，它既是感测元件又是执行元件，熔体是由低熔点的金属材料(如铅、锡、锌、铜、银及其合金等)制成，其形状有丝状、带状、片状等；熔管的作用是安装熔体及在熔体熔断时熄灭电弧，多由陶瓷、绝缘钢纸或玻璃纤维材料制成。

熔断器的熔体串联在被保护电路中，当电路正常工作时，熔体中通过的电流不会使其熔断；当电路发生短路或严重过载时，熔体中通过的电流很大，使其发热，当温度达到熔点时熔体瞬间熔断，切断电路，起到保护作用。

熔断器的种类很多，按用途分为一般工业用熔断器、半导体器件保护用快速熔断器和特殊熔断器(如具有两段保护特性的快慢动作熔断器、自复式熔断器)。按结构可分为半封闭瓷插式、螺旋式、无填料密封管式和有填料密封管式，其外形如图 1.30 至图 1.33 所示。

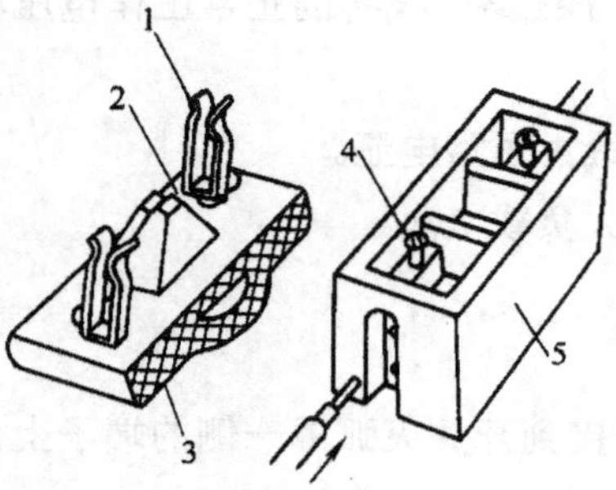

图 1.30　RC1A 系列瓷插式熔断器

1—动触点　2—熔丝　3—瓷盖　4—静触点　5—瓷底

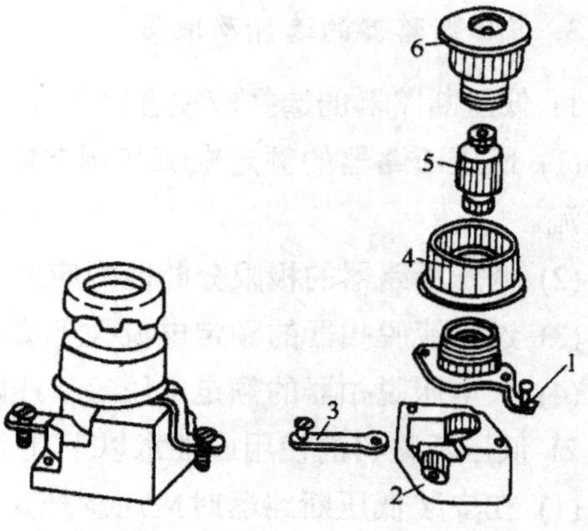

(a) 外形　(b) 结构

图 1.31　RL1 系列螺旋式熔断器

1—上接线柱　2—瓷底　3—下接线柱　4—瓷套　5—熔芯　6—瓷帽

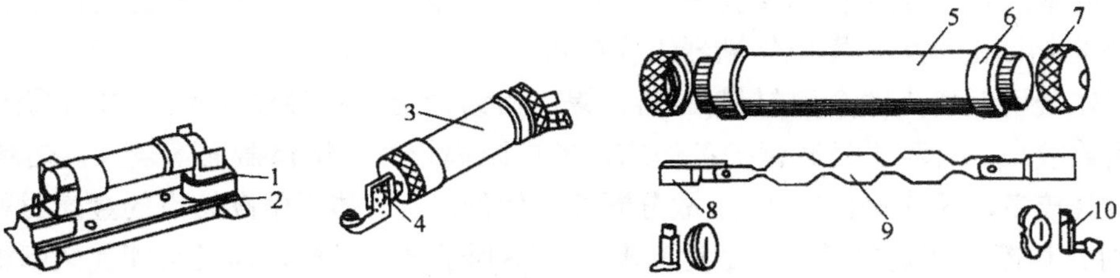

(a) 外形　(b) 结构

图 1.32　RM10 系列无填料密封管式熔断器

1、4—夹座　2—底座　3—熔断器　5—硬质绝缘管　6—黄铜套管　7—黄铜帽　8—插刀　9—熔体　10—夹座

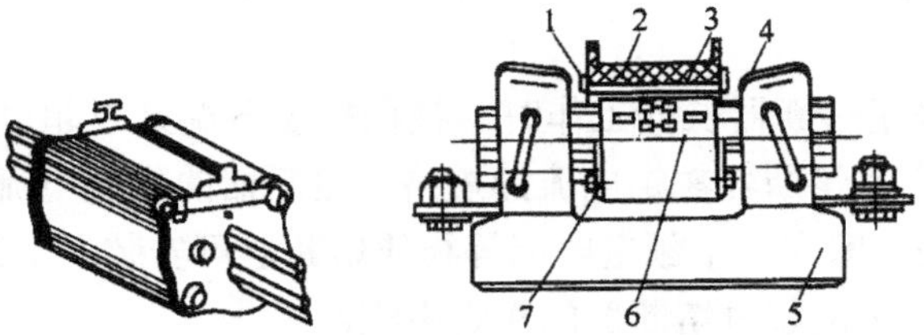

(a) 外形　(b) 结构

图 1.33　RT0 有填料密封管式熔断器

1—熔断指示器　2—硅砂(石英砂)填料　3—熔丝　4—插刀　5—底座　6—熔体　7—熔管

熔断器的图形及文字符号如图 1.34 所示。

2. 熔断器的安秒特性

电流通过熔体时产生的热量与电流的平方及通过电流的时间成正比，即 $Q=I^2Rt$，由此可见，电流越大，熔体熔断的时间越短，这一特性称为熔断器的安秒特性(或称保护特性)，其特性曲线如图 1.35 所示，由图可见它是一反时限特性。

图 1.34　熔断器的图形及文字符号

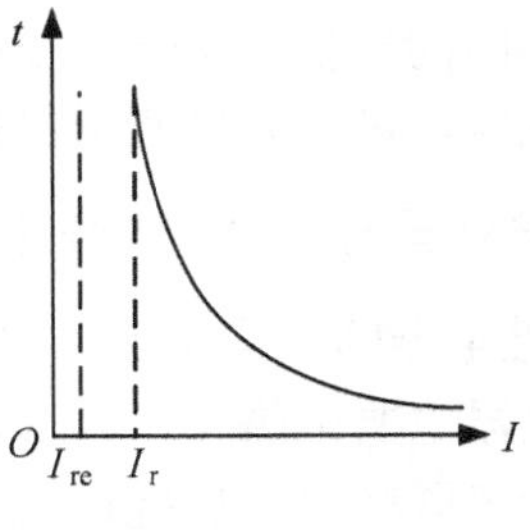

图 1.35　熔断器的安秒特性曲线

在安秒特性中有一熔断与不熔断电流的分界线，与此相应的电流就是最小熔断电流 I_r。当熔体通过电流小于 I_r 时，熔体不应熔断。根据对熔断器的要求，熔体在额定电流 I_{re} 时绝对不应熔断。最小熔断电流 I_r 与熔体额定电流 I_{re} 之比称为熔断器的熔断系数，即 $K_r=I_r/I_{re}$。从过载保护来看，K_r 值较小时对小倍数过载保护有利，但 K_r 也不宜接近于 1，当 K_r 为 1

时，不仅熔体在I_{re}下的工作温度会过高，而且还有可能因为安秒特性本身的误差而发生熔体在I_{re}下也熔断的现象，影响熔断器工作的可靠性。

当熔体采用低熔点的金属材料(如铅、锡、铅锡合金及锌等)时，熔断时所需热量少，故熔断系数较小，有利于过载保护；但它们的电阻率较大，熔体截面积较大，熔断时产生的金属蒸气较多，不利于电弧熄灭，故分断能力较低。当熔体采用高熔点的金属材料(如铝、铜和银)时，熔断时所需热量大，故熔断率大，不利于过载保护，而且可能使熔断器过热；但它们的电阻率低，熔体截面积较小，有利于电弧熄灭，故分断能力较高。由此来看，不同熔体材料的熔断器在电路中起保护作用的侧重点是不同的。

3. 熔断器的技术数据

(1) 额定电压。是指熔断器长期工作和断开后能够承受的电压，其应大于或等于电气设备的额定电压。

(2) 额定电流。是指熔断器长期工作时，被保护设备温升不超过规定值时所能承受的电流。为了减少生产厂家熔断器额定电流的规格，熔断器的额定电流等级比较少，而熔体的额定电流等级比较多，即在一个额定电流等级的熔断器可安装多个额定电流等级的熔体，但熔体的额定电流最大不能超过熔断器的额定电流。

(3) 极限分断能力。是指熔断器在规定的额定电压和功率因数(或时间常数)的条件下，能断开的最大电流，在电路中出现的最大电流一般是指短路电流。所以，极限分断能力也是反映了熔断器分断短路电流的能力。

1.5.4　热继电器

1. 热继电器的作用及分类

利用热继电器对连续运行的电动机实施过载及断相保护，可防止因过热而损坏电动机的绝缘材料。由于热继电器中发热元件有热惯性，在电路中不能作瞬时过载保护，更不能作短路保护，因此，它不同于过电流继电器和熔断器。

热继电器按相数来分，有单相、两相和三相这3种类型，每种类型按发热元件的额定电流又有不同的规格和型号。三相式热继电器常用于三相交流电动机的过载保护。按功能三相式热继电器可分为带断相保护和不带断相保护两种类型。

2. 热继电器的结构、工作原理和保护特性

1) 热继电器的结构及工作原理

热继电器主要由热元件、双金属片和触点这3部分组成。热继电器中产生热效应的发热元件，应串联在电动机绕组电路中，这样，热继电器便能直接反映电动机的过载电流。其触点应串联在控制电路中，一般有常开和常闭两种，作过载保护用时常使用其常闭触点串联在控制电路中。

热继电器的敏感元件是双金属片。所谓双金属片，就是将两种线膨胀系数不同的金属片以机械辗压方式使之形成一体。线膨胀系数大的称为主动片，线膨胀系数小的称为被动片。双金属片受热后产生线膨胀，由于两层金属的线膨胀系数不同，且两层金属又紧紧地黏合在一起，因此，使得双金属片向被动片一侧弯曲，如图1.36所示。由双金属片弯曲产

生的机械力便带动触点动作。

双金属片的受热方式如图 1.37 所示，有直接热式、间接式、复合式和电流互感器式 4 种。电流互感器式的发热元件不直接串接在电动机电路，而是接于电流互感器的二次侧，这种方式多用于电动机电流比较大的场合，以减少通过发热元件的电流。

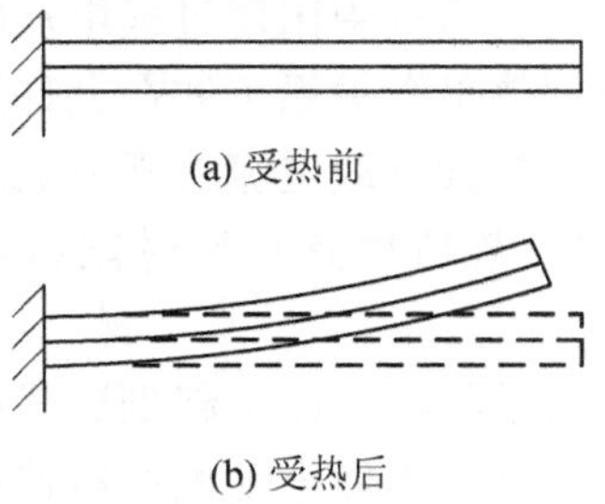

图 1.36 双金属片工作原理

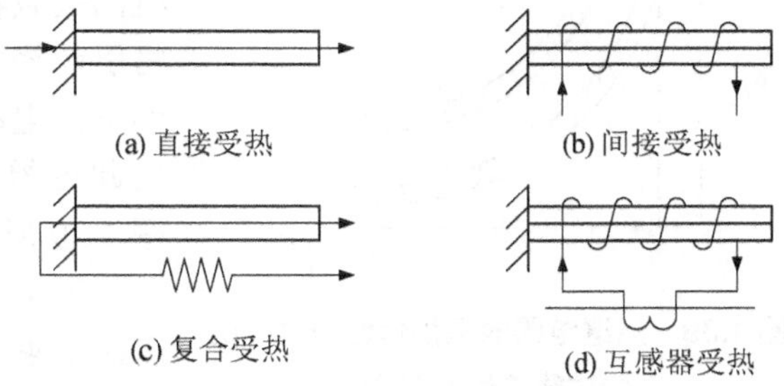

图 1.37 双金属片的受热方式

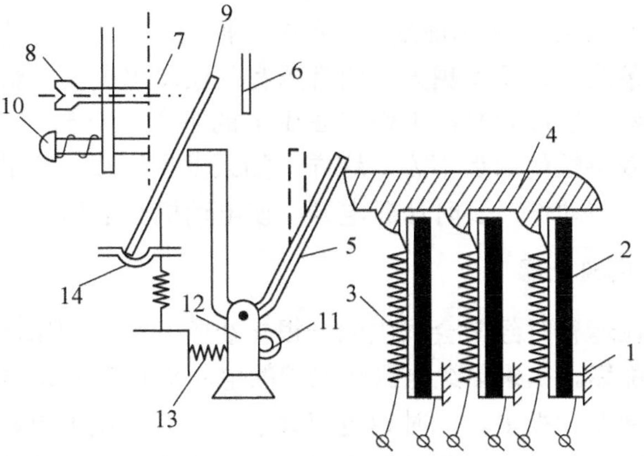

图 1.38 热继电器的结构原理

1—双金属片固定支点 2—双金属片 3—发热元件 4—导板 5—补偿双金属片 6—常闭触点 7—常开触点 8—复位调节 9—动触点 10—复位按钮 11—调节旋钮 12—支撑 13—压簧 14—推杆

热继电器的结构原理如图 1.38 所示。使用时发热元件 3 串接在电动机定子绕组中，电动机绕组电流即为流过发热元件的电流。当电动机正常运行时，发热元件产生的热量虽能使双金属片 2 弯曲，但还不足以使继电器动作；当电动机过载时，发热元件产生的热量增大，使双金属片弯曲位移增大，经过一定时间后，双金属片弯曲到推动导板 4，并通过补偿双金属片 5 与推杆 14 将触点 9 和 6 分开，触点 9 和 6 为热继电器串联于接触器线圈回路的常闭触点，断开后使接触器失电，接触器的常开触点断开电动机的电源以保护电动机。调节旋钮 11 是一个偏心轮，它与支撑件 12 构成一个杠杆，13 是一个压簧，转动偏心轮，改变它的半径即可改变补偿双金属片 5 与导板的接触距离，达到调节整定动作电流的目的。此外，靠调节复位螺钉来改变常开触点的位置，使热继电器能工作在手动复位和自动复位两种工作状态。采用手动复位时，在故障排除后要按下复位按钮 10 才能使动触点恢复到与静触点相接触的位置。

2) 电动机的过载特性和热继电器的保护特性

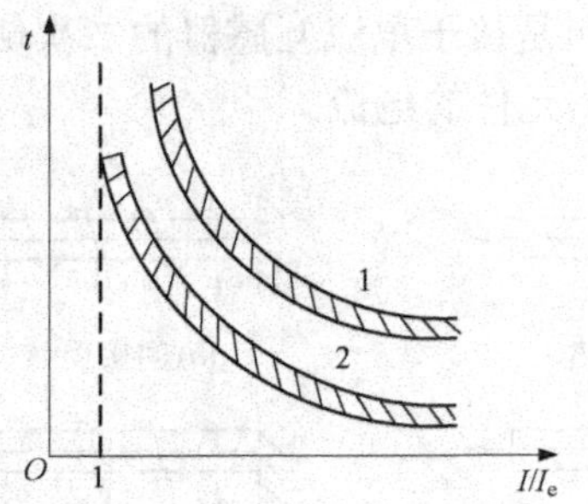

图 1.39　热继电器的保护特性与电动机的过载特性的配合

因热继电器的触点动作时间与被保护的电动机过载程度有关。电动机在不超过允许温升的条件下，电动机的过载电流与电动机通电时间的关系，称为电动机的过载特性。当电动机运行中出现过载电流时，必将引起绕组发热。根据热平衡关系可知在允许温升条件下，电动机通电时间与其过载电流的平方成反比。由此可得出电动机的过载特性具有反时限特性，如图 1.39 所示曲线 1。

为了适应电动机的过载特性而又起到过载保护作用，要求热继电器也应具有类似电动机过载特性那样的反时限特性。所以，在热继电器中必须具有电阻发热元件，利用过载电流通过电阻发热元件产生的热效应使敏感元件动作，从而带动触点动作来完成保护作用。热继电器中通过的过载电流与热继电器触点的动作时间关系，称为热继电器的保护特性，如图 1.39 所示曲线 2。考虑各种误差的影响，电动机的过载特性和继电器的保护特性是一条曲带，误差越大，曲带越宽；误差越少，曲带越窄。

由图可知，电动机出现过载时，工作在曲线 1 的下方是安全的。因此，热继电器的保护特性应在电动机过载特性的邻近下方。这样，如果发生过载，热继电器就会在电动机未达到其允许过载极限之前动作，及时切断电源，使电动机免遭损坏。

3. 带断相保护的热继电器

三相异步电动机在运行时经常会发生因一根接线断开或一相熔丝熔断使电动机缺相运行，从而造成电动机烧坏。如果热继电器所保护的电动机是 Y 形联结，当线路发生一相断电时，另外两相电流便增大很多，此时相电流等于线电流，流过电动机绕组的电流和流过热继电器的电流增加比例相同，而普通的两相或三相热继电器可以对此做出保护。

如果电动机是△形联结，发生断相时，由于电动机的相电流与线电流不等，流过电动机绕组的电流和流过热继电器的电流增加比例不同，而发热元件又串接在电动机的电源进线中，按电动机的额定电流即线电流来整定，整定值较大。当故障线电流达到额定电流时，在电动机绕组内部，电流较大的那一相绕组的故障电流将超过额定相电流，便有过热烧毁的危险。所以△形联结必须采用带断相保护的热继电器。

带有断相保护的热继电器是在普通热继电器的基础上增加了一个差动机构，对 3 个电流进行比较。差动式断相保护热继电器动作原理如图 1.40 所示。

由图可见将热继电器的导杆改为差动机构，由上导板 1、下导板 2 及杠杆组成，它们之间都用转轴连接。其中，图 1.40(a)为通电前机构各部件的位置；图 1.40(b)为正常通电时的位置，此时三相双金属片都受热向左弯曲，但弯曲的挠度不够，所以下导板向左移动一小段距离，继电器不动作；图 1.40(c)是三相同时过载时，三相双金属片同时向左弯曲，推动下导板 2 向左移动，通过杠杆 5 使常闭触点断开；图 1.40(d)是 C 相断线的情况，这时 C 相双金属片逐渐冷却降温，端部向右移动，推动上导板 1 向右移，而另外两相双金属片温度上升，端部向左弯曲，推动下导板 2 继续向左移动，由于上、下导板一左一右移动，产生了差动作用，通过杠杆的放大作用，使常闭触点断开。由于差动作用，使继电器在断相故障时加速动作，从而有效地了保护电动机。

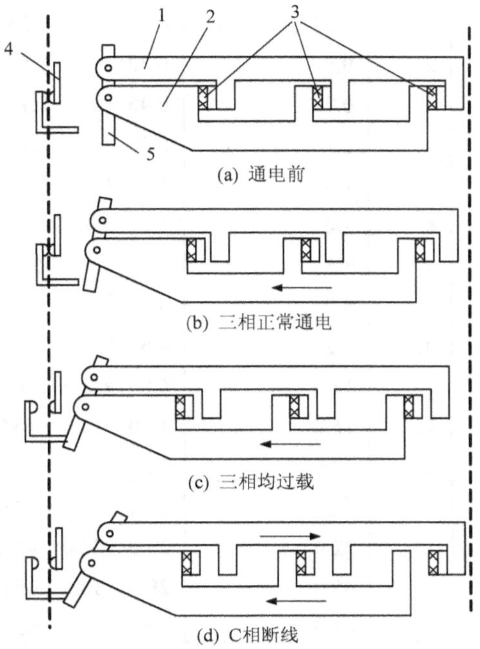

图 1.40　差动式断相保护热继电器动作原理

1—上导板　2—下导板　3—双金属片　4—常闭触点　5—杠杆

热继电器的发热元件、触点的图形符号和文字符号如图 1.41 所示。

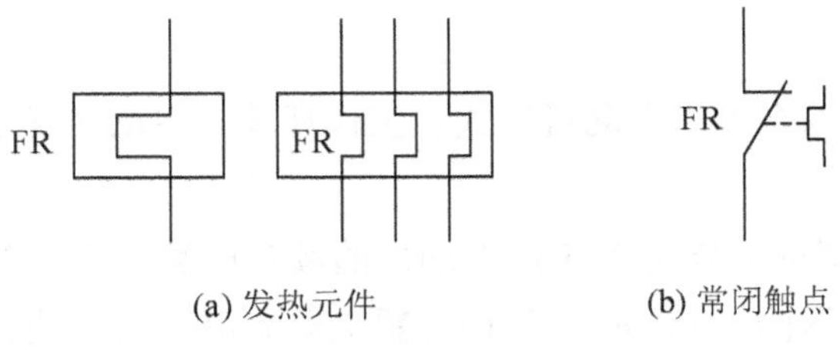

图 1.41　热继电器的发热元件和触点的图形符号

4. 热继电器的型号及主要技术数据

在三相交流电动机的过载保护中，应用较多的有 JR16 和 JR20 系列三相式热继电器。这两种系列的热继电器都有带断相保护和不带断相保护两种形式，JR16 系列热继电器的主要技术数据见表 1-7。

表 1-7　JR16 系列热继电器的主要技术数据

型号	额定电流/A	发热元件规格			连接导线规格
		编号	额定电流/A	刻度电流调整范围/A	
JR16—20/3 JR16—20/3D	20	1	0.35	0.25～0.3～0.35	$4mm^2$ 单股塑料铜线
		2	0.5	0.32～0.4～0.5	
		3	0.72	0.45～0.6～0.72	
		4	1.1	0.68～0.9～1.1	
		5	1.6	1.0～1.3～1.6	
		6	2.4	1.5～2.0～2.4	
		7	3.5	2.2～2.8～3.5	
		8	5.0	3.2～4.0～5.0	
		9	7.2	4.5～6.0～7.2	
		10	11.0	6.8～9.0～11.0	
		11	16.0	10.0～13.0～16.0	
		12	22.0	14.0～18.0～22.0	
JR16—60/3 JR16—60/3D	60	13	22.0	14.0～18.0～22.0	$16mm^2$ 多股铜芯橡皮软线
		14	32.0	20.0～26.0～32.0	
		15	45.0	28.0～36.0～45.0	
		16	63.0	40.0～50.0～63.0	
JR16—150/3 JR16—150/3D	150	17	63.0	40.0～50.0～63.0	$35mm^2$ 多股铜芯橡皮软线
		18	85.0	53.0～70.0～85.0	
		19	120.0	75.0～100.0～120.0	
		20	160.0	100.0～130.0～160.0	

5. 热继电器的选用

热继电器的选用应综合考虑电动机形式、工作环境、启动情况及负荷情况等几方面的因素。

(1) 原则上热继电器的额定电流应按电动机的额定电流选择。对于过载能力较差的电动机，其配用的热继电器(主要是发热元件)的额定电流可适当小些。通常，选取热继电器的额定电流(实际上是选取发热元件的额定电流)为电动机的额定电流的 60%～80%。

(2) 在不需要频繁启动的场合，要保证热继电器在电动机的启动过程中不产生误动作。通常，当电动机启动电流为其额定电流的 6 倍以及启动时间不超过 6s 时，若很少连续启动，则可按电动机的额定电流选取热继电器。

(3) 当电动机为重复短时工作时，首先要确定热继电器的允许操作频率。因为热继电器的操作频率是很有限的，如果用来保护操作频率较高的电动机，效果很不理想，有时甚至不起作用。

1.5.5　速度继电器

速度继电器是利用速度原则对电动机进行控制的自动电器，常用作笼型异步电动机的反接制动，所以有时也称为反接制动继电器。

感应式速度继电器是依靠电磁感应原理实现触点动作的，因此，它的电磁系统与一般电磁式电器不同，而与交流电动机的电磁系统相似。感应式速度继电器的结构如图 1.42 所示，主要由定子、转子和触点三部分组成。使用时继电器轴与电动机轴相耦合，但其触点接在控制电路中。

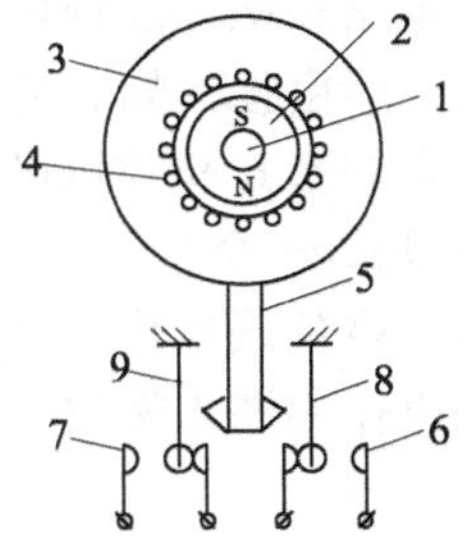

图 1.42　速度继电器原理示意图

1—转轴　2—转子　3—定子　4—线圈
5—摆锤　6、7—静触点　8、9—簧片

转子是一个圆柱形永久磁铁，其轴与被控制电动机的轴相耦合。定子是一个笼型空心圆环，由硅钢片叠成，并装有笼形线圈。定子空套在转子上，能独自偏摆。当电动机转动时，速度继电器的转子随之转动，这样就在速度继电器的转子和定子圆环之间的气隙中产生旋转磁场而产生感应电动势并产生电流，此电流与旋转的转子磁场作用产生转矩，使定于偏转，其偏转角度与电动机的转速成正比。当偏转到一定角度时，与定子连接的摆锤推动动触点，使常闭触点断开，当电动机转速进一步升高后，摆锤继续偏摆，使常开触点闭合。当电动机转速下降时，摆锤偏转角度随之下降，动触点在簧片作用下复位(常开触点断开、常闭触点闭合)。

一般速度继电器的动作速度为 120r/min，触点的复位速度在 100r/min 以下，转速在 3000～3600r/min 能可靠地工作，允许操作频率不超过 30 次/h。

速度继电器主要根据电动机的额定转速来选择。使用时，速度继电器的转轴应与电动机同轴连接，安装接线时，正反向的触点不能接错，否则不能起到反接制动时接通和断开反向电源的作用。

速度继电器的图形符号及文字符号如图 1.43 所示。

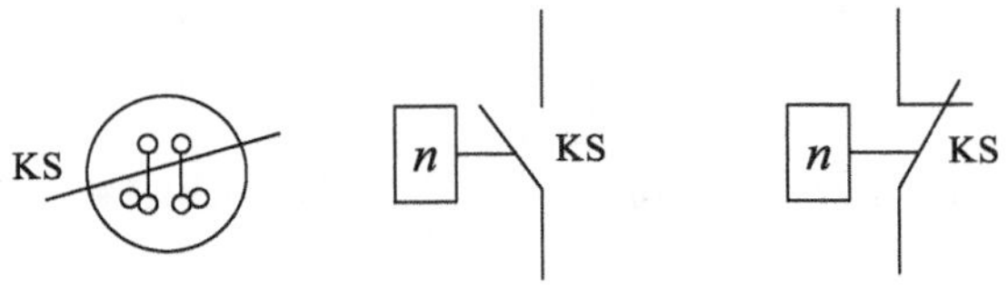

(a) 转子　(b) 常开触点　(c) 常闭触点

图 1.43　速度继电器的图形及文字符号

1.5.6　主令电器

主令电器是在自动控制系统中发出指令或信号的电器，用来控制接触器、继电器或其他电器线圈，使电路接通或断开，以达到控制生产机械的目的。

主令电器应用十分广泛，种类繁多。常用的主令电器按其作用可分为控制按钮、行程开关、万能转换开关、主令控制器及其他主令电器(脚踏开关、钮子开关、紧急开关)等。

1. 按钮

按钮是一种结构简单、使用广泛的手动主令电器，在低压控制电路中，用来发出手动指令远距离控制其他电器，再由其他电器去控制主电路或转移各种信号，也可以直接用来转换信号电路和电器联锁电路等。

按钮一般由按钮帽、复位弹簧、触点和外壳等部分组成，其结构如图 1.44 所示，每个按钮中触点的形式和数量可根据需要装配成 1 常开、1 常闭到 6 常开、6 常闭形式。控制按钮可做成单式(一个按钮)、复式(两个按钮)和三联式(三个按钮)的形式。为便于识别各个按钮的作用，避免误操作，通常在按钮帽上做出不同标志或涂以不同颜色，表示不同作用。一般用红色作为停止按钮，绿色作为启动按钮。其图形符号和文字符号如图 1.45 所示。

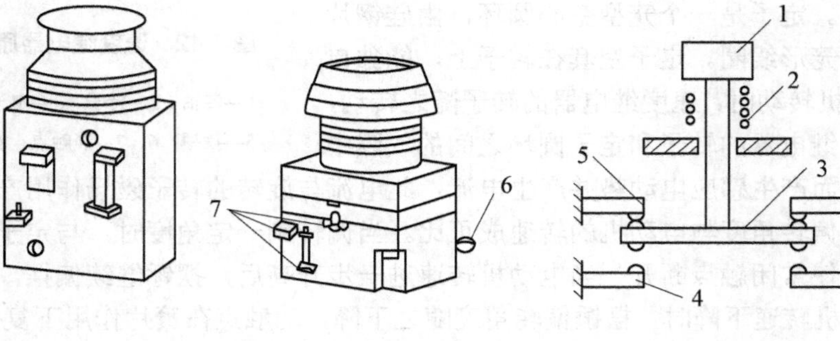

(a) 外形　　(b) 结构示意

图 1.44　按钮

1—按钮帽　2—复位弹簧　3—动触点　4—常开触点的静触点　5—常闭触点的静触点　6、7—触点接线柱

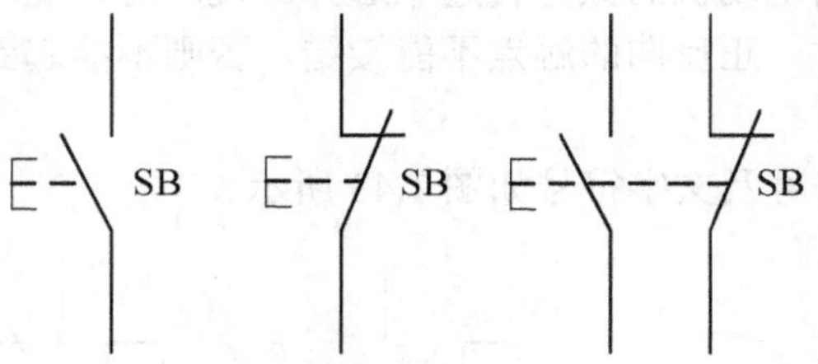

(a) 常开　　(b) 常闭　　(c) 常开常闭复合

图 1.45　按钮的图形及文字符号

当按下按钮时，常闭触点先断开，常开触点后接通。按钮释放后，在复位弹簧作用下使触点复位，所以，按钮常用来控制电器的点动。按钮接线没有进线和出线之分，直接将所需的触点连入电路即可。在按钮没有按下时，接在常开触点接线柱上的线路是断开的，常闭触点接线柱上的线路是接通的；当按下按钮时，两种触点的状态改变，同时也使与之相连的电路状态改变。

2. 行程开关

行程开关也称为限位开关或位置开关，用于检测工作机械的位置，是一种利用生产机械某些运动部件的撞击来发出控制信号的主令电器，所以称为行程开关。将行程开关安装于生产机械行程终点处，可限制其行程。主要用于改变生产机械的运动方向、行程大小及位置保护等。

行程开关的种类很多，按动作方式分为瞬动型和蠕动型；按其头部结构可分为直动式(如 LX1、JLXK1 系列)、滚轮式(如 LX2、JLXK2 系列)和微动式(如 LXW-11、JLXK1-11 系列)3 种。

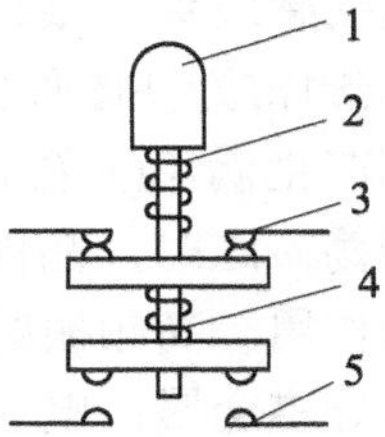

图 1.46　直动式行程开关

1—顶杆　2—弹簧　3—常闭触点　4—触点弹簧　5—常开触点

直动式行程开关的外形及结构原理如图 1.46 所示，它的动作原理与按钮相同。但它的触点分合速度取决于生产机械的移动速度。当移动速度低于 0.4m/min 时，触点断开太慢，易受电弧烧损。为此，应采用有盘形弹簧机构瞬时动作的滚轮式行程开关，如图 1.47 所示。当生产机械的行程比较小且作用力也很小时，可采用具有瞬时动作和微小动作的微动开关，如图 1.48 所示。

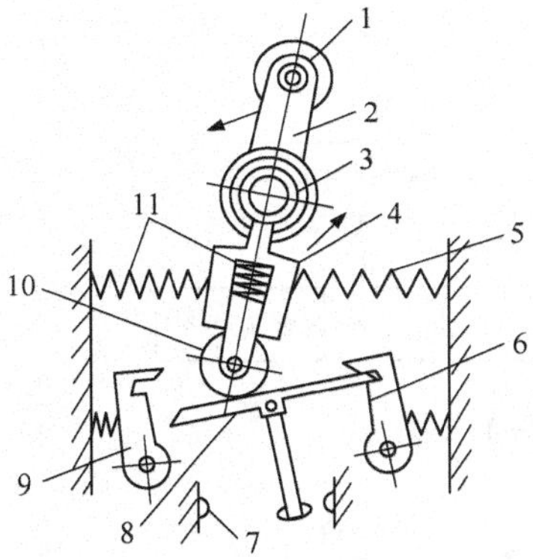

图 1.47　滚轮式行程开关

1—滚轮　2—上轮臂　3、5、11—弹簧　4—套架　6、9—压板　7—触点　8—触点推杆　10—小滑轮

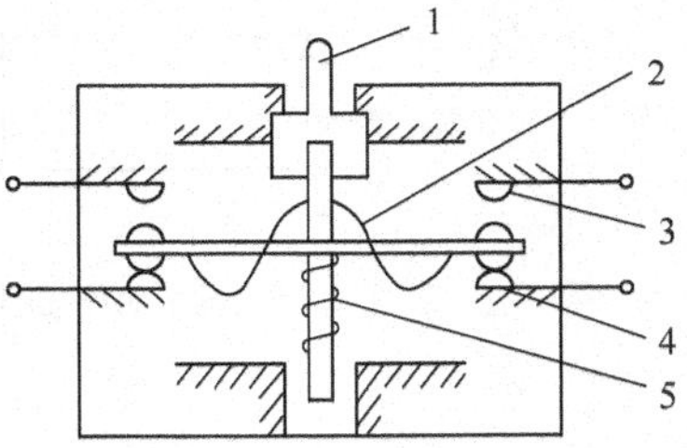

图 1.48　微动行程开关

1—推杆　2—弯形片状弹簧　3—常开触点　4—常闭触点　5—复位弹簧

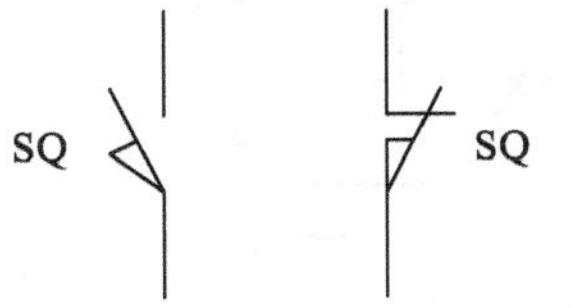

(a) 常开触点　(b) 常闭触点

图 1.49　行程开关的图形及文字符号

行程开关的图形符号和文字符号如图 1.49 所示。

3. 接近开关

接近开关又称为无触点行程开关，当运动的物体与之接近到一定距离时，它就发出动作信号，从而进行相应的操作，不像机械行程开关那样需要施加机械力。

接近开关是通过其感应头与被测物体间介质能量的变化来取得信号的。接近开关的应用已远超出一般行程控制和限位保护的范畴，可用于高速计数、测速、液面检测、检测金属物体是否存在及其尺寸大小、加工程序的自动衔接和作为无触点按钮等。即使用作一般行程控制，其定位精度、操作频率、使用寿命及对恶劣环境的适应能力也比普通机械行程开关高。

接近开关按其工作原理可分为高频振荡型、感应电桥型、霍尔效应型、光电型、永磁及磁敏元件型、电容型及超声波型等多种形式，其中以高频振荡型最为常用。高频振荡型的结构包括感应头、振荡器、开关器、输出器和稳压器等几部分。当装在生产机械上的金属检测体(通常为铁磁件)接近感应头时，由于感应作用，使处于高频振荡器线圈磁场中的物体内部产生涡流(及磁滞)损耗，以致振荡回路因电阻增大、损耗增加而使振荡减弱，直至停止振荡。这时，晶体管开关就导通，并通过输出器(即电磁式继电器)输出信号，从而起到控制作用。高频振荡型用于检测各种金属，现在应用最为普遍；电磁感应型用于检测导磁和非导磁金属；电容型用于检测各种导电和不导电的液体及金属；超声波型用于检测不能透过超声波的物质。下面介绍晶体管停振型的接近开关电路。

晶体管停振型接近开关属于高频振荡型。高频振荡型接近信号的发生机构实际上是一个 *LC* 振荡器，其中 *L* 是电感式感辨头。当金属检测体接近感辨头时，在金属检测体中将产生涡流，由于涡流的去磁作用使感辨头的等效参数发生变化，改变振荡回路的谐振阻抗和谐振频率，使振荡停止，并以此发出接近信号。*LC* 振荡器由 *LC* 谐振回路、放大器和反馈电路构成。按反馈方式可分为电感分压反馈式、电容分压反馈式和变压器反馈式。

晶体管停振型接近开关的框图如图 1.50 所示。晶体管停振型接近开关的实际电路如图 1.51 所示。

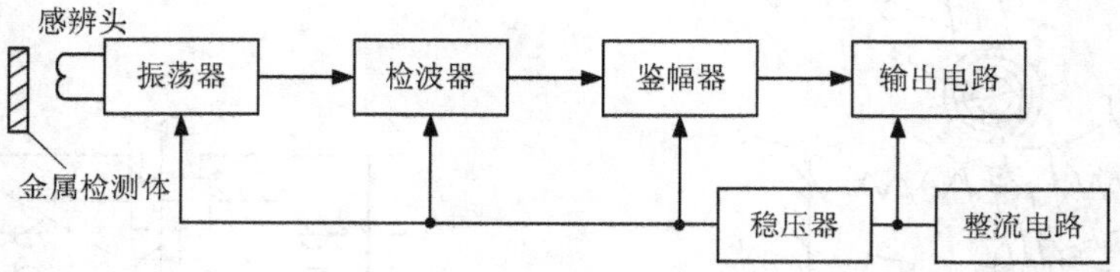

图 1.50　晶体管停振型接近开关的框图

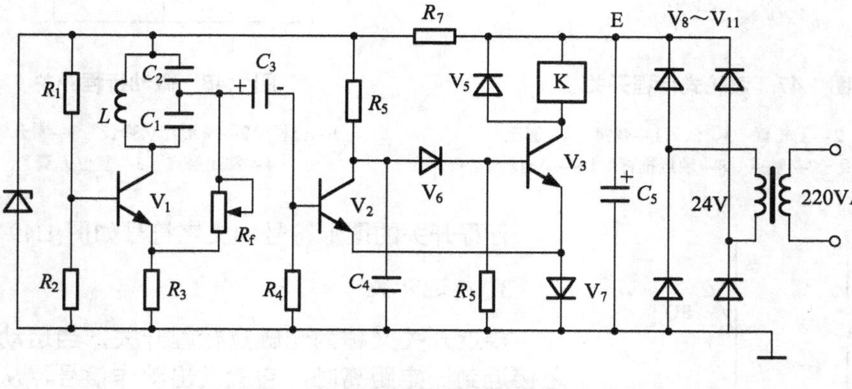

图 1.51　晶体管停振型接近开关的实际电路

电路采用了电容三点式振荡器，感辨头 *L* 仅有两根引出线，因此也可作成离式结构。由 C_2 取出的反馈电压经 R_2 和 R_f 加到晶体管 V_1 的基极和发射极两端，取分压比等于 1，即 $C_1=C_2$，其目的是为了能够通过改变 R_f 来整定开关的动作距离。由 V_2、V_3 组成的射极耦合触发器不仅用作鉴幅，同时也起电压和功率放大作用。V_2 的基射结还兼作检波器。为了减轻振荡器的负担，选用较小的耦合电容 C_3(510pF)和较大的耦合电阻 R_4(10kΩ)。振荡器输出

的正半周电压使 C_3 充电。负半周 C_3 经过 R_4 放电，选择较大的 R_4 可减小放电电流，由于每周内的充电量等于放电量，所以较大的 R_4 也会减小充电电流，使振荡器在正半周的负担减轻。但是 R_4 也不应过大，以免 V_2 基极信号过小而在正半周内不足以饱和导通。检波电容 C_4 不接在 V_2 的基极而接在集电极上，其目的也是为了减轻振荡器的负担。由于充电常数 R_5C_4 远大于放电时间常数(C_4 通过半波导通向 V_2 和 V_7 放电)，因此当振荡器振荡时，V_2 的集电极电位基本等于其发射极电位，并使 V_3 可靠地截止。当有金属检测体接近感辨头 L 使振荡器停振时，V_3 的导通因 C_4 充电有几百微秒的延迟。C_4 的另一作用是当电路接通电源时，振荡器虽不能立即起振，但由于 C_4 上的电压不能突变，使 V_3 不致有瞬间的误导通。

本章小结

本章所讲的主要内容是常用低压电器的作用、分类、结构及其工作原理。为继电—接触器控制电路的设计奠定基础。通过本章的学习要熟悉低压电器的原理及使用方法。要特别说明的是，在使用同一电器时，其图形符号及文字符号必须统一，以免与其他同类电器混淆。

习题与思考题

1-1 试述电磁式低压电器的一般工作原理。

1-2 低压电器中熄灭电弧所依据的原理有哪些？常见的灭弧方法有哪些？

1-3 接触器的作用是什么？根据结构特征如何区分交流、直流接触器？

1-4 常开与常闭触点如何区分？时间继电器的常开与常闭触点与普通常开与常闭触点有什么不同？

1-5 何谓电磁式电器的吸力特性和反力特性？为什么吸力特性与反力特性的配合应使两者尽量靠近为宜？

1-6 交流电磁机构中的短路环的作用是什么？

1-7 交流接触器在衔铁吸合前的瞬间，为什么在线圈中会产生很大的电流冲击？直流接触器会不会出现这种现象？为什么？

1-8 交流接触器能否串联使用？为什么？

1-9 选用接触器时应注意哪些问题？接触器和中间继电器有何差异？

1-10 交流接触器在运行中有时线圈断电后，衔铁仍掉不下来，电动机不能停止，这时应如何处理？故障原因在哪里？应如何排除？

1-11 线圈电压为 220V 的交流接触器，误接入 380V 交流电源上会发生什么问题？为什么？

1-12 电压继电器和电流继电器在电路中各起什么作用？如何接入电路？

1-13 什么是继电器的返回系数？欲提高电压(或电流)继电器的返回系数可采用哪些措施？

1-14 低压断路器在电路中的作用是什么？

1-15 熔断器的额定电流、熔体的额定电流和熔体的极限分断电流这三者有何区别？

1-16 电动机的启动电流很大，当电动机启动时，热继电器会不会动作？为什么？

1-17 当失压、过载及过电流时脱扣器起什么作用？

1-18 星形连接的三相异步电动机能否采用两相结构的热继电器作为断相和过载保护？三角形三相电动机为什么要采用带有断相保护的热继电器？

1-19 既然在电动机的主电路中装有熔断器，为什么还要装热继电器？装有热继电器是否就可以不装熔断器？为什么？

1-20 主令控制器在电路中各起什么作用？

1-21 是否可以用过电流继电器作电动机的过载保护？为什么？

1-22 接近开关有何作用？其传感检测部分有何特点？

第 2 章　电气控制系统的基本控制电路

电气控制在生产、科学研究及其他各个领域的应用十分广泛。各种电气控制设备的种类繁多、功能各异，但其控制原理、基本控制电路、设计方法等方面均类似。

电气控制电路是多种多样的，但是，无论电气控制电路有多复杂，它们都是由一些比较简单的基本电气控制电路有机地组合而成的。因此，掌握基本电气控制电路，将有助于阅读、分析、设计电气控制电路。基本电气控制电路也称为电气控制电路的基本环节。

2.1　电气控制线路的绘制及国家标准

电气控制线路是由各种有触点的接触器、继电器、按钮、行程开关等组成的控制线路。为了表达设备电气控制系统的组成结构，工作原理及安装、调试、维修等技术要求，需要用统一的工程语言即用工程图的形式来表达，这种工程图即是电气图。常用于机械设备的电气工程图有 3 种：电路原理图、接线图、元器件布置图。电气工程图是根据国家电气制图标准，用规定的图形符号、文字符号以及规定的画法绘制而成的。

2.1.1　电气图中的图形符号和文字符号的国家标准

1. 图形符号

国家电气图形符号标准 GB/T 4728 规定了电气图中图形符号的画法，该标准与国家电气制图标准 GB 6980 于 1990 年 1 月 1 日正式贯彻执行。国家标准中规定的图形符号基本与国际电工委员会(IEC)发布的有关标准相同。图形符号由符号要素、限定符号、一般符号以及常用的非电操作控制的动作符号(如机械控制符号等)，根据不同的具体器件情况组合构成，如图 2.1 所示为限定符号或操作符号与一般符号组合成各种类型开关图形符号的例子。国家标准除给出各类电气元器件的符号要素。限定符号和一般符号以外，也给出了部分常用图形符号及组合图形符号示例。因为国家标准中给出的图形符号例子有限，实际使用中可通过已规定的图形符号适当组合进行派生。

2. 文字符号

国家标准 GB/T 7159—1987《电气技术中的文字符号制订通则》规定了电气工程图中的文字符号，它分为基本文字符号和辅助文字符号。基本文字符号有单字母符号和双字母符号，单字母符号表示电气设备、装置和元器件的大类，例如 K 为继电器类器件这一大类；双字母符号由一个表示大类的单字母与另一表示器件某些特性的字母组成，例如 KA 即表示继电器类器件中的中间继电器(或电流继电器)，KM 表示继电器类器件中控制电动机的接触器。

辅助文字符号用来进一步表示电气设备、装置和元器件的功能、状态和特征。

2.1.2 电气控制原理图的绘制原则

电路图应有两种：一种是电气原理图，另一种是电气安装接线图。

电气原理图是根据电气动作原理绘制的，用来表示电气的动作原理，用于分析动作原理和排除故障，而不考虑电气设备的电气元器件的实际结构和安装情况。通过电路图，可详细地了解电路、设备电气控制系统的组成和工作原理，并可在测试和寻找故障时提供足够的信息，同时电气原理图也是编制接线图的重要依据。

电气安装接线图也称电气装配图，它是根据电气设备和电气元器件的实际结构、安装情况绘制的，用来表示接线方式、电气设备和电气元器件的位置、接线场所的形状和尺寸等。

电气安装接线图只从安装、接线角度出发，而不明显表示电气动作原理，是供电气安装、接线、维修、检查用的。电气安装接线图的特点是：所有的电气设备和电气元器件都按其所在位置绘制在图纸上。

电路图在电气工程中是表达和交流经验的重要工具，任何电气工程都是根据图样来进行工作的。学会看电气原理图，就可根据图样来维护、修理各种电气设备；学会看电气安装接线图，就可以根据图样要求接线和安装电气设备。

电气原理图的绘制规则由国家标准 GB 6988.4 给出。一般工厂设备的电气原理图绘制规则可简述如下。

1. 电气原理图绘制

电气原理图中，一般主电路和控制电路分为两部分画出。主电路是设备的驱动电路，在控制电路的控制下，根据控制要求由电源向用电设备供电。主电路通常用粗实线画在图样的左侧(或上方)。在电力拖动线路中，实际上就是设备的电源、电动机及其他用电设备等。

控制和辅助电路一般用细实线画在图样的右侧(或下方)。控制电路、辅助电路要分开画。控制电路画出控制主电路工作的控制电器的动作顺序，画出用作其他控制要求的控制电器的动作顺序。控制电路由接触器和继电器线圈、各种电器的常开、常闭触点组合构成控制逻辑，实现需要的控制功能。辅助电路是指设备中的信号和照明部分。主电路、控制电路和其他辅助的信号照明电路，保护电路一起构成电控系统。

电气原理图中的电路可水平布置或者垂直布置。水平布置时，电源线垂直画，其他电路水平画，控制电路中的耗能元件画在电路的最右端。垂直布置时，电源线水平画，其他电路垂直画，控制电路中的耗能元件画在电路的最下端。

2. 元器件绘制和器件状态

电气原理图中的所有电气元器件不画出实际外形图，而采用国家标准规定的图形符号和文字符号表示。同一电器的各个部件可根据需要画在不同的地方，但必须用相同的文字符号标注。电气原理图中所有元器件的可动部分通常表示在电器非激励或不工作的状态和位置，其中常见的元器件状态有：

(1) 继电器和接触器的线圈处在非激励状态。

(2) 断路器和隔离开关在断开位置。

(3) 零位操作的手动控制开关在零位状态。

(4) 机械操作开关和按钮在非工作状态或不受力状态。

(5) 保护类元器件处在设备正常工作状态。

2.1.3　图形区域的划分及读图方法

1. 图形区域的划分

工程图样通常采用分区的方式建立坐标，以便于阅读查找，电气原理图常采用在图的下方沿横坐标方向划分的方式，并用数字标明图区，如图 2.1 所示，同时在图的上方沿横坐标方向划分，分别表明该区电路的功能。

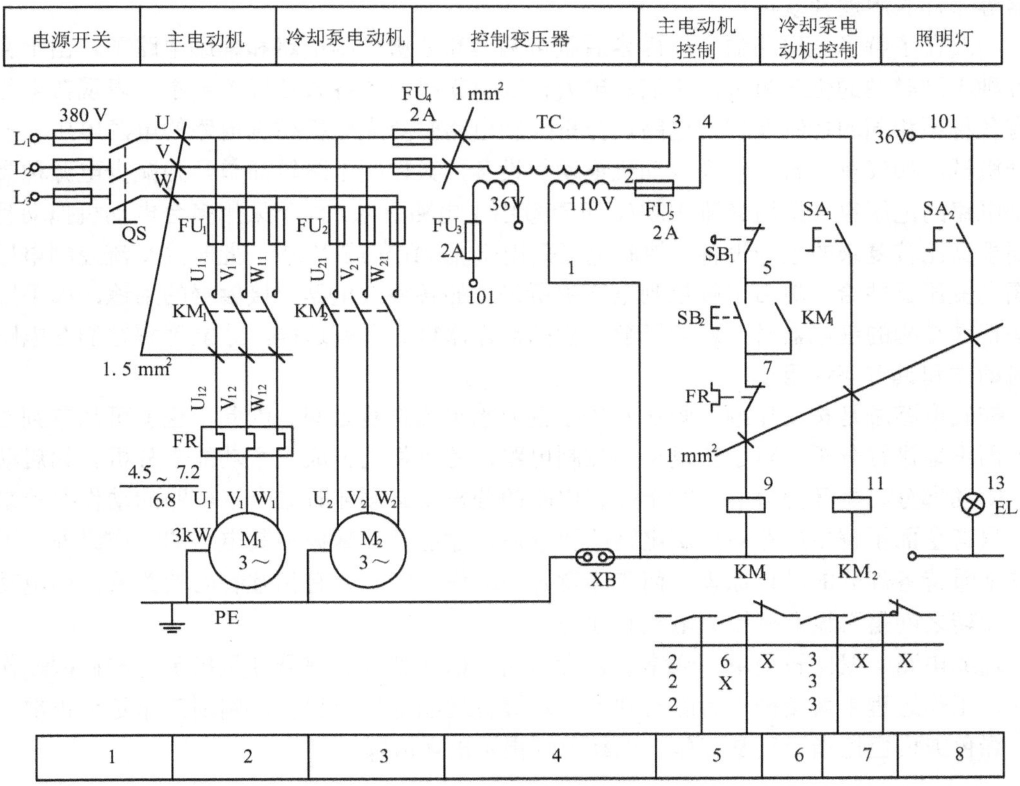

图 2.1　某机床电控系统电路图

2. 电气原理图的阅读方法

一般设备电气原理图中可分为主电路(或主回路)、控制电路及辅助电路。

在读电气原理图之前，先要了解被控对象对电力拖动的要求；了解被控对象有哪些运动部件以及这些部件是怎样动作的，各种运动之间是否有相互制约的关系；熟悉电路图的制图规则及电气元器件的图形符号。

读电气原理图时要先从主电路入手，掌握电路中电器的动作规律，根据主电路的动作要求再看与此相关的电路。一般步骤如下：

(1) 看本设备所用的电源。一般设备多用三相电源(380V、50Hz)，也有用直流电源的设备。以前是由直流发电机、整流装置来供给，随着电子技术的发展(特别是大功率整流管及晶闸管的出现)一般都由整流装置来获得直流电。

(2) 分析主电路有几台电动机，分清它们的用途、类别(笼型异步电动机、绕线转子异步电动机、直流电动机或是同步电动机)。

(3) 分清各台电动机的动作要求，如启动方式、转动方式、调速及制动方式，各台电动机之间是否有相互制约关系。

(4) 了解主电路中所用的控制电器及保护电器。前者是指除常规接触器之外的控制元件，如电源开关(转换开关及断路器)、万能转换开关。后者是指短路保护器件及过载保护器件，如空气断路器中电磁脱扣器及热过载脱扣器的规格，熔断器、热继电器及过电流继电器等器件的用途及规格。

一般在了解了主电路的上述内容后就可阅读和分析控制电路和辅助电路了。由于存在着各种不同类型的生产机械，它们对电力拖动也就提出了各式各样的要求，表现在电路图上有各种不相同的控制及辅助电路。分析控制电路时首先分析控制电路的电源电压。一般生产机械，如仅有一台或较少电动机拖动的设备，其控制电路较简单。为减少电源种类，控制电路的电压也常采用交流380V，可直接由主电路引入。对于采用多台电动机拖动且控制要求又比较复杂的生产设备，控制电压采用交流110V或220V，此时的交流控制电压应由隔离变压器共给。然后了解控制电路中所采用的各种继电器、接触器的用途，如采用了一些特殊结构的继电器时，还应了解它们的动作原理。只有这样，才能理解它们在电路中如何动作和具有何种用途。

控制电路总是按动作顺序画在两条垂直或水平的直线之间。因此，也就可从左到右或从上而下地进行分析。对于较复杂的控制电路，还可将它分成几个功能来分析。如启动部分、制动部分、循环部分等。对于控制电路的分析就必须随时结合主电路的动作要求来进行；只有全面了解主电路对控制电路的要求后，才能真正掌握控制电路的动作原理。不可孤立地看待各部分的动作原理，而应注意各个动作之间是否有相互制约的关系，如电动机正、反转之间是否设有机械或电气联锁等。

辅助电路一般比较简单，通常它包含照明和信号部分。信号灯是指示生产机械动作状态的，工作过程中可使操作者随时观察，掌握各运动部件的状况，判别工作是否正常。通常以绿色或白色灯指示正常工作，以红色灯指示出现故障。

2.2　基本电气控制方法

2.2.1　异步电动机简单的起、保、停电气控制电路

异步电动机起、保、停电气控制电路如图 2.2 所示。图中左侧为主电路，由电源开关QS、熔断器FU_1、接触器KM主触点、热继电器FR的发热元件和电动机M构成；右侧控制线路由熔断器FU_2、热继电器FR常闭触点、停止按钮SB_1、启动按钮SB_2、接触器KM常开辅助触点和它的线圈构成。

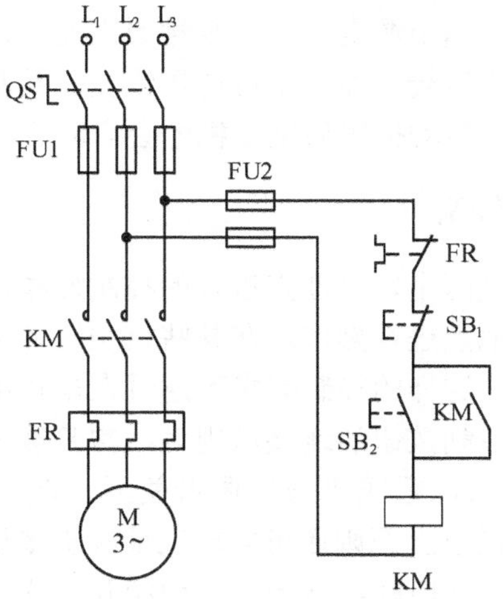

图 2.2 异步电动机起、保、停控制线路

1. 工作原理

电动机启动时，合上电源开关 QS，引入三相电源，按下按钮 SB_2，接触器 KM 的线圈通电吸合，主触点 KM 闭合，电动机 M 接通电源启动运转。同时与 SB_2 并联的常开触点 KM 闭合。当手松开按钮后，SB_2 在自身复位弹簧的作用下恢复到原来断开的位置时，接触器 KM 的线圈仍可通过 KM 的常开触点使接触器线圈继续通电，从而保持电动机的连续运行。这种依靠接触器自身常开触点而使其线圈保持通电的现象称为自锁。起自锁作用的辅助触点称为自锁触点。

电动机停止时，只要按下停止按钮 SB_1，将控制电路断开即可。这时接触器 KM 的线圈断电释放，KM 的常开主触点将三相电源切断，M 停止旋转。当手松开按钮后，SB_1 的常闭触点在复位弹簧的作用下，虽又恢复到原来的常闭状态，但接触器线圈已不再能依靠自锁触点通电了，因为原来闭合的自锁触点早已随着接触器线圈的断电而断开了。

这个电路是单向自锁控制电路，它的特点是，启动、保持、停止，所以称为“起、保、停”控制电路。

2. 保护环节

(1) 短路保护。熔断器 FU1、FU2 分别作主电路和控制线路的短路保护，当线路发生短路故障时能迅速切断电源。

(2) 过载保护。通常生产机械中需要持续运行的电动机均设过载保护，其特点是过载电流越大，保护动作越快，但不会受电动机启动电流影响而动作。

(3) 失压和欠压保护。在电动机正常运行时，如果因为电源电压的消失而使电动机停转，那么在电源电压恢复时电动机就可能自行启动，电动机的自启动可能会造成人身事故或设备事故。防止电源电压恢复时电动机自启动的保护称为失压保护，也叫零电压保护。在电动机正常运行时，电源电压过分降低会引起电动机转速下降和转矩降低，若负载转矩不变，使电流过大，造成电动机停转和损坏电动机。由于电源电压过分降低可能会引起一些电器释放，造成电路不正常工作，可能会产生事故。因此需要在电源电压下降到最小允许的电压值时将电动机电源切除，这样的保护称为欠压保护。图 2.2 中依靠接触器自身电磁机构实现失压和欠压保护。当电源电压由于某种原因而严重欠电压或失电压时，接触器的衔铁自行释放，电动机停止运转。而当电源电压恢复正常时，接触器线圈也不能自动通电，只有在操作人员再次按下启动按钮后电动机才会启动。

2.2.2 多地点与多条件控制线路

多地点控制是指在两地或两个以上地点进行的控制操作，多用于规模较大的设备，为了操作方便常要求能在多个地点进行操作。在某些机械设备上，为保证操作安全，需要多个条件满足，设备才能工作。这样的控制要求可通过在电路中串联或并联电器的常闭触点和常开触点来实现。多地点控制按钮的连接原则为：常开按钮均相互并联，组成“或”逻辑关系，常闭按钮均相互串联，组成“与”逻辑关系，任一条件满足，结果即可成立。图 2.3 为两地控制线路，遵循以上原则还可实现三地及更多地点的控制。多条件控制按钮的连接原则为：常开按钮均相互串联，常闭按钮均相互并联，所有条件满足，结果才能成立。图 2.4 为两个条件控制线路，遵循以上原则还可实现更多条件的控制。

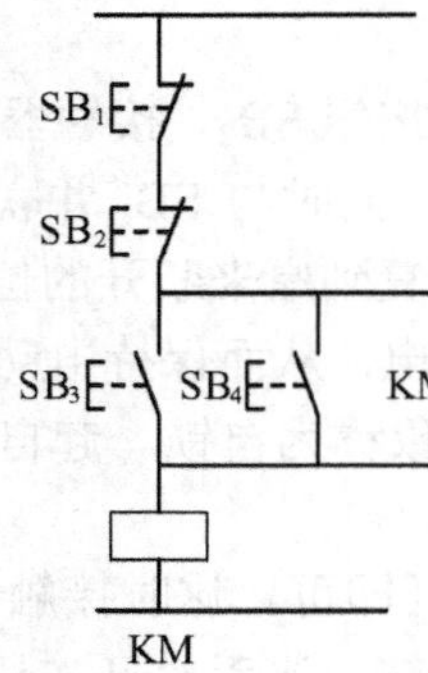

图 2.3　两地控制线路

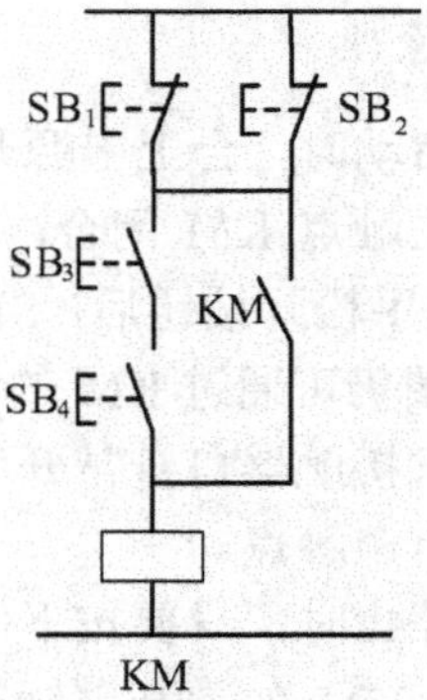

图 2.4　两个条件控制线路

2.2.3 连续工作与点动控制

在实际生产中，生产机械常需点动控制，如机床调整对刀和刀架、立柱的快速移动等。所谓点动，指按下启动按钮，电动机转动；松开按钮，电动机停止运动。与之对应的，若松开按钮后能使电动机连续工作，则称为长动。区分点动与长动的关键是控制电路中控制电器通电后能否自锁，即是否具有自锁触点。点动控制线路如图 2.5 所示，其中图(a)为用按钮实现的点动控制电路。

生产实际中，有的生产机械既需要连续运转进行加工生产，又需要在进行调整工作时采用点动控制，这就产生了点动、长动混合控制电路。图 2.5(b)是用选择开关选择点动控制或者长动控制；图 2.5(c)是用复合按钮 SB_3 实现的点动控制，SB_2 实现长动控制。需要点动控制时，按下点动按钮 SB_3，其常闭触点先断开自锁电路，常开触点后闭合，接通启动控制线路，KM 线圈通电，电动机启动运转；当松开点动按钮 SB_3 时，其常开触点先断开，常闭触点后闭合，线圈断电释放，电动机停止运转。用 SB_2 和 SB_1 来实现连续控制。图 2.5(d)是采用中间继电器实现长动的控制电路。正常工作时，按下长动按钮 SB_2，中间继电器 KA 通电并自锁，同时接通接触器 KM 线圈，电动机连续转动；调整工作时，按下点动按钮 SB_1，此时 KA 不工作，其使 KM 连续通电的常开触点断开，SB_3 接通 KM 的线圈电路，电动机转动，SB_3 一松开，KM 的线圈断电。电动机停止转动，实现点动控制。

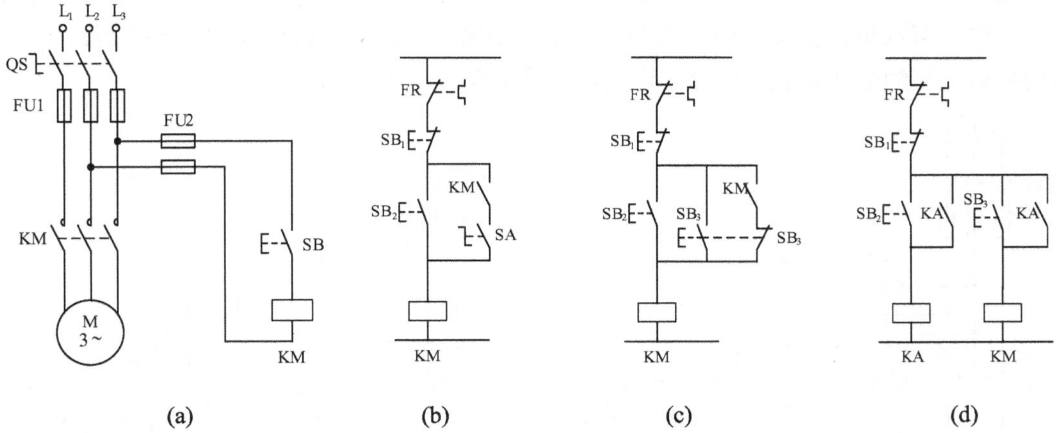

图 2.5　点动控制线路

2.2.4　三相异步电动机的正反转控制线路

生产实践中，许多设备均需要两个相反方向的运行控制，如机床工作台的进退、升降以及主轴的正反向运转等。此类控制均可通过电动机的正转与反转来实现。由电动机原理可知，电动机三相电源进线中任意两相对调，即可实现电动机的反向运转。通常情况下，电动机正反转可逆运行操作的控制线路如图 2.6 所示。

1. 正反转控制

如图 2.6(a)所示，接触器 KM_1、KM_2 主触点在主电路中构成正、反转相序接线，从而改变电动机转向。按下正向启动按钮 SB_2，KM_1 线圈得电并自锁，电动机正转。按下停止按钮 SB_1，电动机正转停止。按下反向启动按钮 SB_3，KM_2 线圈得电并自锁，使电动机定子绕组与正转时相比相序反了，则电动机反转。按下停止按钮 SB_1，电动机反转停止。

从主回路来看，如果 KM_1、KM_2 同时通电动作，就会造成主回路短路。在图 2.6(a)中如果按下 SB_2 又按下 SB_3，就会造成上述事故。因此这种线路是不能采用的。

2. “正—停—反”控制

接触器 KM_1 和 KM_2 触点不能同时闭合，以免发生相间短路故障，因此需要在各自的控制电路中串接对方的常闭触点，构成互锁。如图 2.6(b)所示，电动机正转时，按下正向启动按钮 SB_2，KM_1 线圈得电并自锁，KM_1 常闭触点断开，这时按下反向按钮 SB_3，KM_2 也无法通电。当需要反转时，先按下停止按钮 SB_1，令 KM_1 断电释放，KM_1 常开触点复位断开，电动机停转。再按下 SB_3，KM_2 线圈才能得电，电动机反转。由于电动机由正转切换成反转时，需先停下来，再反向启动，故称该电路为正—停—反控制电路。利用接触器常闭触点互相制约的关系称为互锁或联锁。而这两个常闭触点称为互锁触点。

在机床控制线路中，这种互锁关系应用极为广泛。凡是有相反动作，如工作台上下、左右移动都需要有类似的这种联锁控制。

3. “正—反—停”控制

图 2.6(b)中，电动机由正转到反转，需先按停止按钮 SB_1，在操作上不方便。为了解决这个问题，可利用复合按钮进行控制。将图 2.6(b)中的启动按钮均换为复合按钮，则该电路为按钮、接触器双重联锁的控制电路，如图 2.6(c)所示。

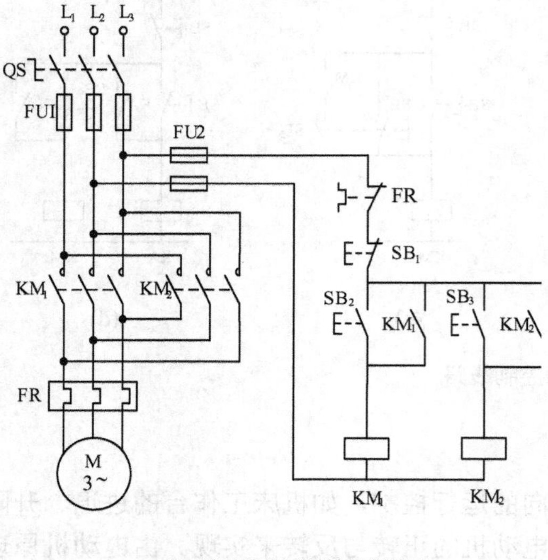

(a) 无互锁的正反转控制线路

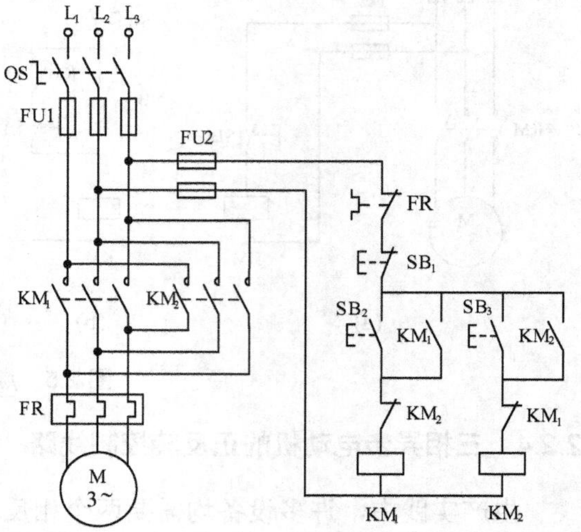

(b) “正—停—反”控制线路

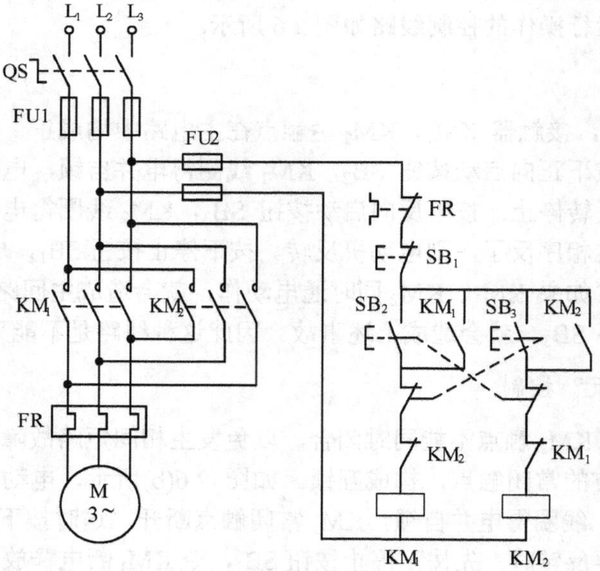

(c) “正—反—停”控制线路

图 2.6 电动机正反转控制线路

假定电动机正在正转，此时，接触器 KM_1 线圈吸合，主触点 KM_1 闭合。欲切换电动机的转向，只需按下复合按钮 SB_3 即可。按下 SB_3 后，其常闭触点先断开 KM_1 线圈回路，

KM_1 释放，主触点断开正序电源。复合按钮 SB_3 的常开触点后闭合，接通 KM_2 的线圈回路，KM_2 通电吸合且自锁，KM_2 的主触点闭合，负序电源送入电动机绕组，电动机作反向启动并运转，从而直接实现正、反向切换。

若欲使电动机有反向运转直接切换成正向运转，操作过程与上述类似。

采用复合按钮，还可以起到联锁作用，这是由于按下 SB_2 时，只有 KM_1 可得电动作，同时 KM_2 回路被切断。同理按下 SB_3 时，只有 KM_2 可得电动作，同时 KM_1 回路被切断。

但只用按钮进行联锁，而不用接触器常闭触点之间的联锁，是不可靠的。在实际中可能出现这样的情况，由于负载短路或大电流的长期作用，接触器的主触点被强烈的电弧“烧焊”在一起，或者接触器的机构失灵，使衔铁卡住总是在吸合状态。这都可能是主触点不能断开，这时如果另一接触器动作，就会造成电源短路事故。

如果用的是接触器常闭触点进行联锁，不论什么原因，只要一个接触器是吸合状态，它的联锁常闭触点就必然将另一接触器线圈电路切断，这就能避免事故的发生。

2.2.5　顺序控制线路

具有多台电动机拖动的机械设备，在操作时为了保证设备的运行和工艺过程的顺利进行，对电动机的启动、停止，必须按一定顺序来控制，这就称为电动机的顺序控制。这种情况在机械设备中是常见的。例如，有的机床的油泵电动机要先于主轴电动机启动，主轴电动机又先于切削液电动机启动等。

图 2.7 为顺序启动控制线路。电动机 M_2 必须在 M_1 启动后才能启动，这就构成了两台电动机的顺序控制。

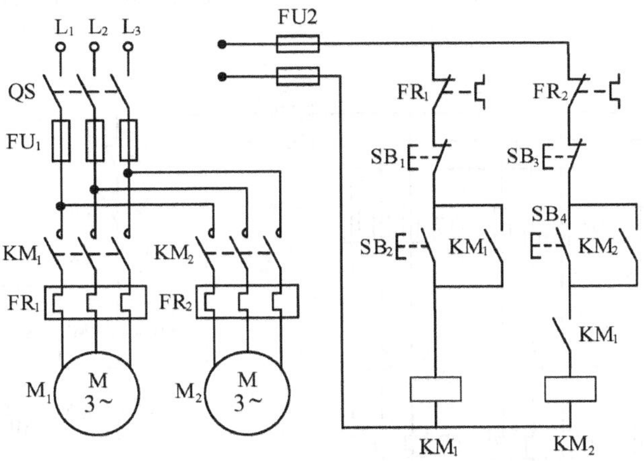

图 2.7　顺序启动控制线路

工作原理：合上电源开关 QS，按下启动按钮 SB_2，接触器 KM_1 线圈通电吸合并自锁，M_1 启动运转。KM_1 的常开触点闭合为 KM_2 线圈通电准备了条件。这时按下启动按钮 SB_4，KM_2 线圈通电吸合并自锁，M_2 启动运转。从而实现了 M_1 先启动，M_2 后启动的顺序控制。

【例】 如图 2.8 所示是 3 条皮带运输机的示意图。对于这 3 条皮带运输机的电气要求是：

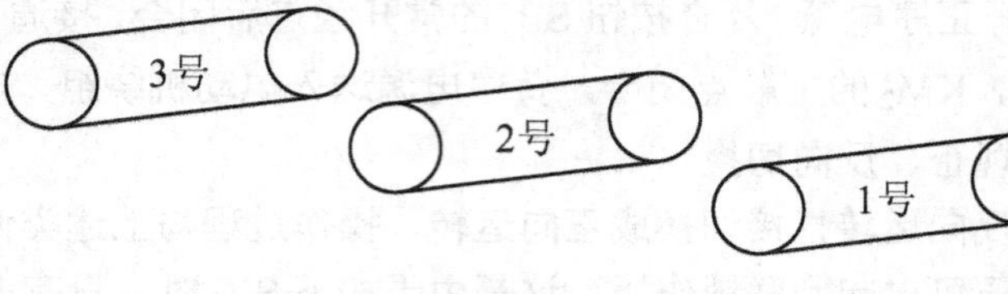

图 2.8 三条皮带运输机工作示意图

(1) 启动顺序为 1 号、2 号、3 号，即顺序启动，以防止货物在皮带上堆积；

(2) 停车顺序为 3 号、2 号、1 号，即逆序停止，以保证停车后皮带上不残存货物；

(3) 当 1 号或 2 号出故障停车时，3 号能随即停车，以免继续进料。

试画出 3 条皮带运输机的电气控制线路图，并叙述其工作原理。

解：图 2.9 所示控制线路可满足 3 条皮带运输机的电气控制要求。其工作原理叙述如下。

(1) 先合上刀开关 QS。

(2) M_1(1 号)、M_2(2 号)、M_3(3 号)依次顺序启动。按下 SB_2，KM_1 线圈得电并自锁，KM_1 主触点闭合，M_1 启动 1 号；KM_1 常开触点闭合，按下 SB_2，KM_2 线圈得电并自锁，KM_2 主触点闭合，M_2 启动 2 号；KM_2 常开触点闭合，按下 SB_6，KM_3 线圈得电并自锁，KM_3 主触点闭合，M_2 启动 3 号。

(3) M_1(1 号)、M_2(2 号)、M_3(3 号)依次逆序停止。按下 SB_5，KM_3 线圈失电，KM_3 主触点断开，M_3 停止 3 号；KM_3 常开触点断开，按下 SB_3，KM_2 线圈失电，KM_2 主触点断开，M_2 停止 2 号；KM_2 常开触点断开，按下 SB_1，KM_1 线圈失电，KM_1 主触点断开，M_1 停止 1 号。

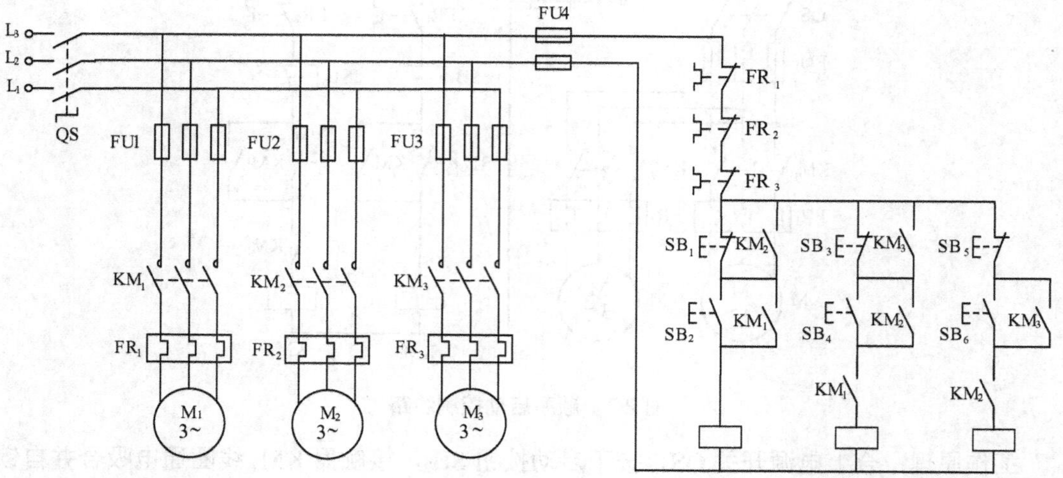

图 2.9 3 条皮带运输机顺序启动、逆序停止控制线路

2.3 异步电动机的基本电气控制线路

2.3.1 启动控制电路

三相笼型异步电动机坚固耐用，结构简单，且价格便宜，在生产机械中应用十分广泛。电动机的启动是指其转子由静止状态转为正常运转状态的过程。笼型异步电动机有两种启动方式，即直接启动和降压启动。直接启动又称为全压启动，即启动时电源电压全部施加在电动机定子绕组上。降压启动即启动时将电源电压降低一定的数值后再施加到电动机定子绕组上，待电动机的转速接近同步转速后，再使电动机在电源电压下运行。

1. 笼型异步电动机直接启动控制线路

对容量较小，并且工作要求简单的电动机，如小型台钻、砂轮机、冷却泵的电动机，可用手动开关在动力电路中接通电源直接启动，如图 2.10 所示的控制电路。

一般中小型机床的主电动机采用接触器直接启动，如图 2.11 所示控制电路。接触器直接启动电路分为两部分，主电路由接触器的主触点接通与断开，控制电路由按钮和辅助常开触点控制接触器线圈的通断电，实现对主电路的通断控制。

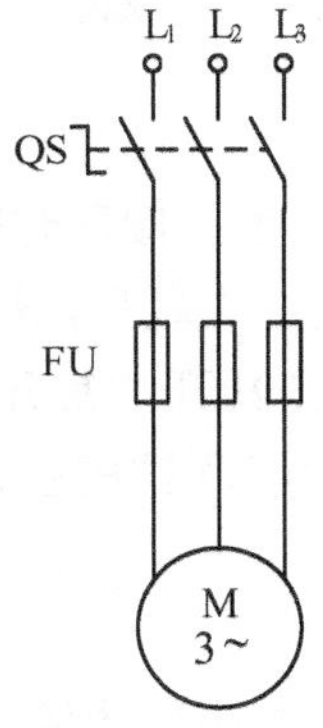

图 2.10 用开关直接启动线路图

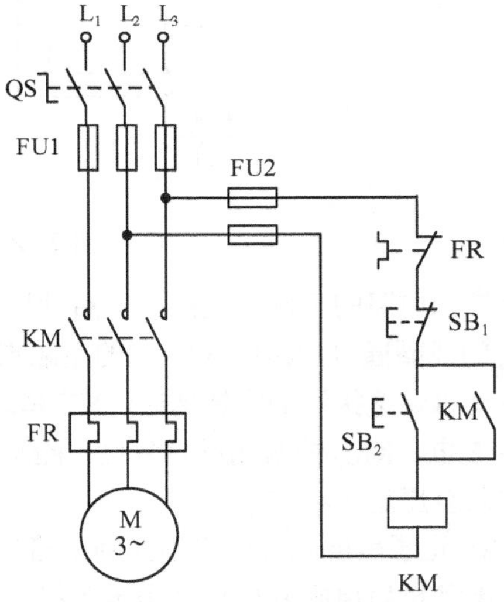

图 2.11 用接触器直接启动控制线路图

2. 笼型异步电动机降压启动控制线路

容量大于 10kW 的笼型异步电动机直接启动时，启动冲击电流为额定值的 4～7 倍，故一般均需采取相应措施降低电压，即减小与电压成正比的电枢电流，从而在电路中不至于产生过大的电压降。常用的降压启动方式有定子电路串电阻降压启动、星形—三角形(Y-△)降压启动和自耦变压器降压启动。

1) 星形—三角形降压启动控制电路

正常运行时，定子绕组为三角形联结的笼型异步电动机，可采用星形—三角形的降压启动方式来达到限制启动电流的目的。

启动时，定子绕组首先联结成星形，待转速上升到接近额定转速时，将定子绕组的联结由星形联结成三角形，电动机便进入全压正常运行状态。

主电路由3个接触器进行控制，KM_1、KM_3主触点闭合，将电动机绕组联结成星形；KM_1、KM_2主触点闭合，将电动机绕组联结成三角形。控制电路中，用时间继电器来实现电动机绕组由星形向三角形联结的自动转换。图2.12给出了星形—三角形降压启动控制电路。

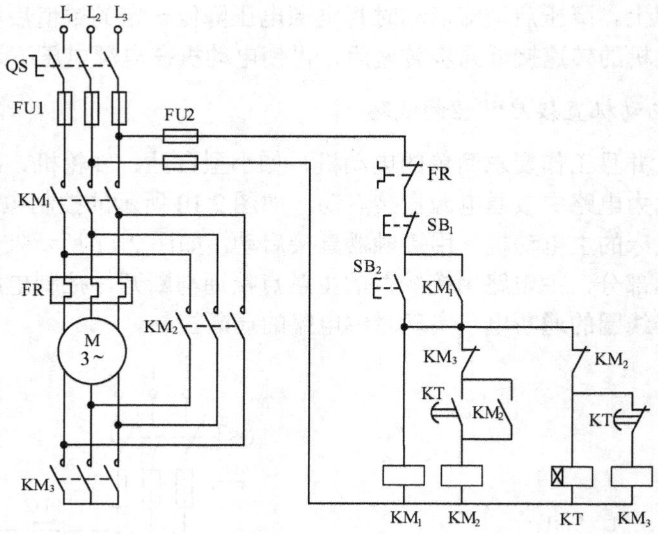

图2.12　Y-△降压启动线路

控制电路的工作原理：按下启动按钮 SB_2，KM_1 通电并自锁，接着时间继电器 KT、KM_3的线圈通电，KM_1与KM_3的主触点闭合，将电动机绕组联结成星形，电动机降压启动。待电动机转速接近额定转速时，KT 延时完毕，其常闭触点动作断开，常开触点动作闭合，KM_3失电，KM_3的常闭触点复位，KM_2通电吸合，将电动机绕组联结成三角形联结，电动机进入全压运行状态。

2) 定子串电阻降压启动控制电路

电动机串电阻降压启动是电动机启动时，在三相定子绕组中串接电阻分压，使定子绕组上的压降降低，启动后再将电阻短接，电动机即可在全压下运行。这种启动方式不受接线方式的限制，设备简单，常用于中小型设备和用于限制机床点动调整时的启动电流。图2.13给出了串电阻降压启动的控制电路。图中主电路由KM_1、KM_2两组接触器主触点构成串电阻接线和短接电阻接线，并由控制电路按时间原则实现从启动状态到正常工作状态的自动切换。

控制电路的工作原理：按下启动按钮SB_2，接触器KM_1通电吸合并自锁，时间继电器KT通电吸合，KM_1主触点闭合，电动机串电阻降压启动。经过KT的延时，其延时常开触点闭合，接通KM_2的线圈回路，KM_2的主触点闭合，电动机短接电阻进入正常工作状态。电动机正常运行时，只要KM_2得电即可，但图2.13(a)在电动机启动后KM_1和KT一直得电动作，这是不必要的。图 2.13(b)就解决了这个问题，KM_2 得电后，其常闭触点将 KM_1 及 KT 断电，KM_2 自锁。这样，在电动机启动后，只要 KM_2 得电，电动机便能正常运行。

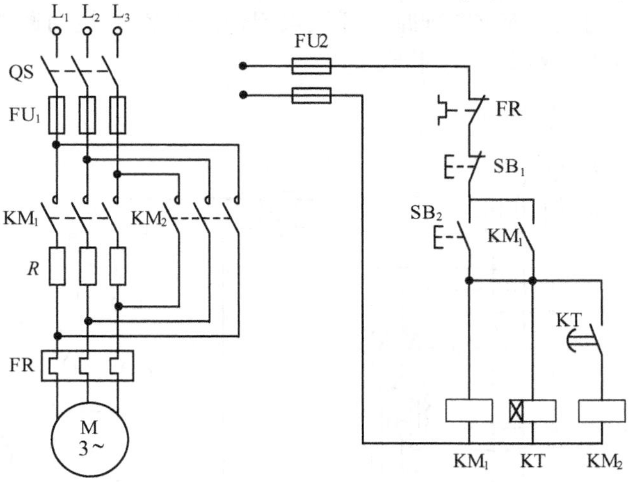

(a)

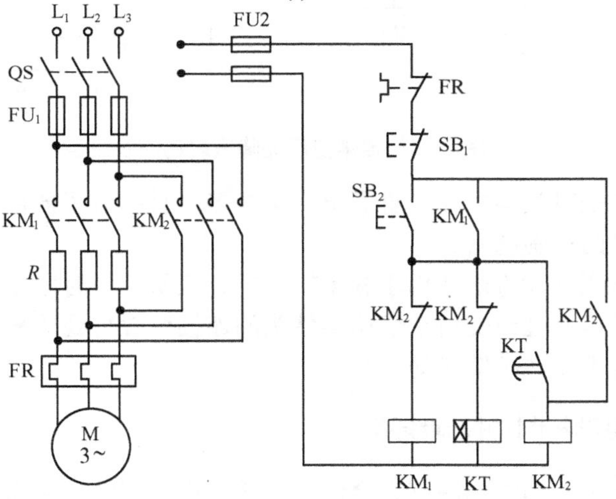

(b)

图 2.13　定子串电阻降压启动控制线路

3) 自耦变压器降压启动控制电路

在自耦变压器降压启动的控制线路中，电动机启动电流的限制，是依靠自耦变压器的降压作用来实现的。电动机启动的时候，定子绕组得到的电压是自耦变压器的二次电压。一旦启动结束，自耦变压器便被切除，额定电压通过接触器直接加于定子绕组，电动机进入全压运行的正常工作。

图 2.14 为自耦变压器降压启动的控制线路。KM_1 为降压接触器，KM_2 为正常运行接触器，KT 为启动时间继电器。

电路的工作原理：启动时，合上电源开关 QS，按下启动按钮 SB_2，接触器 KM_1 的线圈和时间继电器 KT 的线圈通电，KT 瞬时动作的常开触点闭合，形成自锁，KM_1 主触点闭合，将电动机定子绕组经自耦变压器接至电源，这时自耦变压器联结成星形，电动机降压启动。KT 延时后，其延时常闭触点断开，使 KM_1 线圈失电，KM_1 主触点断开，从而将自耦变压器从电网上切除。而 KT 延时常开触点闭合，使 KM_2 线圈通电，电动机直接接到电网上运行，从而完成了整个启动过程。

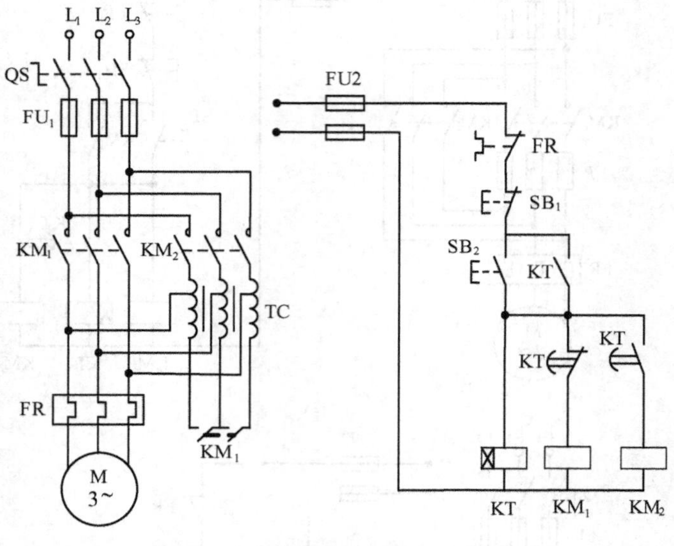

图 2.14　自耦变压器降压启动控制线路

该电路的缺点是时间继电器一直通电，耗能多，且缩短了器件寿命，请读者自行分析并设计一断电延时的控制电路。

自耦变压器减压启动方法适用于容量较大的、正常工作时联结成星形或三角形的电动机。其启动转矩可以通过改变自耦变压器抽头的连接位置得到改变。它的缺点是自耦变压器价格较贵，而且不允许频繁启动。

2.3.2　三相异步电动机制动控制线路

三相异步电动机从切除电源到完全停止运转。由于惯性的关系，总要经过一段时间，这往往不能适应某些生产机械工艺的要求。如万能铣床、卧式镗床、电梯等，为提高生产效率及准确停位，要求电动机能迅速停车，对电动机进行制动控制。制动方法一般有两大类：机械制动和电气制动。电气制动中常用反接制动和能耗制动。

1. 反接制动控制线路

反接制动控制的工作原理：改变异步电动机定子绕组中的三相电源相序，使定子绕组产生方向相反的旋转磁场，从而产生制动转矩，实现制动。反接制动要求在电动机转速接近零时及时切断反相序的电源，以防止电动机反向启动。

反接制动过程为：当想要停车时，首先将三相电源切换，然后当电动机转速接近零时，再将三相电源切除。控制线路就是要实现这一过程。

其实现电路如图 2.15(a)、图 2.15(b)所示为反接制动的控制线路。电动机正在正方向运行时，如果把电源反接，电动机转速将由正转急速下降到零。如果反接电源不及时切除，则电动机又要从零速反向启动运行。所以必须在电动机制动到零速时，将反接电源切断，电动机才能真正停下来。控制线路是用速度继电器来“判断”电动机的停与转的。电动机与速度继电器的转子是同轴连接在一起的，电动机转动时，速度继电器的常开触点闭合，电动机停止时常开触点断开。

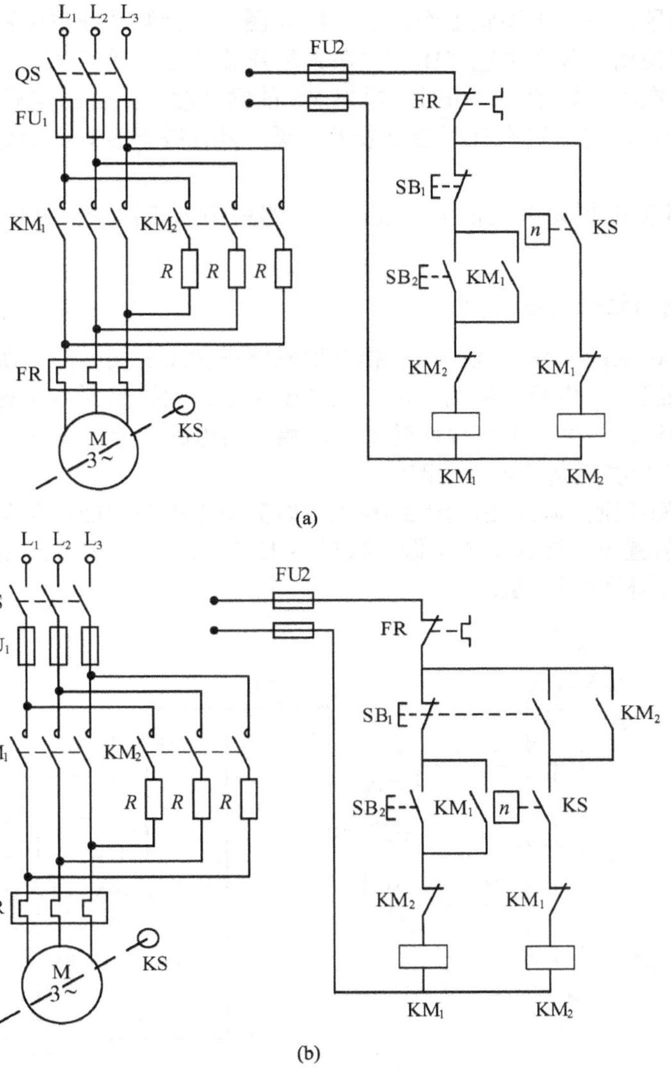

图 2.15　反接制动控制线路

在主电路中，接触器 KM_1 的主触点用来提供电动机的工作电源，接触器 KM_2 的主触点用来提供电动机停车时的制动电源。

图 2.15(a)图控制电路的工作原理：启动时，合上电源开关 QS，按下启动按钮 SB_2，接触器 KM_1 线圈通电吸合且自锁，KM_1 主触点闭合，电动机启动运转。当电动机转速升高到一定数值时，速度继电器 KS 的常开触点闭合，为反接制动作准备。

停车时，按下停止按钮 SB_1，KM_1 线圈断电释放，KM_1 主触点断开电动机的工作电源；而接触器 KM_2 线圈通电吸合 KM_2 主触点闭合，串入电阻 R 进行反接制动，迫使电动机转速下降，当转速降至100r/min以下时，KS的常开触点复位断开，使KM_2线圈断电释放，及时切断电动机的电源，防止了电动机的反向启动。

图2.15(a)图有这样一个问题：在停车期间，如果为了调整工件，需要用手转动机床主轴时，速度继电器的转子也将随着转动，其常开触点闭合，KM_2通电动作，电动机接通电源发生制动作用，不利于调整工作。图2.15(b)图的反接制动线路解决了这个问题。控制线路中停止按钮使用了复合按钮SB_1，并在其常开触点上并联了KM_2的常开触点，使KM_2能自锁。这样在用手转动电动机时，虽然KS的常开触点闭合，但只要不按复合按钮SB_1，KM_2就不会通电，电动机也就不会反接于电源，只有按下SB_1，KM_2才能通电，制动电路才能接通。

因电动机反接制动电流很大，故在主回路中串入电阻R，可防止制动时电动机绕组过热。

2. 能耗制动控制线路

能耗制动控制的工作原理：在三相电动机停车切断三相交流电源的同时，将一直流电源引入定子绕组，产生静止磁场。电动机转子由于惯性仍沿原方向转动，则转子在静止磁场中切割磁力线，产生一个与惯性转动方向相反的电磁转矩，实现对转子的制动。

1) 单向运行能耗制动控制线路

(1) 按时间原则控制线路。图2.16为按时间原则的单向能耗制动控制线路。图中变压器TC、整流装置VC提供直流电源。接触器KM_1的主触点闭合接通三相电源，KM_2将直流电源接入电动机定子绕组。

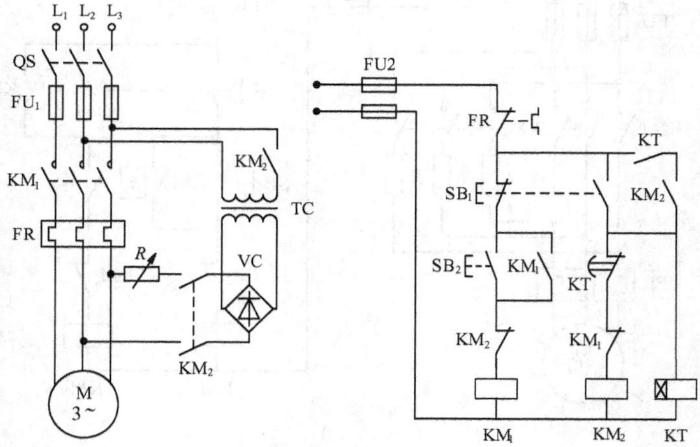

图2.16　按时间原则控制的单向能耗制动线路

控制电路的工作原理：按下启动按钮SB_2，接触器KM_1通电吸合并自锁，其主触点闭合，电动机启动运行。

停车时，采用时间继电器KT实现自动控制，按下复合按钮SB_1，KM_1线圈失电，切断三相交流电源。同时，接触器KM_2和KT的线圈通电并自锁，KM_2在主电路中的常开触点闭合，直流电源被引入定子绕组，电动机能耗制动，SB_1松开复位。制动结束后，由KT的延时常闭触点断开KM_2的线圈回路。图2.16中KT的瞬时常开触点的作用是为了考虑KT线圈断线或机械卡阻故障时，电动机在按下SB_1后能迅速制动，两相的定子绕组不致长期接入能耗制动的直流电流，此时该线路具有手动控制能耗制动的能力，只要使 SB_1 处于按下的状态，电动机就能实现能耗制动。

能耗制动的制动转矩大小与通入直流电流的大小与电动机的转速 n 有关，同样转速，电流大，制动作用强。一般接入的直流电流为电动机空载电流的 3～5 倍，过大会烧坏电动机的定子绕组。电路采用在直流电源回路中串接可调电阻的方法，调节制动电流的大小。

能耗制动时制动转矩随电动机的惯性转速下降而减小，因而制动平稳。这种制动方法将转子惯性转动的机械能转换成电能，又消耗在转子的制动上，所以称为能耗制动。

(2) 按速度原则控制线路。图 2.17 为按速度原则控制的单向能耗制动控制线路。该线路与图 2.16 控制线路基本相同，仅是在控制电路中取消了时间继电器 KT 的线圈及其触点电路，而在电动机转轴伸出端安装了速度继电器 KS，并且用 KS 的常开触点取代了 KT 延时常闭触点。这样，该线路中的电动机在刚刚脱离三相交流电源时，由于电动机转子的惯性速度仍很高，KS 的常开触点仍然处于闭合状态，所以，接触器 KM_2 线圈在按下按钮 SB_1 后通电自锁。于是，两相定子绕组获得直流电源，电动机进入能耗制动。当电动机转子的惯性速度接近零时，KS 常开触点复位，KM_2 线圈断电而释放，能耗制动结束。

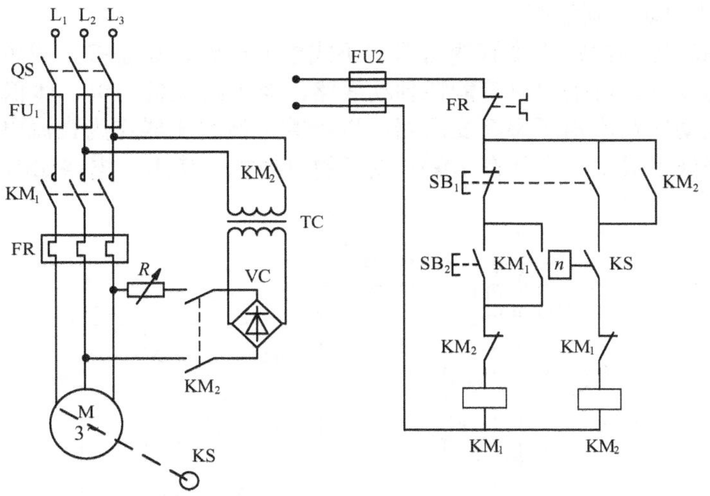

图 2.17 按速度原则控制的单向能耗制动控制线路

2) 可逆运行能耗制动控制线路

图 2.18 为电动机按时间原则控制可逆运行的能耗制动控制线路。KM_1 为正转用接触器，KM_2 为反转用接触器，KM_3 为制动用接触器，SB_2 为正向启动按钮，SB_3 为反向启动按钮，SB_1 为总停止按钮。

在正向运转过程中，需要停止时，可按下 SB_1，KM_1 断电，KM_3 和 KT 线圈通电并自锁，KM_3 常闭触点断开并锁住电动机启动电路；KM_3 常开主触点闭合，使直流电压加至定子绕组，电动机进行正向能耗制动，转速迅速下降，当其接近零时，KT 延时常闭触点断开 KM_3 线圈电源，电动机正向能耗制动结束。由于 KM_3 常开触点的复位，KT 线圈也随之失电。反向启动与反向能耗制动的过程与上述正向情况相同。

电动机可逆运行能耗制动也可以按速度原则，用速度继电器取代时间继电器，同样能达到制动目的。

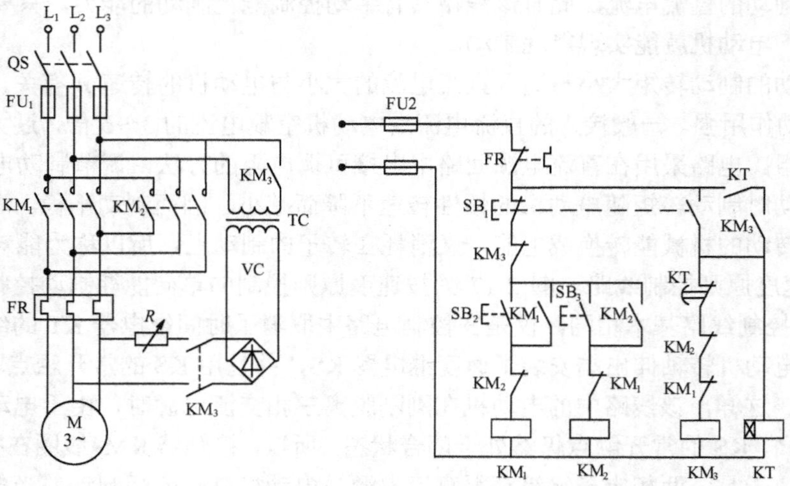

图 2.18　可逆运行的能耗制动控制线路

3) 单管能耗制动控制线路

上述能耗制动控制线路均带有变压器的桥式整流电路，设备多，成本高。为此，用于制动要求不高的场合。可采用单管能耗制动线路，该电路设备简单、体积小、成本低。

单管能耗制动线路取消了整流变压器，以单管半波整流器作为直流电源，使得控制设备大大简化，降低了成本。它常在 10kW 以下的电动机中使用，电路如图 2.19 所示。

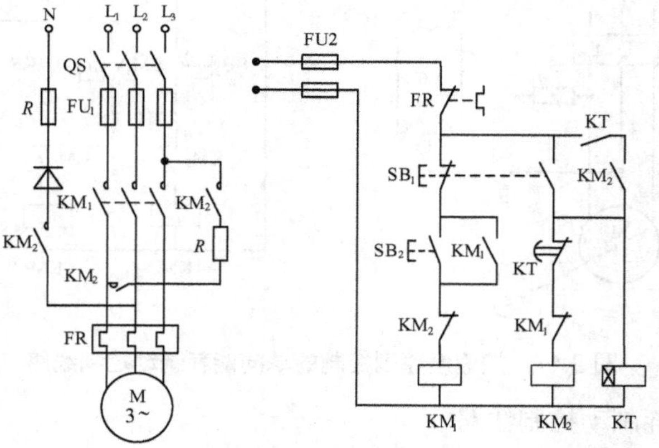

图 2.19　单管能耗制动控制线路

反接制动时，制动电流很大，因此制动力矩大，制动效果显著，但在制动时有冲击，制动不平稳且能量消耗大。

能耗制动与反接制动相比，制动平稳，准确，能量消耗少，但制动力矩较弱，特别在低速时制动效果差，并且还需提供直流电源。

在实际使用时，应根据设备的工作要求选用合适的制动方法。

2.3.3　双速异步电动机调速控制线路

实际生产中，对机械设备常有多种速度输出的要求，通常采用单速电动机时，需配有机械变速系统以满足变速要求。当设备的结构尺寸受到限制或要求速度连续可调时，常采用多速电动机或电动机调速。交流电动机的调速由于晶闸管技术的发展，已得到广泛的应用，但由于控制电路复杂，造价高，普通中小型设备使用较少。应用较多的是多速交流电动机。由电工学可知，电动机的转速与电动机的磁极对数有关，改变电动机的磁极对数即可改变其转速。采用改变极对数的变速方法一般只适合笼型异步电动机，本节以双速电动机为例分析这类电动机的控制电路。

图 2.20 为双速异步电动机调速控制线路。图中主电路接触器 KM_1 的主触点闭合，构成三角形联结；KM_2 和 KM_3 的主触点闭合构成双星形联结。图 2.20(a)控制电路由复合按钮 SB_2 接通 KM_1 的线圈电路，KM_1 主触点闭合，电动机低速运行。SB_3 接通 KM_2 和 KM_3 的线圈电路，其主触点闭合，电动机高速运行。为防止两种接线方式同时存在，KM_1 和 KM_2 的常闭触点在控制电路中构成互锁。图 2.20(b)控制电路采用选择开关 SA，选择接通 KM_1 线圈电路或 KM_2、KM_3 的线圈电路，即选择低速或者高速运行。图 2.20(a)和图 2.20(b)的控制电路用于小功率电动机，图 2.20(c)的控制电路用于大功率的电动机，选择开关选择低速运行或高速运行；选择低速运行时，接通选择接通 KM_1 线圈电路，直接启动低速运行；选择高速运行时，首先接通 KM_1 线圈电路低速启动，然后由时间继电器 KT 切断 KM_1 的线圈电路，同时接通 KM_2 和 KM_3 的线圈电路，电动机的转速自动由低速切换到高速。

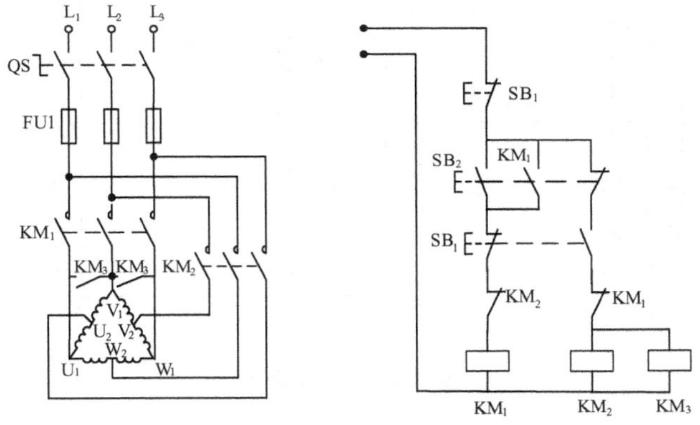

(a)

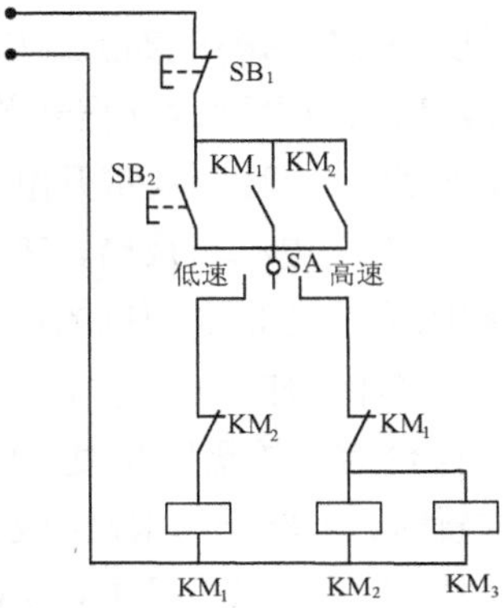

(b)

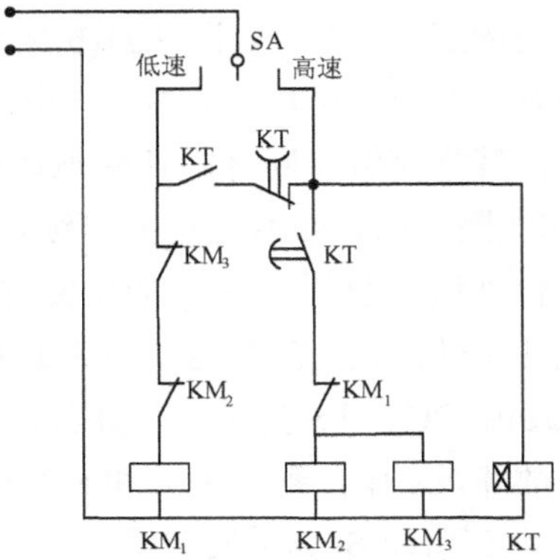

(c)

图 2.20　双速异步电动机调速控制线路

2.3.4　位置控制电路

自动往复循环控制是利用行程开关按机床运动部件的位置或部件的位置变化来进行的控制，通常称为行程控制。行程控制是机械设备应用较广泛的控制方式之一。生产中常见的自动循环控制有龙门刨床、磨床等生产机械的工作台的自动往复控制，工作台行程示意及控制线路如图 2.21 所示。

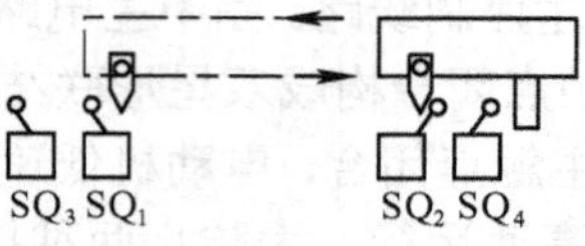

(a) 工作台行程示意图

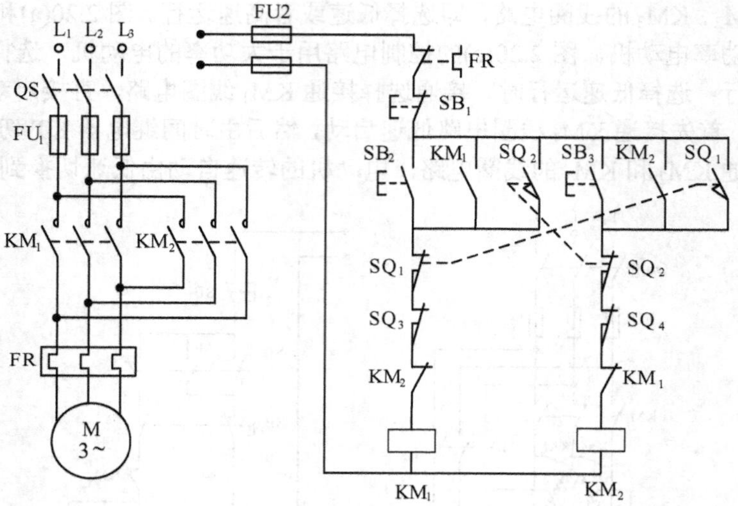

(b) 自动循环控制线路图

图 2.21　工作台行程示意及控制线路图

控制线路的工作原理：如图 2.21(b)所示，按下启动按钮 SB_2，接触器 KM_1 通电并自锁，其主触点闭合，电动机正转，带动工作台向左运行，当工作台到达行程开关 SQ_1 的位置时，SQ_1 被压下，其常闭触点断开，切断电动机的正转回路，同时，其常开触点闭合，接通接触器 KM_2 的线圈回路，KM_2 通电并自锁，其主触点闭合，电动机反转，带动工作台向右运行。当工作台到达行程开关 SQ_2 的位置时，SQ_2 被压下，切断电动机的反转回路，同时又接通电动机的正转回路，工作台又向左运行，实现工作台的自动往返。

图 2.21(a)中 SQ_3 和 SQ_4 位限位开关，安装在工作台运动的极限位置，起限位保护作用，当由于某种故障，工作台到达 SQ_1 和 SQ_2 给定的位置时，未能切断 KM_1(或 KM_2)线圈电路，继续运行达到 SQ_3(或 SQ_4)所处的极限位置时，将会压下限位保护开关，切断接触器线圈电路，使电动机停止转动，避免工作台超越允许位置的事故。

本章小结

本章主要论述了电气控制系统的基本线路——三相异步电动机的起停、正反转、制动、调速、位置控制、多地点控制、顺序控制线路。它们是分析和设计机械设备电气控制线路的基础。

正确分析和阅读电气原理图，掌握电气控制原理图的绘制原则。

电气原理图的分析程序是：主电路—控制电路—辅助电路—联锁、保护环节—特殊控制环节，先化整为零进行分析，再集零为整，进行总体检查。

连续运转与点动控制的区别仅在于控制电器是否有自锁。

依靠接触器自身辅助触点而使其线圈保持通电的现象称为自锁。

电动机三相电源进线中任意两相对调，即可实现电动机的反向运转。在电动机的正反转线路中，为防止发生相间短路故障，需要互锁触点。

利用接触器常开触点互相制约的方法称为互锁。

鼠笼式异步电动机常用的降压启动方式有定子电路串电阻降压启动、星形-三角形(Y-△)降压启动和自耦变压器降压启动。

常用的制动方式有反接制动和能耗制动，制动控制线路设计应考虑限制制动电流和避免反向再启动。前者是，在主电路中串限流电阻，采用速度继电器进行控制。后者通入直流电流产生制动转矩，采用时间继电器进行控制。

习题与思考题

2-1 电路图中 QS、FU、KM、KA、KT、SB 分别是什么电气元器件的文字符号？

2-2 如何决定笼型异步电动机是否可采用直接启动法？

2-3 笼型异步电动机是如何改变转动方向的？

2-4 什么叫能耗制动？什么叫反接制动？各有什么特点及适用场合？

2-5 什么是自锁？什么是互锁？试举例说明各自的作用。

2-6 长动和点动的区别是什么？

2-7 画出带有热继电器过载保护的笼型异步电动机正常启动运转的控制线路。

2-8 画出具有双重互锁的异步电动机正、反转控制线路。

2-9 某三相笼型异步电动机单向运转，要求启动电流不能过大，制动时要快速停车。试设计主电路和控制电路，并要求有必要的保护。

2-10 某三相笼型异步电动机可正反转，要求降压启动，快速停车。试设计主电路和控制电路，并要求有必要的保护。

2-11 星形—三角形降压启动方法有什么特点并说明其使用场合？

2-12 试设计一个采取两地操作的点动与连续运转的电路图。

2-13 试设计一控制电路，要求：按下按钮 SB，电动机 M 正转；松开 SB，M 反转，

1min 后 M 自动停止，画出其控制线路。

2-14 试设计两台笼型电动机 M_1、M_2 的顺序启动停止的控制线路：

(1) M_1、M_2 能顺序启动，并能同时或分别停止；

(2) M_1 启动后 M_2 启动，M_1 可点动，M_2 可单独停止。

2-15 设计一个控制电路，要求第一台电动机启动 10s 以后，第二台电动机自动启动。运行 5s 后，第一台电动机停止，同时第三台电动机自动启动；运行 15s 后，全部电动机停止。

2-16 设计一控制电路，控制一台电动机，要求：

(1) 可正反转；

(2) 两处起停控制；

(3) 可反接制动；

(4) 有短路和过载保护。

2-17 某机床主轴由一台三相笼型异步电动机拖动，润滑油泵由另一台三相笼型异步电动机拖动，均采用直接启动，要求是：

(1) 主轴必须在润滑油泵启动后，才能启动；

(2) 主轴为正、反向运转，为调试方便，要求能正、反向点动；

(3) 主轴停止后，才允许润滑油泵停止；

(4) 具有必要的电气保护。

试设计主电路和控制电路。

2-18 M_1 和 M_2 均为三相笼型异步电动机，可直接启动，按下列要求设计主电路和控制电路：

(1) M_1 先启动，经一段时间后，M_2 自行启动；

(2) M_2 启动后，M_1 立即停车；

(3) M_2 可单独停车；

(4) M_1 和 M_2 均能点动。

2-19 现有一双速电动机，试按下述要求设计控制线路：

(1) 分别用两个按钮操作电动机的高速启动和低速启动，用一个总停按钮操作电动机的停止；

(2) 启动高速时，应先接成低速然后经延时后再换接到高速；

(3) 应有短路保护和过载保护。

第 3 章　电气控制线路设计基础

由于继电-接触器电气控制系统线路简单、价格低廉，多年来在各种生产机械的电气控制系统领域中应用较为广泛。在第 2 章介绍的一般控制方法、典型单元控制电路的基础上，本章主要讨论继电-接触器电气控制系统的设计原则和设计方法。同时为学习 PLC 等其他控制系统打下良好的基础。

3.1　电气控制设计的主要内容

3.1.1　电气控制线路设计的基本要求

(1) 熟悉所设计设备电气线路的总体技术要求及工作过程，取得电气设计的基本依据，最大限度地满足生产机械和工艺对电气控制的要求。

(2) 优化设计方案、妥善处理机械与电气的关系，通过技术经济分析，选用性能价格比最佳的电气设计方案。在满足要求的前提下，设计出简单合理、技术先进、工作可靠、维修方便的电路。

(3) 正确合理地选用电气元器件，尽可能减少元器件的品种和规格，降低生产成本。

(4) 取得良好的 MTBF(平均无故障时间)指标，确保使用的安全可靠。

(5) 设计中贯彻最新的国家标准。

3.1.2　电气控制系统设计的基本内容

电气控制系统设计的基本任务是根据生产机械的控制要求，设计和完成电控装置在制造、使用和维护过程中所需的图样和资料。这些工作主要反映在电气原理和工艺设计中，具体来说，需完成下列设计项目：

(1) 拟定电气设计技术任务书。

(2) 提出电气控制原理性方案及总体框图(电控装置设计预期达到的主要技术指标、各种设计方案技术性能比较及实施可能性)。

(3) 编写系统参数计算书。

(4) 绘制电气原理图(总图及分图)。

(5) 选择整个系统的电气元器件，提出专用元器件的技术指标并给出元器件明细表。

(6) 绘制电控装置总装、部件、组件、单元装配图(元器件布置安装图)和接线图。

(7) 标准构件选用与非标准构件设计(包括电控箱[柜]的结构与尺寸、散热器、导线、支架等)。

(8) 绘制装置布置图、出线端子图和设备接线图。

(9) 编写操作使用、维护说明书。

3.1.3　电气控制设备的设计步骤

电气控制设备设计一般分为 3 个阶段：初步设计、技术设计和产品设计。

1. 初步设计

初步设计是研究系统和电气控制装置的组成，拟订设计任务书并寻求最佳控制方案的初步阶段，以取得技术设计的依据。

初步设计可由机械设计人员和电气设计人员共同提出，也可由机械设计人员提出有关机械结构资料和工艺要求，由电气设计人员完成初步设计。这些要求常常以工作循环图、执行元器件动作节拍表、检测元器件状态表等形式提供。在进行初步设计时应尽可能收集国内外同类产品的有关资料进行仔细的分析研究。初步设计应确定以下内容：

(1) 机械设备名称、用途、工艺过程、技术性能、传动参数及现场工作条件。

(2) 用户供电电网的种类、电压、频率及容量。

(3) 有关电气传动的基本特性，如运动部件的数量和用途，负载特性，调速指标，电动机启动、反向和制动要求等。

(4) 有关电气动作的特性要求，如电气控制的基本方式，自动化程序、自动工作循环的组成、电气保护及联锁等。

(5) 有关操作、显示方面的要求，加操作台的布置、测量显示、故障报警及照明等要求。

(6) 电气自动控制的原理性方案及预期的主要技术性能指标。

(7) 投资费用估算及技术经济指标。

初步设计是一个呈报有关部门的总体方案设计报告，是进行技术设计和产品设计的依据。如果整体方案出错将直接导致整个设计的失败。故必须进行认真的可行性分析，并在可能实现的几种方案中根据技术、经济指标及现有的条件进行综合考虑，做出正确决策。

2. 技术设计

在通过初步设计的基础上，技术设计需要完成的内容如下。

(1) 对系统中某些关键环节和特殊环节作必要的实验，并写出实验研究报告。

(2) 绘出电气控制系统的电气原理图。

(3) 编写系统参数计算书。

(4) 选择整个系统的元器件，提出专用元器件的技术指标，编制元器件明细表。

(5) 编写技术设计说明书，介绍系统原理、主要技术指标以及有关运行维护条件和对施工安装的要求。

(6) 绘制电控装置图、出线端子图等。

3. 产品设计

产品设计是根据初步设计和技术设计最终完成的电气控制系统设备的工作图样。产品设计需要完成以下内容：

(1) 绘制产品总装配图、部件装配图和零件图。

(2) 绘制产品接线图。

(3) 进行图样的标准化审核。

一般来说，电气控制装置的设计应按以上 3 个阶段进行，每个阶段中的某些内容可根据设计项目的具体情况有所调整。

3.2　电力拖动方案的确定、电动机的选择

所谓电力拖动方案是指根据生产机械的精度、工作效率、结构、运动部件的数量、运动要求、负载性质、调速要求以及投资额等条件去确定电动机的类型、数量、传动方式及拟订电动机的启动、运行、调速、转向、制动等控制要求。它是电气设计的主要内容之一，作为电气控制原理图设计及电气元器件选择的依据，是以后各部分设计内容的基础和先决条件。

3.2.1　确定拖动方式

1. 单独拖动

单独拖动就是一台设备只由一台电动机拖动。

2. 分立拖动

通过机械传动链将动力传送到达每个工作机构，一台设备由多台电动机分别驱动各个工作机构。

电气传动发展的趋向是电动机逐步接近工作机构，形成多台电动机的拖动方式，以缩短机械传动链，提高传动效率，便于自动化和简化总体结构。因而在选择时应根据生产工艺及机械结构的具体情况决定电动机的数量。

3.2.2　确定调速方案

不同的对象有不同的调速要求。为了达到一定的调速范围，可采用齿轮变速箱、液压调速装置、双速或多速电动机以及电气的无级调速传动方案。无级调速有直流调压调速、交流调压调速和变频变压调速。目前，变频变压调速技术的使用越来越广泛，在选择调速方案时，可参考以下几点：

(1) 重型或大型设备主运动及进给运动，应尽可能采用无级调速。这有利于简化机械结构，缩小设备体积降低设备制造成本。

(2) 精密机械设备如坐标镗床、精密磨床、数控机床以及某些精密机械手，为了保证加工精度和动作的准确性，便于自动控制，也应采用电气无级调速方案。

(3) 一般中小型设备如普通机床没有特殊要求时，可选用经济、简单、可靠的三相笼型异步电动机，配以适当级数的齿轮变速箱。为了简化结构，扩大调速范围，也可采用双速或多速的笼型异步电动机。在选用三相笼型异步电动机的额定转速时，应满足工艺条件要求。

3.2.3 电动机的选择和电动机的启动、制动和反向要求

1. 电动机的选择

电动机的选择包括电动机的种类、结构形式、额定转速和额定功率。

1) 根据生产机械的调速要求选择电动机的种类和转速

首先，只要能满足生产需要，则都应采用异步电动机；仅在启动、制动和调速不满足要求时才选用直流电动机。随着电力电子及控制技术的发展，交流调速装置的性能和成本已能与直流调速装置相媲美，交流调速的应用范围越来越广泛。另外，在需要补偿电网功率因数及稳定工作时，应优先考虑采用同步电动机；在要求大的启动转矩和恒功率调速时，常选用直流串级电动机。

2) 根据工作环境选择电动机的结构

电动机的结构形式应当适应机械结构的要求。考虑到现场环境，可选用开启式、防护式、封闭式、防腐式甚至是防爆式电动机。

3) 根据生产机械的功率负载和转矩负载选择电动机的额定功率

首先根据生产机械的功率负载图和转矩负载图预选一台电动机；然后根据负载进行发热校验，用检验的结果修正预选的电动机，直到电动机容量得到充分利用(电动机的稳定温升接近其额定温升)；最后再校验其过载能力与启动转矩是否满足拖动要求。

2. 电动机启动、制动和反向要求

一般说来，由电动机完成设备的启动、制动和反向要比机械方法简单容易。因此，机电设备主轴的启动、停止、正反转运动调整操作，只要条件允许最好由电动机完成。

机械设备主运动传动系统的启动转矩一般都比较小。因此，原则上可采用任何一种启动方式。对于它的辅助运动，在启动时往往要克服较大的静转矩，必要时也可选用高启动转矩的电动机，或采用提高启动转矩的措施。另外，还要考虑电网容量。对电网容量不大而启动电流较大的电动机，一定要采用限制启动电流的措施，如串入电阻降压启动等，以免电网电压波动较大而造成事故。

传动电动机是否需要制动，应视机电设备工作循环的长短而定。对于某些高速高效金属切削机床，宜采用电动机制动。如果对于制动的性能无特殊要求而电动机又需要反转时，则采用反接制动可使线路简化。在要求制动平稳、准确，即在制动过程中不允许有反转可能性时，则宜采用能耗制动方式。

电动机的频繁启动、反向或制动会使过渡过程中的损耗增加，导致电动机过载。因此在这种情况下，必须限制电动机的启动、制动电流，或者在选择电动机的类型上加以考虑。

3.3 电气控制方案的确定及控制方式的选择

电力传动方案确定之后，传动电动机的类型、数量及其控制要求就基本确定了。采用什么方法去实现这些控制要求就是控制方式的选择问题。也就是说，在考虑拖动方案时，实际上对电气控制的方案也同时进行了考虑，因为这两者具有密切的关系。只有通过这两种方案的相互实施，才能实现生产机械的工艺要求。

目前，随着生产工艺要求的不断提高，生产设备的使用功能、动作程序、自动化程序也相应复杂了。另一方面，随着电气技术、电子技术、计算机技术、检测技术以及自动控制理论的迅速发展和机械结构、工艺水平的不断提高，已使生产机械电力拖动的控制方式发生了深刻的变革，从传统的继电—接触器控制系统向可编程控制、数控装置、计算机控制以及计算机联网控制等方面发展，各种新型的工业控制器及标准系列控制系统不断出现，因而使电气控制方案有了较广的选择空间。由于电气控制方案的选择对机械结构和总体方案将产生很大的影响，因此，如何使电气控制方案设计既能满足生产技术指标和可靠性安全性的要求，又能提高经济效益，这是一个值得讨论的问题。

3.3.1　电气控制方案的可靠性

一个系统或产品的质量，一般包括技术性能指标和可靠性指标，设计的可靠性就是使一个系统或产品设计满足可靠性指标。如果一个系统或产品的可靠性不在产品设计阶段进行考虑，没有一些具体的可靠性指标或者产品开发设计人员不懂得可靠性的设计方法，那么保证一个控制系统或产品的可靠性是困难的。需要确定采用何种控制方案时，应该根据实际情况，实事求是地进行设计，既要防止脱离现实的设计，也应避免陈旧保守的设计。要提高控制系统的可靠性，则应把控制系统的复杂性降至保持工作功能所需要的最低限度。也就是说，控制系统应该尽可能简单化、非工作所需的元器件及不必要的复杂结构尽量不用，否则会增加控制系统失效的概率。因此，必须利用可靠性设计的方法来提高控制系统的可靠程度。

3.3.2　电气控制方案的确定

控制方案应与通用性和专用性的程序相适应。一般的简单生产设备需要的控制元器件数很少，其工作程序往往是固定的，使用中一般不需经常改变原有程序，因此，可采用有触点的继电—接触器控制系统。虽然该控制系统在电路结构上是呈“固定式”的，但它能控制较大的功率，而且控制方法简单，价格便宜，目前仍使用很广。

对于在控制中需要进行模拟量处理及数学运算的，输入/输出信号多、控制要求复杂或控制要求经常变动的，控制系统要求体积小、动作频率高、响应时间快的，可根据情况采用可编程控制、计算机控制方案。

在自动生产线中，可根据控制要求和联锁条件的复杂程度不同，采用分散控制或集中控制的方案。但各台单机的控制方案和基本控制环节应尽量一致，以简化设计及制造过程。

为满足生产工艺的某些要求，在电气控制方案中还应考虑下述诸方面的问题：采用自动循环或半自动循环、手动调整、工序变更、系统的检测、各个运动之间的联锁、各种安全保护、故障诊断、信号指标、照明及人机关系等。

3.4　电气设计的一般原则

当电力拖动方案和控制方案确定后，就可以进行电气控制线路的设计。电气控制线路的设计是电力拖动方案和控制方案的具体化。电气控制线路的设计没有固定的方法和模式，作为设计人员，应开阔思路，不断总结经验，丰富自己的知识，设计出合理的、性能价格比高的电气线路。下面介绍在设计中应遵循的一般原则。

3.4.1 应最大限度地实现生产机械和工艺的要求

应最大限度地实现生产机械和工艺对电气控制线路的要求。设计之前，首先要调查清楚生产要求。不同的场合对控制线路的要求有所不同，如一般控制线路只要求满足启动、反向和制动就可以了，有些则要求在一定范围内平滑调速和按规定的规律改变转速，出现事故时需要有必要的保护及信号预报以及各部分运动要求有一定的配合和联锁关系等。如果已经有类似设备，还应了解现有控制线路的特点以及操作者对它们的反应。这些都是在设计之前应该调查清楚的。

另外，在科学技术飞速发展的今天，对电气控制线路的要求越来越高，而新的电气元器件和电气装置、新的控制方法层出不穷，如智能式的断路器、软启动器、变频器等，电气控制系统的先进性总是与电气元器件的不断发展、更新紧密地联系在一起的。电气控制线路的设计人员应不断密切关心电动机、电器技术、电子技术的新发展，不断收集新产品资料，更新自己的知识，以便及时应用于控制系统的设计中，使自己设计的电气控制线路更好地满足生产的要求，并在技术指标、稳定性、可靠性等方面进一步提高。

3.4.2 控制线路应简单经济

在满足生产要求的前提下，力求使控制线路简单、经济。

(1) 控制线路应标准。尽量选用标准的、常用的或经过实际考验过的线路和环节。

(2) 控制线路应简短。设计控制线路时，尽量缩减连接导线的数量和长度。应考虑到各元器件之间的实际接线。特别要注意电气柜、操作台和限位开关之间的连接线。如图 3.1 所示为连接导线。图 3.1(a)是不合理的连线方法，图 3.1(b)是合理的连线方法。因为按钮在操作台上，而接触器在电气柜内，一般都将启动按钮和停止按钮直接连接，这样就可以减少一次引出线。

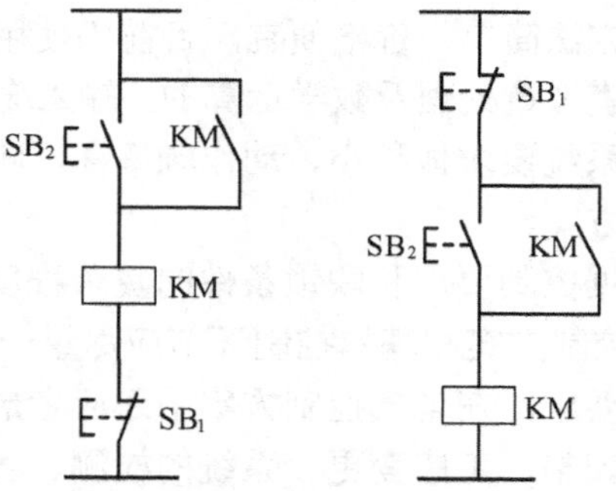

(a) 不合理连线　　(b) 合理连线

图 3.1 连接导线

(3) 减少不必要的触点以简化线路。使用的触点越少，则控制线路的出故障机会就越低，工作的可靠性就越高。在简化、合并触点过程中，着眼点应放在同类性质触点的合并上，一个触点能完成的动作，不用两个触点。在简化过程中应注意触点的额定电流是否允许，也应考虑对其他回路的影响。图 3.2 中列举了一些触点简化与合并的例子。

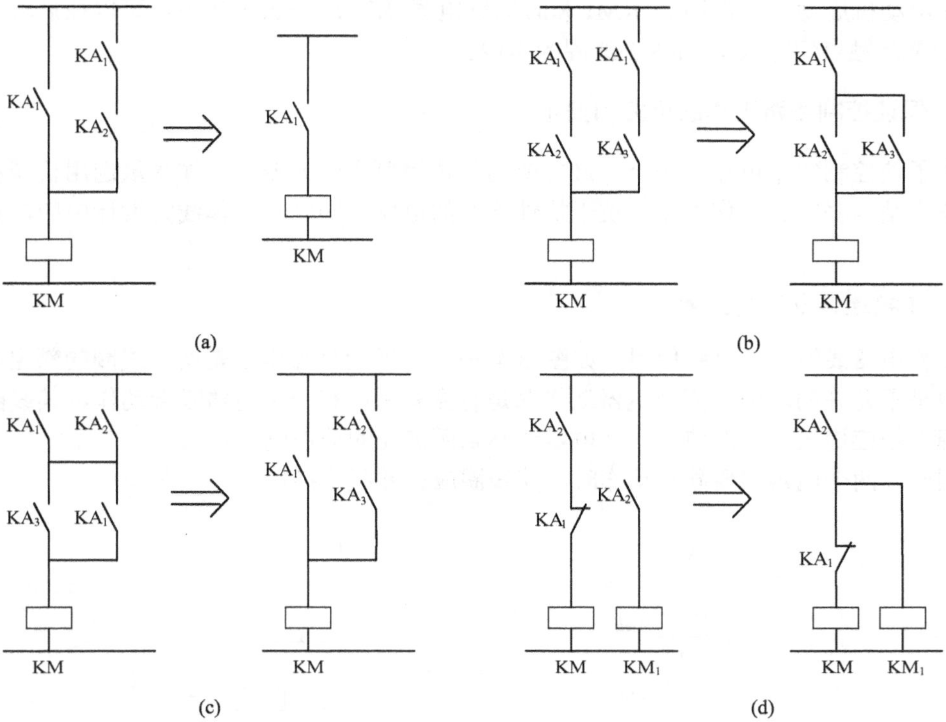

图 3.2　触点简化与合并

(4) 节约电能。控制线路在工作时，除必要的电器必须通电外，其余的电器尽量不通电，以节约电能。以异步电动机星—三角降压启动的控制线路为例，如图 3.3 所示。

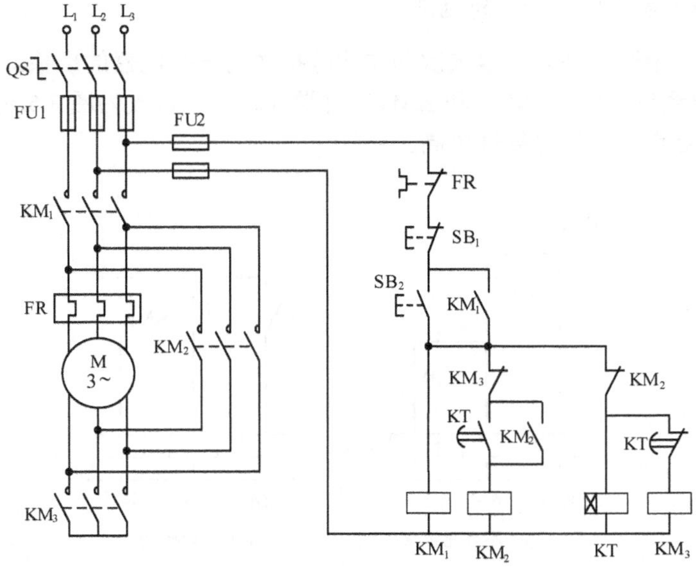

图 3.3　星—三角降压启动控制线路

在电动机启动后，接触器 KM_3 和时间继电器 KT 就失去了作用，可以在启动后利用 KM_2 的常闭触点切除 KM_3 和 KT 线圈的电源。

3.4.3 保证控制线路工作的可靠和安全

为了使控制线路可靠、安全，最主要的是选用可靠的元器件，如尽量选用机械和电气寿命长、结构坚实、动作可靠、抗干扰性能好的电器。同时在具体线路设计中应注意以下几点。

1. 正确连接电器的线圈

交流电器线圈不能串联使用，如图 3.4 所示。即使外加电压是两个线圈的额定电压之和，也是不允许的。因为两个电器动作总是有先有后，有一个电器吸合动作，其线圈上的电压降也相应增大，从而使另一个电器达不到所需要的动作电压。

因此，两个电器需要同时动作时，其线圈应该并联连接。

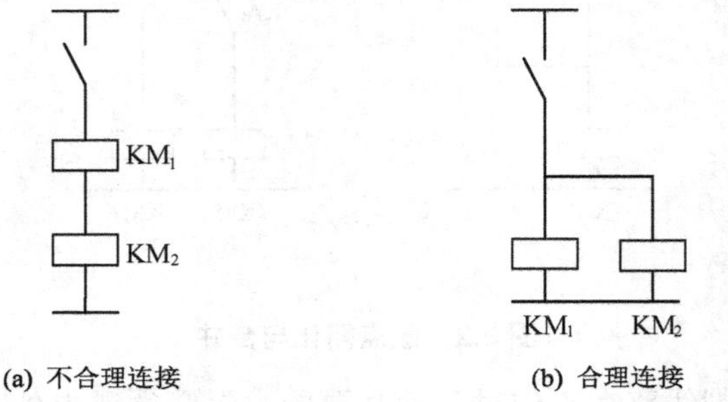

图 3.4　线圈不能串联连接

2. 应尽量避免电器依次动作的现象

在线路中应尽量避免许多电器依次动作才能接通另一个电器的现象。如图 3.5(a)所示，接通线圈 KM_3 要经过 KM、KM_1、和 KM_2 三对常开触点。若改为图 3.5(b)，则每个线圈通电只需经过一对触点，这样可靠性更高。

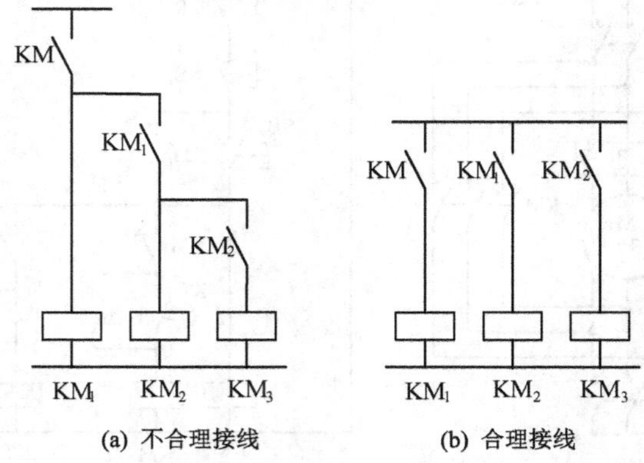

图 3.5　减少多个电气元器件依次通电

3. 避免出现寄生电路

在控制线路的设计中，要注意避免产生寄生电路(或叫假电路)。如图 3.6 所示是一个具有指示灯和热保护的电动机正反转电路。

在正常工作时，线路能完成正反转启动、停止和信号指示，但当电动机过载、热继电器 FR 动作时，线路就出现了寄生电路，如图 3.6 虚线所示。这样使正向接触器 KM_1 不能释放，起不到保护作用。

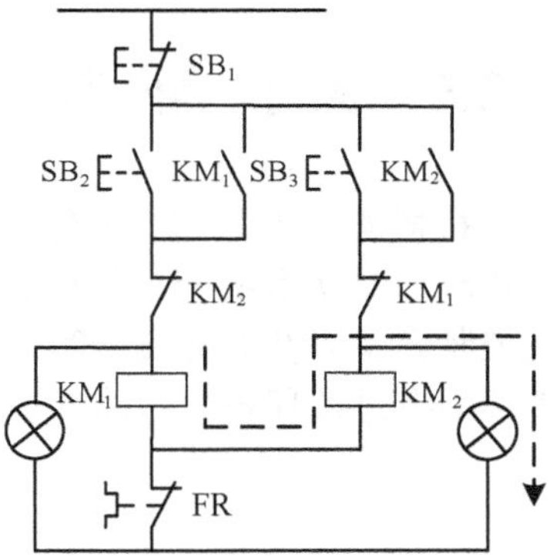

图 3.6　寄生电路的产生

4. 避免发生触点“竞争”与“冒险”现象

在电气控制电路中，由于某一控制信号的作用，电路从一个状态转换到另一个状态时，常常有几个电器的状态发生变化。由于电气元器件总有一定的固有动作时间，因此往往会发生不按预订时序动作的情况。触点争先吸合，发生振荡，这种现象称为电路的“竞争”。另外，由于电气元器件的固有释放延时作用，因此也会出现开关电器不按要求的逻辑功能转换状态的可能性，这种现象称为“冒险”。“竞争”与“冒险”现象都造成控制回路不能按要求动作，引起控制失灵，如图 3.7 所示。

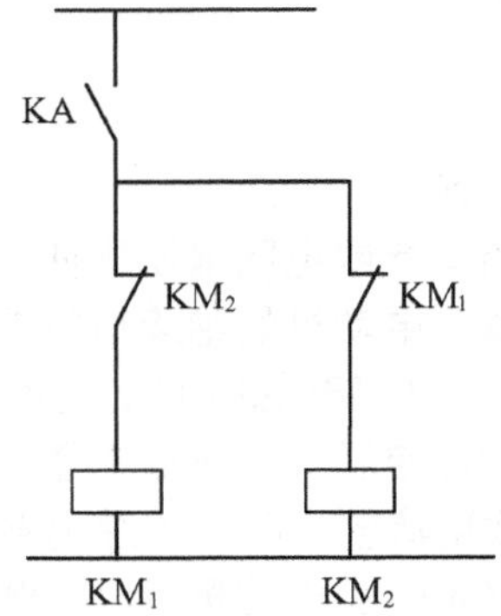

图 3.7　触点的“竞争”与“冒险”

当 KA 闭合时，接触器 KM_1、KM_2 竞争吸合，只有经过多次振荡吸合“竞争”后，才能稳定在一个状态上；同样在 KA 断开时，KM_1、KM_2 又会争先断开，产生振荡。通常分析控制电路的电器动作及触点的接通和断开都是静态分析，没有考虑其动作时间。实际上，由于电磁线圈的电磁惯性、机械惯性等因素，通断过程中总存在一定的固有时间(几十毫秒到几百毫秒)，这是电气元器件的固有特性。设计时要避免发生触点“竞争”与“冒险”现象，防止电路中因电气元器件固有特性引起配合不良的后果。

5. 应考虑各种联锁关系

在频繁操作的可逆运行线路中，正反向接触器之间不仅要有电气联锁，而且要有机械联锁。

3.5 保护环节

电气控制系统除了能满足生产机械的加工工艺要求外，要想长期、正常、无故障地运行，还必须有各种保护措施。保护环节是所有机床电气控制系统不可缺少的组成部分，利用它来保护电动机、电网、电气控制设备以及人身安全等。

电气控制系统中常用的保护环节有过载保护、短路保护、零电压和欠电压保护等。

3.5.1 短路保护

常用的短路保护元器件有熔断器和自动空气开关。

熔断器的熔体串联在被保护的电路中，当电路发生短路或严重过载时，熔断器的熔丝自动熔断，或自动空气开关脱扣器感应脱扣，从而切断电路，达到保护的目的。

自动空气开关又称自动空气断路器，有断路、过载和欠压保护作用。这种开关能在线路发生上述故障时快速地自动切断电源。它是低压配电重要的保护元件之一，常作低压配电盘的总电源开关及电动机变压器的合闸开关。

当电动机容量较小时，控制线路不需另外设置熔断器作短路保护，因主电路的熔断器同时可作控制线路的短路保护；当电动机容量较大时，控制电路要单独设置熔断器作短路保护。断路器既可作短路保护，又可作过载保护。线路出故障，断路器跳闸，故障排除后只要重新合上断路器即能重新工作。

3.5.2 过载保护

常用的过载保护器件是热继电器。

电动机的负载突然增加，断相运行或电网电压降低都会引起电动机过载。电动机长期过载运行，绕组温升超过其允许值，电动机的绝缘材料就要变脆，寿命就会减少，严重时损害电动机。过载电流越大，达到允许温升的时间就越短。热继电器可以满足这样的要求：当电动机为额定电流时，电动机为额定温升，热继电器不动作；在过载电流较小时，热继电器要经过较长时间才动作，过载电流较大时，热继电器则经过较短时间就会动作。

由于热惯性的原因，热继电器不会受电动机短时过载冲击电流或短路电流的影响而瞬时动作，所以在使用热继电器作过载保护的同时，还必须设有短路保护。

3.5.3 过流保护

如果在直流电动机和交流绕线转子异步电动机启动或制动时，限流电阻被短接，将会造成很大的启动或制动电流。另外，负载的加大也会导致电流增加。过大的电流将会使电动机或机械设备损坏。因此，对直流电动机或绕线异步电动机常采用过流保护。

过流保护常用电磁式过电流继电器实现。当电动机过流达到过电流继电器的动作值时，继电器动作，使串接在控制电路中的常闭触点断开，切断控制电路，电动机随之脱离电源并停转，达到了过流保护的目的。一般过电流的动作值为启动电流的 1.2 倍。

短路、过流、过载保护虽然都是电流保护，但由于故障电流、动作值及保护特性、保护要求和使用元器件的不同，它们之间是不能相互取代的。

3.5.4　零电压与欠电压保护

当电动机正在运行时，如果电源电压因某种原因消失，那么在电源电压恢复时，电动机就将自行启动，这就可能造成生产设备的损坏，甚至造成人身事故。为了防止电压恢复时电动机自行启动的保护称为零压保护。

当电动机正常运转时，电源电压过分地降低将引起一些电器释放，造成控制线路不正常工作，可能发生事故；电源电压过分降低也会引起电动机转速下降甚至停转。因此需要在电源电压降到一定值以下时就将电源切断，这就是欠压保护。

一般常用零压保护继电器和欠电压继电器实现零压保护和欠压保护。在许多机床中不用控制开关操作，而是用按钮操作，利用按钮的自动恢复作用和接触器的自锁作用，可不必另加零压保护继电器了。当电源电压过低或断电时，接触器释放，此时接触器的主触点和辅助触点同时打开，使电动机电源切断并失去自锁。当电源电压恢复正常时，操作人员必须重新按下启动按钮，才能使电动机启动。所以像这样带有自锁环节的电路本身已具备了零压保护环节。

【例 3.1】 图 3.8 所示是电动机常用保护电路，指出各电气元器件所起的保护作用。

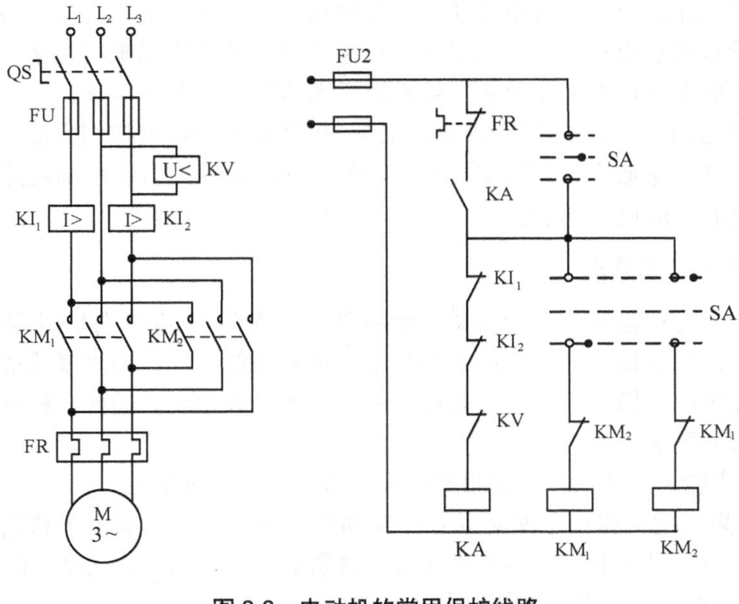

图 3.8　电动机的常用保护线路

解：各元器件所起的保护作用如下。

短路保护：熔断器 FU；

过载保护：热继电器 FR；

过流保护：热电流继电器 KI_1、KI_2；

零压保护：中间继电器 KA，接触器 KM_1、KM_2；

欠压保护：欠电压继电器 KV，接触器 KM_1、KM_2；

联锁保护：通过接触器 KM_1、KM_2 互锁触点实现。

3.6 电气控制系统的一般设计方法

电气控制线路的设计方法通常有两种。一种是一般设计法，也叫经验设计法。它是根据生产工艺要求，利用各种典型的线路环节，直接设计控制线路。它的特点是无固定的设计程序和设计模式，灵活性很大，主要靠经验进行。这种设计方法比较简单，但要求设计人员必须熟悉大量的控制线路，掌握多种典型线路的设计资料，同时具有丰富的设计经验。在设计过程中往往还要经过多次反复地修改、试验，才能使线路符合设计要求。即使这样，设计出来的线路可能不是最简化线路，所用的电器及触点不一定是最少，所得出的方案不一定是最佳方案。另一种是逻辑设计法，它根据生产工艺要求，利用逻辑代数来分析、设计线路。用这种方法设计的线路比较合理，特别适合完成较复杂的生产工艺所要求的控制线路。但是相对而言，逻辑设计法难度较大，不易掌握。本节介绍一般设计法，逻辑设计法在下一节作专门介绍。

一般设计法由于是靠经验进行设计的，因而灵活性很大、初步设计出来的线路可能是几个，这时要加以比较分析，甚至要通过实验加以验证，才能确定比较合理的设计方案。这种设计方法没有固定模式。通常先用一些典型线路环节拼凑起来实现某些基本要求，然后根据生产工艺要求逐步完善其功能，并添加适当的联锁与保护环节。

第 2 章中已给出了基本的电气控制线路，讨论了基本的电气控制方法，展示了常用的典型控制电路。在此基础上，通过龙门刨床(或立车)横梁升降自动控制线路设计实例来说明电气控制线路的一般设计方法。

1. 控制系统的工艺要求

现要设计一个龙门刨床的横梁升降控制系统。在龙门刨床(或立车)上装有横梁机构，刀架装在横梁上，用来加工工件。由于加工工件位置高低不同，要求横梁能沿立柱上下移动，而在加工过程中，横梁又需要夹紧在立柱上，不允许松动。因此，横梁机构对电气控制系统提出了如下要求：

(1) 保证横梁能上下移动，夹紧机构能实现横梁的夹紧或放松。

(2) 横梁夹紧与横梁移动之间必须有一定的操作程序。当横梁上下移动时，应能自动按照“放松横梁→横梁上下移动→夹紧横梁→夹紧电动机自动停止运动”的顺序动作。

(3) 横梁在上升与下降时应有限位保护。

(4) 横梁夹紧与横梁移动之间及正反向运动之间应有必要的联锁。

2. 电气控制线路设计步骤

1) 设计主电路

根据工艺要求可知，横梁移动和横梁夹紧需用两台异步电动机(横梁升降电动机 M_1 和夹紧放松电动机 M_2)拖动。为了保证实现上下移动和夹紧放松的要求，电动机必须能实现正反转，因此需要四个接触器 KM_1、KM_2、KM_3、KM_4 分别控制两个电动机的正反转。那么，主电路就是两台电动机的正反转电路。

2) 设计基本控制电路

4 个接触器具有 4 个控制线圈，由于只能用两个点动按钮去控制上下移动和放松夹紧两个运动。按钮的触点不够，因此需要通过两个中间继电器 KA_1 和 KA_2 进行控制。根据上述要求，可以设计出图 3.9 所示的控制电路，但它还不能实现在横梁放松后自动向上或向下移动，也不能在横梁夹紧后使夹紧电动机自动停止。为了实现这两个自动控制要求，还需要做相应地改进，这需要恰当地选择控制过程中的变化参量来实现。

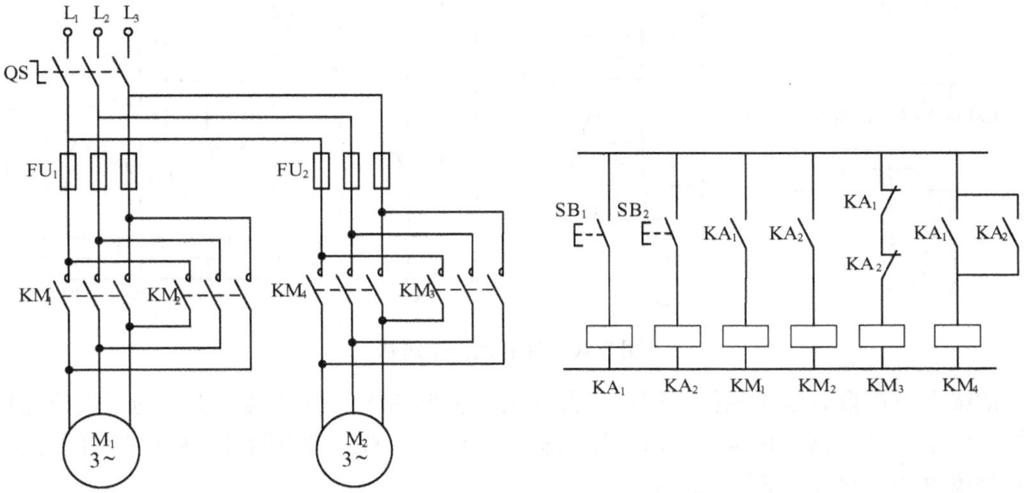

(a) 主电路　　　　(b) 控制电路

图 3.9　横梁控制电路

3) 选择控制参量、确定控制方案

对于第一个自动控制要求，可选行程这个变化参量来反映横梁的放松程度，采用行程开关 SQ_1 来控制，如图 3.10 所示。当按下向上移动按钮 SB_1 时，中间继电器 KA_1 通电，其常开触点闭合，KM_4 通电，则夹紧电动机作放松运动；同时，其常闭触点断开，实现与夹紧和下移的联锁。当放松完毕，压块就会压合 SQ_1，其常闭触点断开，接触器线圈 KM_4 失电；同时 SQ_1 常开触点闭合，接通向上移动接触器 KM_1。这样，横梁放松以后，就会自动向上移动。向下的过程类似。

对于第二个自动控制要求，即在横梁夹紧后使夹紧电动机自动停止，也需要选择一个变化参量来反映夹紧程度。可以用行程、时间和反映夹紧力的电流作为变化参量。如采用行程参量，当夹紧机构磨损后，测量就不精确；如采用时间参量，则更不易调整准确。因此这里选用电流参量进行控制。如图 3.10 所示，在夹紧电动机夹紧方向的主电路中串联接入一个电流继电器KI，其动作电流可整定在额定电流两倍左右。KI的常闭触点应该串接在KM_3接触器电路中。横梁移动停止后，如上升停止，行程开关SQ_2的压块会压合，其常闭触点断开，KM_3通电，因此夹紧电动机立即自动启动。当较大的启动电流达到KI的整定值时，KI将动作，其常闭触点一旦断开，KM_3又断电，自动停止夹紧电动机的工作。

4) 设计联锁保护环节

设计联锁保护环节主要是将反映相互关联运动的电器触点串联或并联接入被联锁运动的相应电器电路中，这里采用KA_1和KA_2的常闭触点实现横梁移动电动机和夹紧电动机正反转工作的联锁保护。

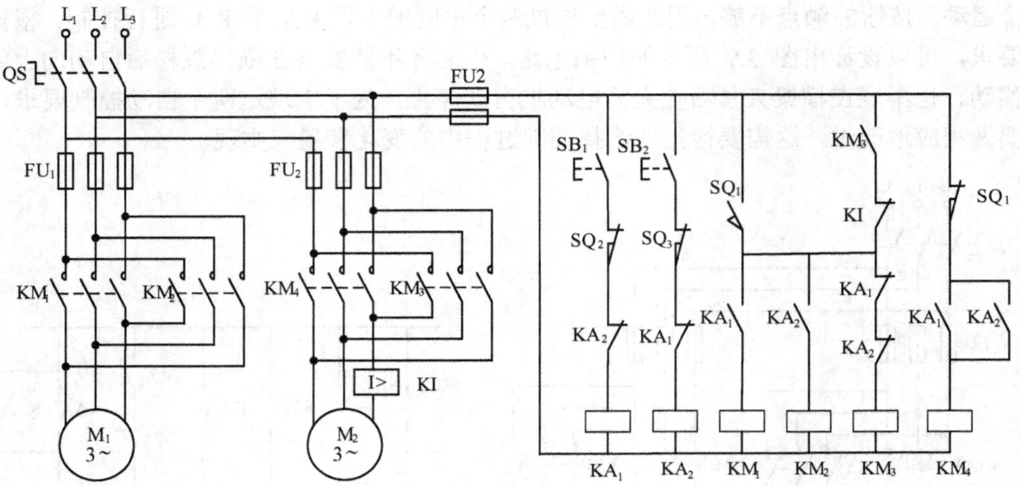

图3.10　完整的控制线路

横梁上下需要有限位保护，采用行程开关SQ_2和SQ_3分别实现向上和向下限位保护。例如，横梁上升到预定位置时，SQ_2压块就会压合，其常闭触点断开，KA_1断开，接触器KM_1线圈断电，则横梁停止上升。

SQ_1除了反映放松信号外，它还起到了横梁移动和横梁夹紧间的联锁控制。

5) 线路的完善和校核

控制线路初步设计完毕后，可能还有不合理的地方，应仔细校核。特别应该对照生产要求再次分析设计线路是否逐条予以实现，线路在误操作时是否会产生事故。

3.7　电气控制线路的逻辑设计方法

逻辑设计法是利用逻辑代数来实现电路设计的方法，即根据生产工艺要求，将执行元器件需要的工作信号以及主令电器的接通与断开状态看成逻辑变量，并根据控制要求将它们之间的关系用逻辑函数关系式来表达，然后再运用逻辑函数基本公式和运算规律进行简化，使之成为需要的最简单的“与”、“或”关系式，根据最简式画出相应的电路结构图，最后再作进一步的检查和完善，即能获得需要的控制线路。

3.7.1　电气控制线路的逻辑代数分析方法

逻辑代数又叫布尔代数、开关代数。逻辑代数的变量都有“1”和“0”两种取值，“0”和“1”分别代表两种对立的、非此即彼的概念，如果“1”代表“真”，“0”即为“假”；“1”代表“有”，“0”即为“无”；“1”代表“高”，“0”即为“低”。在机械电气控制线路中的开关触点只有“闭合”和“断开”两种截然不同的状态；电路中的执行元件也只有“得电”和“失电”两种状态；在数字电路中某点的电平只有“高”和“低”两种状态等等。因此这种对应关系使得逻辑代数在 50 多年前就被用来描述、分析和设计电气控制线路，随着科学技术的发展，逻辑代数已成为分析电路的重要数学工具。

1. 电路的逻辑表示

电气控制系统由开关量构成控制时，电路状态与逻辑函数之间存在对应关系，为将电路状态用逻辑函数式的方式描述出来，通常对电器做出如下规定：

(1) 用 KM、KA、SQ、…分别表示接触器、继电器、行程开关等电器的常开(常开)触点；$\overline{KM}$、$\overline{KA}$、$\overline{SQ}$、…表示常闭(常闭)触点。

(2) 触点闭合时，逻辑状态为“1”；断开时逻辑状态为“0”；线圈通电时为“1”状态；断电时为“0”状态。表达方式如下。

① 线圈状态：

KA=1 继电器线圈处于通电状态；

KA=0 继电器线圈处于断电状态。

② 触点处于非激励或非工作状态的原始状态：

KA=0 继电器常开触点状态；

$\overline{KA}$=1 继电器常闭触点状态；

SB=0 按钮常开触点状态；

$\overline{SB}$=1 按钮常闭触点状态。

③ 触点处于激励或工作状态：

KA=1 继电器常开触点状态；

$\overline{KA}$=0 继电器常闭触点状态；

SB=1 按钮常开触点状态；

$\overline{SB}$=0 按钮常闭触点状态。

2. 基本逻辑运算

用逻辑函数来表达控制元器件的状态，实质是以触点的状态作为逻辑变量。通过逻辑与、逻辑或、逻辑非的基本运算，得出运算结果以表明控制线路的结构。逻辑函数的线路实现是非常方便的。

1) 逻辑与(触点串联)

图 3.11(a)所示的串联电路就实现了逻辑与的运算。逻辑与运算用符号“· ”表示(也可省略)。接触器的状态就是其线圈 KM 的状态。线路接通，即 KA_1、KA_2 都为 1 时，线圈 KM 通电，则 KM=1；如线路断开，即只要 KA_1、KA_2 有一个为 0 时，线圈 KM 失电，则

KM=0。

逻辑与的关系表达式为

$$KM=KA_1 \cdot KA_2$$

2) 逻辑或：触点并联

图 3.11(b)所示的并联电路就实现了逻辑或运算。逻辑或运算用符号“+”表示。只要KA_1、KA_2有一个为 1，则 KM=1；只有当KA_1、KA_2全为 0 时，KM=0。

逻辑或关系的表达式为

$$KM=KA_1+KA_2$$

3) 逻辑非

图 3.11(c)所示的电路实现了$\overline{KA}$常闭触点与接触器 KM 线圈串联的逻辑非电路。当 KA=1 时，常闭触点$\overline{KA}$断开，则 KM=0；当 KA=0 时，常闭触点$\overline{KA}$闭合，则 KM=1。

逻辑非的关系表达式为

$$KM=\overline{KA}$$

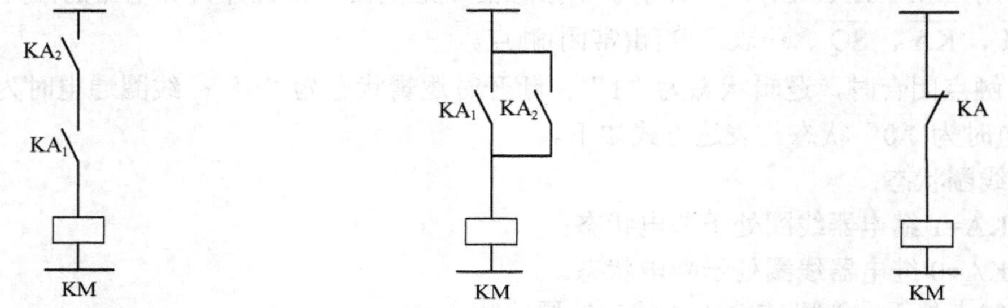

(a) 逻辑与电路　　(b) 逻辑或电路　　(c) 逻辑非电路

图 3.11　逻辑运算电路

3.7.2　逻辑代数的基本性质及其应用

1. 逻辑函数的基本公式和运算规律

电气控制线路可以运用逻辑运算的基本公式和运算规律进行简化。下面给出了逻辑代数中常用的基本公式和运算规律。

(1) 交换律：　$A \cdot B = B \cdot A$

(2) 结合律：　$A \cdot (B \cdot C) = (A \cdot B) \cdot C$

(3) 分配律：　$A \cdot (B + C) = A \cdot B + A \cdot C$

$A + B \cdot C = (A + B) \cdot (A + C)$

(4) 吸收率：　$A + AB = A$

$A \cdot (A + B) = A$

$A + \overline{A}B = A + B$

$\overline{A} + A \cdot B = \overline{A} + B$

(5) 互补律：　$A \cdot \overline{A} = 0$

$A + \overline{A} = 1$

(6) 非非律：　$\overline{\overline{A}} = A$

2. 电路化简的逻辑法举例

图 3.12(a)的逻辑式为 $f(\mathrm{KM})=\mathrm{KA_1}\cdot\mathrm{KA_2}+\overline{\mathrm{KA_1}}\cdot\mathrm{KA_3}+\mathrm{KA_2}\cdot\mathrm{KA_3}$

函数式化简为

$$\begin{aligned}f(\mathrm{KM})&=\mathrm{KA_1}\cdot\mathrm{KA_2}+\overline{\mathrm{KA_1}}\cdot\mathrm{KA_3}+\mathrm{KA_2}\cdot\mathrm{KA_3}\\&=\mathrm{KA_1}\cdot\mathrm{KA_2}+\overline{\mathrm{KA_1}}\cdot\mathrm{KA_3}+\mathrm{KA_2}\cdot\mathrm{KA_3}\cdot\left(\mathrm{KA_1}+\overline{\mathrm{KA_1}}\right)\\&=\mathrm{KA_1}\cdot\mathrm{KA_2}+\overline{\mathrm{KA_1}}\cdot\mathrm{KA_3}+\mathrm{KA_2}\cdot\mathrm{KA_3}\cdot\mathrm{KA_1}+\mathrm{KA_2}\cdot\mathrm{KA_3}\cdot\overline{\mathrm{KA_1}}\\&=\mathrm{KA_1}\cdot\mathrm{KA_2}\cdot(1+\mathrm{KA_3})+\overline{\mathrm{KA_1}}\cdot\mathrm{KA_3}\cdot(1+\mathrm{KA_2})\\&=\mathrm{KA_1}\cdot\mathrm{KA_2}+\overline{\mathrm{KA_1}}\cdot\mathrm{KA_3}\end{aligned}$$

因此，图 3.11(a)化简后得到图 3.11(b)所示电路，并且图 3.11(a)与图 3.11(b)所示电路在功能上等效。

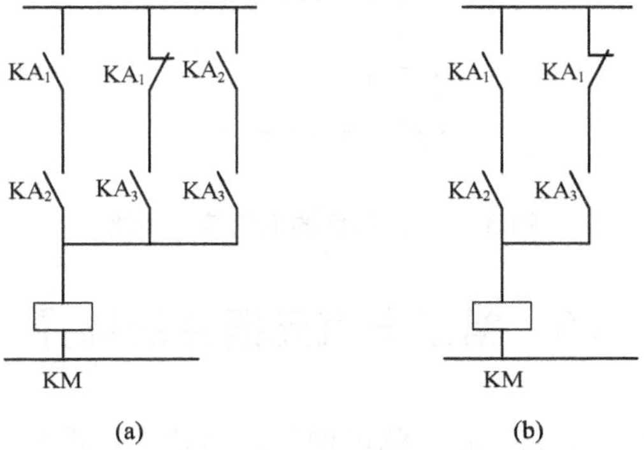

图 3.12　两个相等函数的等效电路

3.7.3　逻辑设计法举例

【例 3.2】 某电动机只有在继电器 $\mathrm{KA_1}$、$\mathrm{KA_2}$ 和 $\mathrm{KA_3}$ 中任何一个或任何两个继电器动作时才能运转，而在其他任何情况下都不运转，试设计其控制线路。

解： 电动机的运转由接触器 KM 控制。

根据题目的要求，列出接触器、继电器通电后动作状态表，如表 3-1 所示。

表 3-1　接触器、继电器通电后动作状态表

电器名称	继电器			接触器
电器代号	$\mathrm{KA_1}$	$\mathrm{KA_2}$	$\mathrm{KA_3}$	KM
动作状态	0	0	0	0
	0	0	1	1
	0	1	0	1
	0	1	1	1
	1	0	0	1
	1	0	1	1
	1	1	0	1
	1	1	1	0

根据动作状态表，接触器KM通电的逻辑函数式为

$$KM=\overline{KA_1}\cdot\overline{KA_2}\cdot KA_3+\overline{KA_1}\cdot KA_2\cdot\overline{KA_3}+\overline{KA_1}\cdot KA_2\cdot KA_3$$
$$+KA_1\cdot\overline{KA_2}\cdot\overline{KA_3}+KA_1\cdot\overline{KA_2}\cdot KA_3+KA_1\cdot KA_2\cdot\overline{KA_3}$$

利用逻辑代数基本公式进行化简得：

$$KM=\overline{KA_1}\cdot KA_3+KA_1\cdot\overline{KA_2}+KA_2\cdot\overline{KA_3}$$

根据简化了的逻辑函数关系式，可绘制如图3.13所示的电气控制线路。

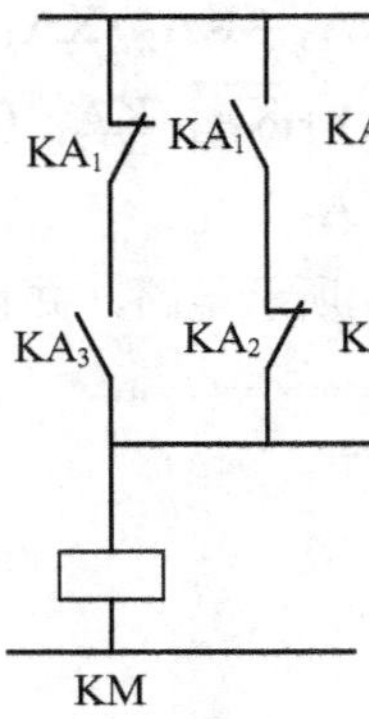

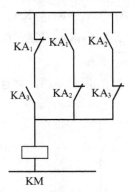

图3.13　化简后的电气控制线路

3.8　常用电气元器件的选择

在控制系统原理图设计完成之后，就可根据线路要求，选择各种控制电器，并以元器件目录表形式列在标题栏上方。正确、合理地选用各种电气元器件，是控制线路安全、可靠工作的保证，也是使电气控制设备具有一定的先进性和良好经济性的重要环节。本节主要从设计、使用角度介绍一些常用控制电器的选用依据。

3.8.1　常用电气元器件的选择原则

(1) 根据对控制元器件功能的要求，确定电气元器件的类型。例如：当元器件用于通、断功率较大的主电路时，应选用交流接触器；若有延时要求，应选用延时继电器。

(2) 确定元器件承载能力的临界值及使用寿命。主要是根据电气控制的电压、电流及功率大小来确定元器件的规格。

(3) 确定元器件预期的工作环境及供应情况。如防油、防尘、货源等。

(4) 确定元器件在供应时所需的可靠性等。确定用以改善元器件失效率用的老化或其他筛选实验。采用与可靠性预计相适应的降额系数等，进行一些必要的核算和校核。

3.8.2　电气元器件的选用

1. 各种按钮、开关的选用

1) 按钮

按钮通常是用来短时接通或断开小电流控制电路的一种主令电器。其选用依据主要是

根据需要的触点对数、动作要求、结构形式、颜色以及是否需要带指示灯等要求。如启动按钮选绿色、停止按钮选红色、紧急操作选蘑菇式等。目前，按钮产品有多种结构形式、多种触点组合以及多种颜色，供不同使用条件选用。

按钮的额定电压有交流 500V，直流 440V，额定电流为 5A。常选用的按钮有 LA2、LA10、LA19 及 LA20 等系列。符合 IEC 国际标准的新产品有 LAY3 系列，额定工作电流为 1.5A～8A。

2) 刀开关

刀开关又称闸刀，主要用于接通和断开长期工作设备的电源以及不经常启动、制动和容量小于 75kW 的异步电动机。刀开关主要是根据电源种类、电压等级、电动机容量、所需极数及使用场合来选用。当用刀开关来控制电动机时，其额定电流要大于电动机额定电流的 3 倍。

3) 组合开关

组合开关主要用于电源的引入与隔离，又叫电源隔离开关。其选用依据是电源种类、电压等级、触点数量以及电动机容量。当采用组合开关来控制 5kW 以下小容量异步电动机时，其额定电流一般取电动机额定电流的 1.5～3 倍。接通次数 15 次/h～20 次/h 时，常用的组合开关为 HZ 系列：HZ1、HZ2、…、HZ10 等。额定电流为 10、25、60 和 100A 四种，适用于交流 380V 以下，直流 220V 以下的电气设备中。

4) 行程开关

行程开关主要用于控制运动机构的行程、位置或联锁等。根据控制功能、安装位量、电压电流等级、触点种类及数量来选择结构和型号。常用的有 LXZ、LX19、JLXK1 型行程开关以及 JXW—II、JLXKI—II 型微动开关等。

对于要求动作快、灵敏度高的行程控制，可采用无触点接近开关。特别是近年来出现的霍尔接近开关性能好、寿命长，是一种值得推荐的无触点行程开关。

5) 自动开关(自动空气开关)

由于自动开关具有过载、欠压、短路保护作用，故在电气设计的应用中越来越多。自动开关的类型较多，有框架式、塑料外壳式、限流式、手动操作式和电动操作式。在选用时，主要从保护特性要求、分断能力、电网电压类型、电压等级、长期工作负载的平均电流、操作频繁程度等几方面来确定它的型号。常用的有 DZ10 系列(额定电流分 10、100、200、600A 四个等级)。符合 IEC 标准的有 3VE 系列(额定电流 0.1A～63A)。有关空气开关的选择与使用在 1.5.2 节中已有介绍。

2. 接触器的选择

接触器的额定电流或额定控制功率随使用场合及控制对象的不同、操作条件与工作繁重程度不同而变化。接触器分直流接触器和交流接触器两大类，交流接触器主要有 CJ10 及 CJ20 系列，直流接触器多用 CZ0 系列。目前，符合 IEC 和新国家标准的产品有 LC1—D 系列，可与西门子 3TB 系列互换使用的 CJX1、CJX2 系列，这些新产品正逐步取代 CJ 和 CZ0 系列产品。

在一般情况下，接触器的选用主要依据是接触器主触点的额定电压、电流要求，辅助触点的种类、数量及其额定电流，控制线圈电源种类，频率与额定电压，操作频繁程度和负载类型等因素。有关接触器的选择与使用在 1.3.4 节已有介绍，这里不再赘述。

3. 继电器的选择

1) 电磁式继电器的选用

(1) 中间继电器的选用：中间继电器用于电路中传递与转换信号，扩大控制路数，将小功率控制信号转换为大容量的触点控制，扩充交流接触器及其他电器的控制作用。其选用主要根据触点的数量及种类确定型号，同时注意吸引线圈的额定电压应等于控制电路的电压等级。常用JZ7系列，新产品有JDZ1系列、CA2—DN1系列及仿西门子3TH的JZC1系列等。

(2) 电流、电压继电器选用的主要依据是被控制或被保护对象的特性、触点的种类、数量、控制电路的电压、电流、负载性质等因素，线圈电压、电流应满足控制线路的要求。

如果控制电流超过继电器触点额定电流，可将触点并联使用。也可以采用触点串联使用方法来提高触点的分断能力。

2) 时间继电器的选用

选用时应考虑延时方式(通电延时或断电延时)、延时范围、延时精度要求、外形尺寸、安装方式、价格等因素。

常用的时间继电器有空气阻尼式、电磁式、电动式及晶体管式和数字时间继电器等，在延时精度要求不高且电源电压波动大的场合，宜选用价格低廉的电磁式或空气阻尼式时间继电器；当延时范围大，延时精度较高时，可选用电动式或晶体管式时间继电器，延时精度要求更高时，可选用数字式时间继电器，同时也要注意线圈电压等级能否满足控制电路的要求。JS7系列是应用较多的空气阻尼式时间继电器，代替它的新产品是JSK1。

3) 热继电器的选用

对于工作时间较短、停歇时间长的电动机，如机床的刀架或工作台的快速移动，横梁升降、夹紧、放松等运动以及虽长期工作但过载可能性很小的电动机如排风扇等，可以不设过载保护，除此以外，一般电动机都应考虑过载保护。

热继电器有两相式、三相式及三相带断相保护等形式。对于星形联结的电动机及电源对称性较好的情况可采用两相结构的热继电器；对于三角形联结的电动机或电源对称性不够好的情况则应选用三相结构或带断相保护的三相结构热继电器；在重要场合或容量较大的电动机，可选用半导体温度继电器来进行过载保护。

热继电器发热元件额定电流，一般按被控制电动机的额定电流的0.95～1.05倍选用，对过载能力较差的电动机可选得更小一些，其热继电器的额定电流应大于或等于发热元件的额定整定电流。过去常用的热继电器JR0系列，新产品有JRS1系列、LR1—D系列及西门子3UA系列。

若遇到下列情况，选择的热继电器元件的额定电流要比电动机额定电流高一些，以便保护设备。

(1) 电动机负载惯性转矩非常大，启动时间长。

(2) 电动机所带的设备，不允许任意停电。

(3) 电动机拖动的设备负载为冲击性负载，如冲床、剪床等设备。

4. 熔断器的选择

熔断器的选择包括熔断器的类型、额定电压、额定电流和熔体额定电流等。

(1) 熔断器类型的选择。熔断器类型的选择，主要依据负载的保护特性和短路电流的大小。例如，用于照明电路和电动机的保护时，一般应考虑过载保护，此时，希望熔断器的熔断系数适当小些，所以容量较小的照明线路和电动机宜采用熔体为铅锌合金的 RC1A 系列熔断器，而大容量的照明线路和电动机，除过载保护外，还应考虑短路时的分断短路电流能力。若短路电流较小时，可采用熔体为锡质的 RC1A 系列或熔体为锌质的 RM10 系列熔断器。用于车间低压供电线路的保护时，一般应考虑短路时分断能力，当短路电流较大时，宜采用具有较高分断能力的 RL1 系列熔断器；当短路电流相当大时，宜采用有限流作用的 RT10 及 RT12 系列熔断器。

(2) 熔体额定电流的选择。用于照明或电热设备的保护时，因为负载电流比较稳定，所以熔体的额定电流应等于或稍大于负载的额定电流，即 $I_{re} \geqslant I_e$(I_{re} 为熔体的额定电流、I_e 为负载的额定电流)；用于单台长期工作电动机的保护时，考虑电动机启动时不应熔断，所以 $I_{re} \geqslant (1.5 \sim 2.5)I_e$($I_{re}$ 为熔体的额定电流、I_e 为电动机的额定电流)，轻载启动或启动时间较短时，系数可取近 1.5；带重载启动或启动时间较长时，系数可取近 2.5；用于频繁启动电动机的保护时，考虑频繁启动时发热熔断器也不应熔断，所以 $I_{re} \geqslant (3 \sim 3.5)I_e$；用于多台电动机的保护时，在出现尖峰电流时也不应熔断。通常，将其中容量最大的一台电动机启动，而其余电动机正常运行时出现的电流作为其尖峰电流，为此，熔体的额定电流应满足 $I_{re} \geqslant (1.5 \sim 2.5)I_{emax} + \Sigma I_e$($I_{emax}$ 为多台电动机中容量最大的一台电动机额定电流、ΣI_e 为其余电动机额定电流之和)。

为防止发生越级熔断，上、下级(即供电干、支线)熔断器间应有良好的协调配合，为此应使上一级(供电干线)熔断器的熔体额定电流比下一级(供电支线)大 1～2 个级差。

(3) 熔断器额定电压的选择。应使熔断器的额定电压大于或等于所在电路的额定电压。

3.9　电气控制的工艺设计

工艺设计的目的是为了满足电气控制设备的制造和使用要求，工艺设计必须在原理设计完成之后进行。在完成电气原理设计及电气元器件选择之后，就可以进行电气控制设备总体配置，即总装配图、总接线图设计，然后再设计各部分的电器装配图与接线图，并列出各部分的元器件目录、进出线号以及主要材料清单等技术资料，最后编写使用说明书。

3.9.1　电气设备总体配置设计

各种电动机及各类电气元器件根据各自的作用，都有一定的装配位置，例如，拖动电动机与各种执行元器件(电磁铁、电磁阀、电磁离合器、电磁吸盘等)以及各种检测元器件(限位开关、传感器、温度、压力、速度继电器等)必须安装在生产机械的相应部位。各种控制电器(接触器、继电器、电阻、自动开关、控制变压器、放大器等)，保护电器(熔断器、电流、电压保护继电器等)可以安放在单独的电器箱内，而各种控制按钮、控制开关、各种指示灯、指示仪表、需经常调节的电位器等，则必须安放在控制台面板上。由于各种电气元器件安装位置不同，在构成一个完整的自动控制系统时，必须划分组件，同时要解决组件之间、电气箱之间以及电气箱与被控制装置之间的连线问题。

划分组件的原则是：

(1) 功能类似的元器件组合在一起。例如用于操作的各类按钮、开关、键盘、指示检测、调节等元器件集中为控制面板组件，各种继电器、接触器、熔断器，照明变压器等控制电器集中为电气板组件，各类控制电源、整流、滤波元器件集中为电源组件等。

(2) 尽可能减少组件之间的连线数量，接线关系密切的控制电器置于同一组件中。

(3) 强弱电控制器分离，以减少干扰。

(4) 力求整齐美观，外形尺寸，重量相近的电器组合在一起。

(5) 使于检查与调试，需经常调节、维护和易损元器件组合在一起。

电气控制设备的各部分及组件之间的接线方式通常有：

(1) 电器板、控制板、机床电器的进出线一般采用接线端子(按电流大小及进出线数选用不同规格的接线端子)。

(2) 电气箱与被控制设备或电气箱之间采用多孔接插件，便于拆装、搬运。

(3) 印制电路板及弱电控制组件之间宜采用各种类型标准接插件。

电气设备总体配置设计任务是根据电气原理图的工作原理与控制要求，将控制系统划分为几个组成部分称为部件。以龙门刨床为例，可划分机床电器部分(各拖动电动机、各种行程开关等)、机组部件(交磁放大机组、电动发电机组等)以及电气箱(各种控制电器、保护电器、调节电器等)。根据电气设备的复杂程度，每一部分又可划成若干组件，如印制电路组件、电器安装板组件、控制面板组件、电源组件等。要根据电气原理图的接线关系整理出各部分的进出线号，并调整它们之间的连接方式。

总体配置设计是以电气系统的总装配图与总接线图形式来表达的，图中应以示意形式反映出各部分主要组件的位置及各部分接线关系、走线方式及使用管线要求等。

总装配图、接线图(根据需要可以分开，也可以并在一起画)是进行分部设计和协调各部分组成一个完整系统的依据。总体设计要使整个系统集中、紧凑，同时在场地允许条件下，对发热厉害、噪声和振动大的电气部件，如电动机组、启动电阻箱等尽量放在离操作者较远的地方或隔离起来。对于多工位加工的大型设备，应考虑两地操作的可能。总电源紧急停止控制应安放在方便而明显的位置。总体配置设计合理与否将影响到电气控制系统工作的可靠性，并关系到电气系统的制造、装配质量、调试、操作以及维护是否方便。

3.9.2 元器件布置图的设计及电器部件接线图的绘制

电气元器件布置图是某些电气元器件按一定原则的组合。电气元器件布置图的设计依据是部件原理图(总原理图的一部分)。同一组件中电气元器件的布置要注意以下问题：

(1) 体积大和较重的电气元器件应装在电器板的下面，而发热元器件应安装在电器板的上面。

(2) 强电弱电分开并注意弱电屏蔽，防止外界干扰。

(3) 需要经常维护、检修、调整的电气元器件安装位置不宜过高或过低。

(4) 电气元器件的布置应考虑整齐、美观、对称、外形尺寸与结构类似的电器安放在一起，以利加工、安装和配线。

(5) 电气元器件布置不宜过密，要留有一定的间距，若采用板前走线槽配线方式，应适当加大各排电器间距，以利布线和维护。

各电气元器件的位置确定以后，便可绘制电器布置图。布置图是根据电气元器件的外形绘制，并标出各元器件间距尺寸。每个电气元器件的安装尺寸及其公差范围，应严格按产品手册标准标注，作为底板加工依据，以保证各电器的顺利安装。

在电气布置图设计中，还要根据本部件进出线的数量(由部件原理图统计出来)和采用导线规格，选择进出线方式，并选用适当接线端子板，按一定顺序标上进出线的接线号。

电气部件接线图是根据部件电气原理及电气元器件布置图绘制的。

(1) 接线图和接线表的绘制应符合 GB/T 6988.3—1997《电气技术用文件的编制第 3 部分：接线图和接线表》的规定。

(2) 电气元器件按外形绘制，并与布置图一致，偏差不要太大。

(3) 所有电气元器件及其引线应标注与电气原理图中相一致的文字符号及接线号。原理图中的项目代号、端子号及导线号的编制分别应符合 GB 5904—1985《电气技术中的项目代号》，GB/T 4026—2004《人—机界面标志标识的基本方法和安全规则设备端子和特定导体终端标识及子母数字系统的应用通则》及 GB 4884—1985《绝缘导线的标记》等规定。

(4) 与电气原理图不同，在接线图中同一电气元器件的各个部分(触点、线圈等)必须画在一起。

(5) 电气接线图一律采用粗线条，走线方式有板前走线及板后走线两种，一般采用板前走线。对于简单电气控制部件，电气元器件数量较少，接线关系不复杂，可直接画出元器件间的连线。但对于复杂部件，电气元器件数量多，接线较复杂的情况，一般是采用走线糟，只需在各电气元器件上标出接线号，不必画出各元器件间连线。

(6) 接线图中应标出配线用的各种导线的型号、规格、截面积及颜色要求。

(7) 部件的进出线除大截面导线外，都应经过接线板，不得直接进出。

3.9.3　电气箱及非标准零件图的设计

在电气控制系统比较简单时，控制电器可以附在生产机械内部，而在控制系统比较复杂或由于生产环境及操作的需要，通常都带有单独的电气控制箱，以利制造、使用和维护。

电气控制箱设计要考虑以下几个问题。

(1) 根据控制面板及箱内各电气部件的尺寸确定电气箱总体尺寸及结构方式。

(2) 结构紧凑外形美观，要与生产机械相匹配，应提出一定的装饰要求。

(3) 根据控制面板及箱内电气部件的安装尺寸，设计箱内安装支架，并标出安装孔或焊接安装螺栓尺寸。

(4) 根据方便安装、调整及维修要求，设计其开门方式。

(5) 为利于箱内电器的通风散热，在箱体适当部位设计通风孔或通风槽。

(6) 为便于电气箱的搬动，应设计合适的起吊勾、起吊孔、扶手架或箱体底部带活动轮。

根据以上要求，先勾画出箱体的外形草图，估算出各部分尺寸，然后按比例画出外形图，再从对称、美观、使用方便等方面考虑进一步调整各尺寸、比例。

外形确定以后，再按上述要求进行各部分的结构设计，绘制箱体总装图及各面门、控制面板、底板、安装支架、装饰条等零件图，并注明加工要求，视需要选用适当的门锁。大型控制系统、电气箱常设计成立柜式或工作台式，小型控制设备则设计成台式、手提式或悬挂式。电气箱的品种繁多，造型结构各异，在箱体设计中应注意吸取各种形式的优点。

非标准的电器安装零件，如开关支架、电气安装底板、控制箱的有机玻璃面板、扶手、装饰零件等，应根据机械零件设计要求，绘制其零件图，凡配合尺寸应注明公差要求并说明加工要求如镀锌、涂装、刻字等。

3.9.4 已填清单汇总和说明书的编写

在电气控制系统原理设计及工艺设计结束后，应根据各种图样，对设备需要的各种零件及材料进行综合统计，按类别划出外购成件汇总清单表、标准件清单表、主要材料消耗定额表及辅助材料消耗定额表，以便采购人员，生产管理部门按设备制造需要备料，做好生产准备工作。这些资料也是成本核算的依据，特别是对于生产批量较大的产品，此项工作尤其要仔细做好。

新型生产设备的设计制造中，电气控制系统的投资占有很大比重，同时，控制系统对生产机械运行可靠性、稳定性起着重要的作用。因此，控制系统设计方案完成后，在投入生产前应经过严格的审定。为了确保生产设备达到设计指标，设备制造完成后，又要经过仔细的调试，使设备运行处在最佳状态。设计说明及使用说明是设计审定及调试、使用、维护过程中必不可少的技术资料。

设计及使用说明书应包含以下主要内容：

(1) 拖动方案选择依据及本设计的主要特点。

(2) 主要参数的计算过程。

(3) 设计任务书中要求各项技术指标的核算与评价。

(4) 设备调试要求与调试方法。

(5) 使用、维护要求及注意事项。

本 章 小 结

本章主要论述了电气控制线路的设计基础——电气控制设计的主要内容、电力拖动方案的确定、电动机的选择、电气控制方案的确定及控制方式的选择、电气设计的一般原则、电气控制系统的保护环节、电气控制系统的一般设计方法、逻辑设计方法、常用电器元件的选择、电气控制的工艺设计。

电气控制线路设计要最大限度地满足生产机械和工艺对电器控制线路的要求，并且设计要简单合理、技术先进、工作可靠、维修方便，尽可能减少元件的品种和规格，降低生产成本。

电气控制设备设计分为初步设计、技术设计和产品设计。

电气控制线路设计要可靠、安全，在具体设计中要注意几点：正确连接电器的线圈，两个电器需同时动作时，线圈应并联连接。应尽量避免电器依次动作的现象，这样可靠性更高。应避免产生寄生电路。避免发生触点“竞争”与“冒险”现象。

电气控制电路的保护环节。

生产机械要正常、安全、可靠的工作，必须有完善的保护环节，控制电路常用护环节及其实现方法见表 3-2。

表3-2 控制电路常用保护环节及其实现方法

保护环节	采用电器	保护环节	采用电器
短路保护	熔断器、自动开关	零压保护	电压继电器、按钮接触器控制并具有自锁的电路
过载保护	热继电器、自动开关	欠压保护	欠电压继电器、自动开关
过电流保护	过电流继电器	限位保护	行程开关
欠电流保护	欠电流继电器	联锁保护	接触器的常开触点

电气控制线路的设计方法通常有一般设计法和逻辑设计法两种。

一般设计法是根据生产工艺要求，利用各种典型的线路环节，直接设计控制线路。主要靠经验进行，但设计的线路不一定是最佳的电路。

逻辑设计法是根据生产工艺的要求，利用逻辑代数来分析、设计线路的。设计的线路比较合理，但相对而言难度较大，不易掌握。

习题与思考题

3-1 机床电气设计应包括哪些内容？

3-2 简化图3.14所示各线路图。

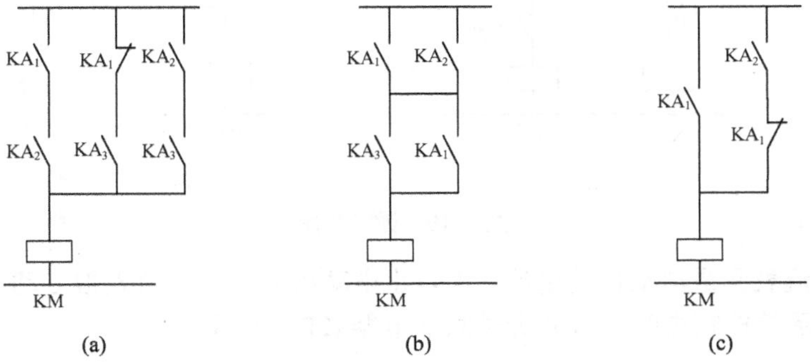

图3.14 题3.2图

3-3 两个相同的交流电磁线圈能否串联使用？为什么？

3-4 电气控制线路中，既接入熔断器，又接入热继电器，它们各起什么作用？

3-5 电气控制线路常用的保护环节有哪些？各采用什么电气元器件？

3-6 常开触点串联或并联，在电路中起什么样的控制作用？常闭触点串联或并联起什么控制作用？

3-7 分析图3.15所示各控制电路，并按正常操作时出现的问题加以改进。

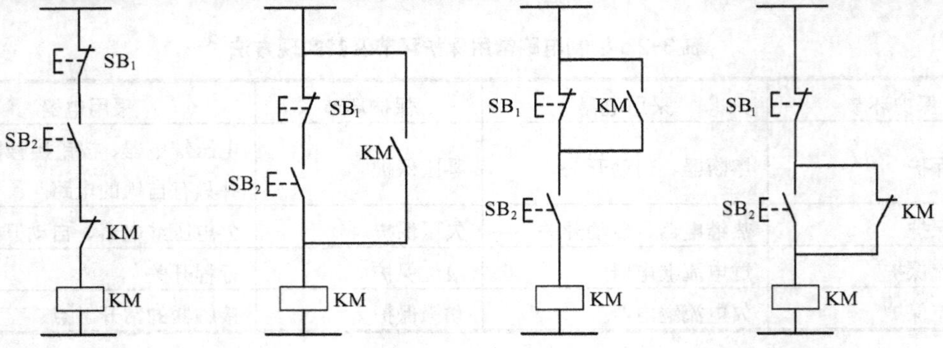

图 3.15　题 3.7 图

3-8 试采用按钮、刀开关、接触器和中间继电器，画出异步电动机点动、连续运行的混合控制线路。

3-9 如图 3.16 所示各控制电路有什么错误？应如何改正？

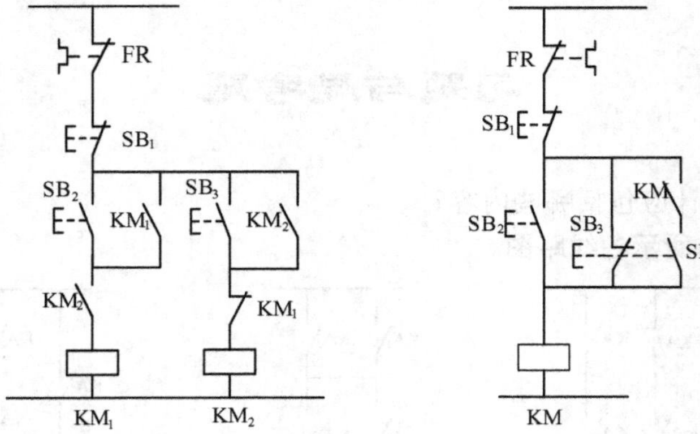

图 3.16　题 3.9 图

3-10 用电流表测量电动机的电流，为防止电动机启动时电流表被启动电流冲击，设计出如图 3.17 所示的控制电路，试分析时间继电器 KT 的作用。

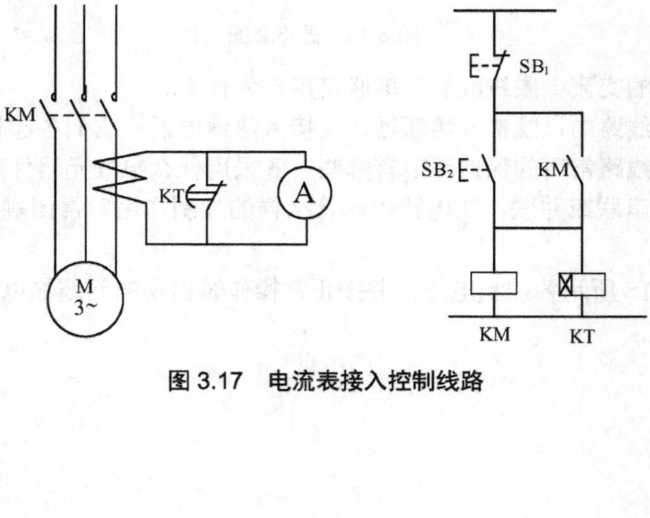

图 3.17　电流表接入控制线路

3-11 如图 3.18 所示为机床自动间歇润滑的控制线路图，其中接触器 KM 为润滑液压泵电动机起停用接触器(主电路未画出)。线路可使润滑规律间歇工作。试分析其工作原理，并说明中间继电器 KA 和按钮 SB 的作用。

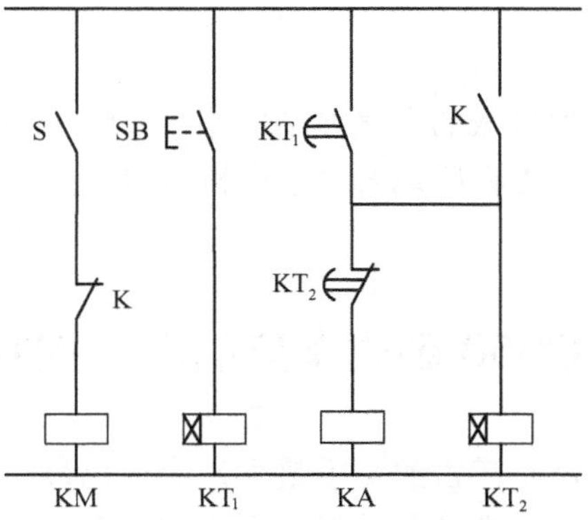

图 3.18　机床间歇润滑的控制线路

3-12 设计一工作台自动循环控制线路，工作台在原位启动，运行到终点后立即返回，循环往复，直至按下停止按钮。

3-13 设计一小车运行的控制线路，小车由异步电动机拖动，其动作程序如下。

(1) 小车由原位开始前进，到终端后自动停止；

(2) 在终端停留 2min 后自动返回原位停止；

(3) 要求能在前进或后退途中任意位置停止或启动。

3-14 有三台电动机 M_1、M_2、M_3，要求 M_1 启动后经过一段时间，M_2 和 M_3 同时启动，当 M_2 或 M_3 停止后，经一段时间 M_1 停止。三台电动机均直接启动，且带有短路和过载保护，要求画出主电路和控制电路。

3-15 设计一小型吊车的控制线路。小型吊车有三台电动机，横梁电动机 M_1 带动横梁在车间前后移动，小车电动机 M_2 带动提升机构在横梁上左右移功，提升电动机 M_3 升降重物。三台电动机都采用直接启动，自由停车。要求：

(1) 三台电动机都能正常起、保、停；

(2) 在升降过程中，横梁与小车不能动；

(3) 横梁具有前、后极限保护，提升有上、下极限保护。

设计主电路与控制电路。

第 4 章　典型机床电气控制线路分析

本章详细分析了几种典型机床的电气控制线路，介绍了一般生产机械电气控制的规律及电气控制线路的读图方法，为机床或其他生产机械电气控制的设计、安装、调试、运行等打下基础。

4.1　C650 卧式车床的电气控制线路

在各种金属切削机床中，车床占的比重最大，应用也最广泛。在车床上能完成车削外圆、内孔、端面、切槽、切断、螺纹及成形表面等加工工序，还可以通过安装钻头或铰刀等进行钻孔、铰孔等项加工。

车床的种类很多，有卧式车床、落地车床、立式车床、转塔车床等，生产中以普通卧式车床应用最普遍，数量最多。本节以 C650 普通卧式车床为例进行电气控制线路分析。

4.1.1　概述

1. C650 普通卧式车床的主要结构及运动形式

C650 卧式车床属于中型车床，可加工的最大工件回转直径为 1020mm，最大工件长度为 3000mm，机床的结构形式如图 4.1 所示，由主轴变速箱、挂轮箱、进给箱、溜板箱、尾座、滑板与刀架、光杠与丝杠等部件组成。

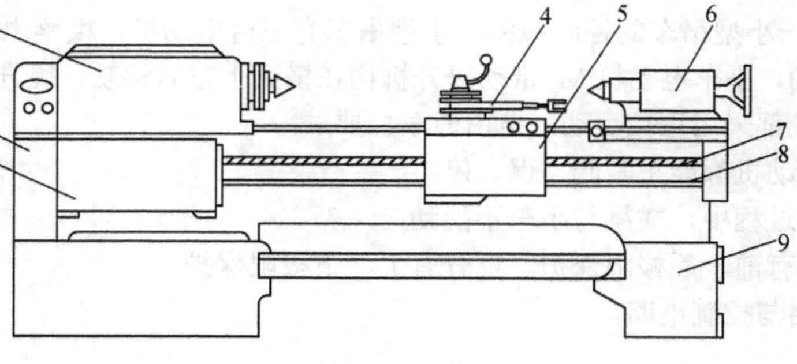

图 4.1　C650 卧式车床的主要结构

1—进给箱　2—挂轮箱　3—主轴变速箱　4—滑板与刀架　5—溜板箱　6—尾座　7—丝杠　8—光杠　9—床身

车床有 3 种运动形式：主轴通过卡盘或顶尖带动工件的旋转运动，称为主运动；刀具与滑板一起随溜板箱实现进给运动；其他运动称为辅助运动。

主轴的旋转运动由主轴电动机拖动，经传动机构实现。车削加工时，要求车床主轴能在较大范围内变速。通常根据被加工零件的材料性能、车刀材料、零件尺寸精度要求、加工方式及冷却条件等来选择切削速度，采用机械变速方法。对于卧式车床，调速比一般应大于 70。为满足加工螺纹的需要，要求车床主轴具有正、反向旋转的功能。由于加工的工件比较大，其转动惯量也比较大，停车时必须采用电气制动，以提高生产效率。

车床纵、横两个方向的进给运动是由主轴箱的输出轴，经挂轮箱、进给箱、光杠传入溜板箱而获得，其运动方式有手动与机动控制两种。

车床的辅助运动为溜板箱的快速移动、尾座的移动和工件的夹紧与放松。

2. C650 普通卧式车床的电力拖动要求与控制特点

C650 普通车床的电力拖动控制要求与特点如下：

(1) 车削加工近似于恒功率负载，主轴电动机 M_1 通常选用笼型异步电动机，完成主轴主运动和刀具进给运动的驱动。电动机采用直接启动的方式启动，可正反两个方向旋转，并可实现正反两个旋转方向的电气停车制动。为加工调整方便，还具有点动功能。

(2) 车削螺纹时，刀架移动与主轴旋转运动之间必须保持准确的比例关系，因此，车床主轴运动和进给运动只由一台电动机拖动，刀架移动由主轴箱通过机械传动链来实现。

(3) 为了提高生产效率、减轻工人劳动强度，拖板的快速移动由电动机 M_3 单独拖动。根据使用需要，可随时手动控制起停。

(4) 车削加工中，为防止刀具和工件的温度过高、延长刀具使用寿命、提高加工质量，车床附有一台单方向旋转的冷却泵电动机 M_2，与主轴电动机实现顺序起停，也可单独操作。

(5) 必要的保护环节、联锁环节、照明和信号电路。

4.1.2　机床电气控制线路分析基础

电气控制线路分析的基本思路是“先机后电、先主后辅、化整为零、集零为整、统观全局、总结特点”。

在分析机床电气控制线路前，首先要了解机床的主要技术性能及机械传动、液压和气动的工作原理。弄清各电动机的安装部位、作用、规格和型号。初步熟悉各种电器的安装部位、作用以及各操纵手柄、开关、控制按钮的功能和操纵方法。注意了解与机床的机械、液压发生直接联系的各种电器(如：行程开关、撞块、压力继电器、电磁离合器、电磁铁等)的安装部位及作用。分析电气控制线路时，要结合说明书或有关的技术资料将整个电气控制线路划分成若干部分逐一进行分析。例如：各电动机的启动、停止、变速、制动、保护及相互间的联锁等。在仔细阅读设备说明书、了解电器控制系统的总体结构、电动机电器的分布状况及控制要求等内容之后，便可以分析电气控制原理图了。

电气控制原理图通常由主电路、控制电路、辅助电路、保护及联锁环节以及特殊控制电路等部分组成。分析控制电路的最基本方法是查线读图法。

1. 分析电气原理图的方法与步骤

(1) 分析主电路。从主电路入手，根据每台电动机和执行电器的控制要求去分析各电动机和执行电器的控制内容，包括电动机启动、转向控制、调速和制动等基本控制电路。

(2) 分析控制电路。根据主电路各个电动机和执行电器的控制要求，逐一找出控制电路中的控制环节，将控制电路“化整为零”，按功能不同划分成若干个局部控制电路来进行分析。

(3) 分析辅助电路。辅助电路包括执行元件的工作状态显示、电源显示、参数测定、照明和故障报警等部分。辅助电路中很多部分是由控制电路中的元器件来控制的，所以分析辅助电路时，还要回过头来对照控制电路对这部分电路进行分析。

(4) 分析联锁与保护环节。生产机械对安全性、可靠性有很高的要求，实现这些要求，除了合理地选择拖动、控制方案之外，在控制电路中还设置了必要的电气联锁和一系列的电气保护。必须对电气联锁与电气保护环节在控制线路中的作用进行分析。

(5) 分析特殊控制环节。在某些控制电路中，还设置了一些与主电路、控制电路关系不密切，相对独立的某些特殊环节，如产品计数装置、自动检测系统、晶闸管触发电路和自动调温装置等。这些部分往往自成一个小系统，其读图分析的方法可参照上述分析过程，并灵活运用所学过的电子技术、变流技术、自控系统、检测与转换等知识进行逐一分析。

(6)总体检查。经过“化整为零”，逐步分析每一局部电路的工作原理以及各部分之间的控制关系后，还必须用“集零为整”的方法，全面检查整个控制电路，看是否有遗漏。特别要从整体角度去进一步检查和理解各控制环节之间的联系，机电液的配合情况，了解电路图中每一个电气元器件的作用，熟悉其工作过程并了解其主要参数，由此可以对整个电路有清晰的理解。

2. 查线读图法的要点

查线读图法是分析继电—接触器控制电路的最基本方法。继电—接触器控制电路主要由信号元器件、控制元器件和执行元器件组成。

用查线读图法阅读电气控制原理图时，一般先分析执行元器件的线路(即主电路)。查看主电路有哪些控制元器件的触点及电气元器件等，根据它们大致判断被控制对象的性质和控制要求，然后根据主电路分析的结果所提供的线索及元器件触点的文字符号，在控制电路上查找有关的控制环节，结合元器件表和元器件动作位置图进行读图。控制电路的读图通常是由上而下或从左往右，读图时假想按下操作按钮，跟踪控制线路，观察有哪些电气元器件受控动作。再查看这些被控制元器件的触点又怎样控制另外一些控制元器件或执行元器件动作的。如果有自动循环控制，则要观察执行元器件带动机械运动将使哪些信号元器件状态发生变化，并又引起哪些控制元器件状态发生变化。在读图过程中，特别要注意控制环节相互间的联系和制约关系，直至将电路全部看懂为止。

查线读图法的优点是直观性强，容易掌握。缺点是分析复杂电路时易出错。因此，在用查线读图法分析线路时，一定要认真细心。

4.1.3　C650 卧式车床的电气控制线路分析

1. 主电路分析

图 4.2 所示的主电路中有三台电动机的驱动电路。隔离开关 QS 将三相电源引入，电动机主电路接线分为 3 部分。第一部分由正转控制交流接触器 KM_1 和反转控制交流接触器 KM_2 的两组主触点构成电动机的正反转接线。第二部分为电流表 A 经电流互感器 TA 接在主电动机 M_1 的动力回路上，以监视电动机工作时绕组的电流变化。为防止电流表被启动电流冲击损坏，利用一时间继电器 KT 的延时常闭触点，在启动的短时间内将电流表暂时短接。第三部分线路通过交流接触器 KM_3 的主触点控制限流电阻 R 的接入和切除。在进行点动调整时，为防止连续的启动电流造成电动机过载，串入限流电阻 R，以保证电路设备正

常工作。在电动机反接制动时，通常串入电阻 R 限流。速度继电器 KS 的速度检测部分与电动机的主轴同轴相连，在停车制动过程中，当主电动机转速为零时，其常开触点可将控制电路中反接制动相应电路切断，完成停车制动。

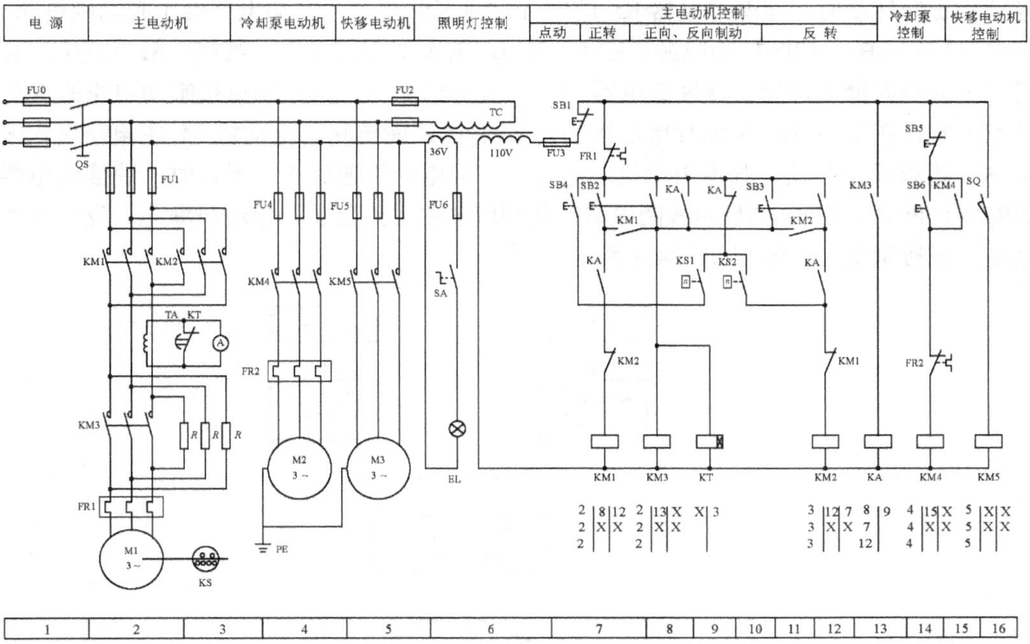

图 4.2　C650 卧式车床电气控制原理图

电动机 M_2 由交流接触器 KM_4 的主触点控制其动力电路的接通与断开；电动机 M_3 由交流接触器 KM_5 控制。

为保证主电路的正常运行，主电路中还设置了采用熔断器的短路保护环节和采用热继电器的电动机过载保护环节。

2. 控制电路分析

控制电路可划分为主电动机 M_1 的控制电路和电动机 M_2 与 M_3 的控制电路两部分。下面对各部分控制电路逐一进行分析。

(1) 主轴电动机正反向启动与点动控制。由图 4.2 可知，当压下正向启动按钮 SB_2 时，其常开触点动作闭合，接通交流接触器 KM_3 的线圈电路和时间继电器 KT 的线圈电路，KM_3 的主触点将主电路中限流电阻 R 短接，其辅助常开触点同时将中间继电器 KA 的线圈电路接通，KA 的常闭触点将停车制动的基本电路切除，其常开触点与 SB_2 的常开触点均在闭合状态，控制主电动机的交流接触器 KM_1 的线圈电路得电工作，其主触点闭合，电动机正向直接启动。KT 的常闭触点在主电路中短接电流表 A，经延时断开后，电流表接入电路正常工作。启动结束后，进入正常运行状态。反向启动按钮为 SB_3，反向启动控制过程与正向启动控制过程类似。

SB_4 为主轴电动机点动控制按钮，按下点动按钮 SB_4，直接接通 KM_1 的线圈电路，电动机 M_1 正向直接启动。这时 KM_3 线圈电路并没接通，限流电阻 R 接入主电路限流，其辅助常开触点不动作，KA 线圈不能得电工作，从而使 KM_1 线圈不能连续通电。松开按钮，M_1 停转，实现了主轴电动机串联电阻限流的点动控制。

(2) 主轴电动机反接制动控制电路。C650 卧式车床采用反接制动的方式进行停车制动。当电动机正向转动时，速度继电器 KS 的常开触点 KS_2 闭合，制动电路处于制动准备状态。压下停车按钮 SB_1，切断控制电源，KM_1、KM_3、KA 线圈均失电，其相关触点复位。而电动机由于惯性而继续运转，速度继电器的触点 KS_2 仍闭合，与控制反接制动电路的 KA 常闭触点一起，在按钮 SB_1 复位时接通接触器 KM_2 的线圈电路，电动机 M_1 主电路串入限流电阻 R，进行反接制动，强迫电动机迅速停车。当电动机速度趋近于零时，速度继电器触点 KS_2 复位断开，切断 KM_2 的线圈电路，其相应的主触点复位，电动机断电，反接制动过程结束。反接制动工作流程如图 4.3 所示。

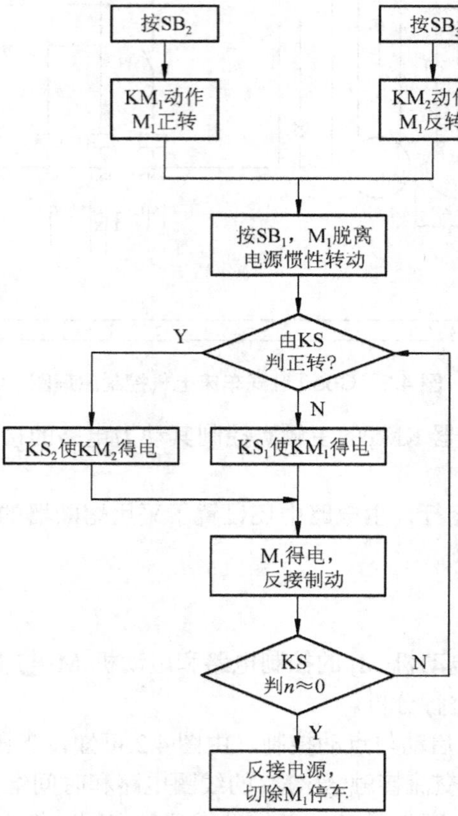

图 4.3　C650 反接制动工作流程

反转时的反接制动工作过程与停车制动时的反接制动工作过程相似，此时反转状态下，KS_1 触点闭合，制动时，接通接触器 KM_1 的线圈电路，进行反接制动。

(3) 刀架的快速移动和冷却泵电动机的控制。刀架快速移动是由转动刀架手柄压动位置开关 SQ，接通控制快速移动电动机 M_3 的接触器 KM_5 的线圈电路，KM_5 的主触点闭合，M_3 启动，经传动系统驱动溜板箱带动刀架快速移动。冷却泵电动机 M_2 由启动按钮 SB_6、停止按钮 SB_5 控制接触器 KM_4 线圈电路的通断，以实现电动机 M_2 的控制。

3. 常见故障分析

(1) 主轴电动机不能启动。可能的原因：电源没有接通；热继电器已动作，其常闭触点尚未复位；启动按钮或停止按钮内的触点接触不良；交流接触器的线圈烧毁或接线脱落等。

(2) 按下启动按钮后，电动机发出嗡嗡声，不能启动。这是电动机的三相电源缺相造成的，可能原因：熔断器某一相熔丝烧断；接触器一对主触点没接触好；电动机接线某一处断线等。

(3) 按下停止按钮，主轴电动机不能停止。可能的原因：接触器触点熔焊、主触点被杂物阻卡；停止按钮常闭触点被阻卡。

(4) 主轴电动机不能点动。可能原因：点动按钮 SB_4 其常开触点损坏或接线脱落。

(5) 主轴电动机不能进行反接制动。主要原因：速度继电器损坏或接线脱落；电阻 R 损坏或接线脱落。

(6) 不能检测主轴电动机负载。可能的原因：电流表损坏；时间继电器设定时间太短或损坏；电流互感器损坏。

4.2　摇臂钻床的电气控制线路

钻床可以进行多种形式的加工，如：钻孔、镗孔、铰孔及攻螺纹，因此要求钻床的主轴运动和进给运动有较宽的调速范围。Z3040 型摇臂钻床主轴的调速范围：正转最低转速为 40r/min，最高转速为 2000 r/min，进给范围为 0.05～1.60 mm/r。它的调速是通过三相交流异步电动机和变速箱来实现的。

钻床的种类很多，有台钻、立钻、卧钻、专门化钻床和摇臂钻床。台钻和立钻的电气线路比较简单，其他形式的钻床在控制系统上也大同小异，本节以 Z3040 摇臂钻床为例分析它的电气控制线路。

4.2.1　概述

1. Z3040 摇臂钻床的主要结构与运动形式

摇臂钻床适合于在大、中型零件上进行钻孔、扩孔、铰孔及攻螺纹等工作，在具有工艺装备的条件下还可以进行镗孔。

Z3040 摇臂钻床由底座、外立柱、内立柱、摇臂、主轴箱及工作台等部分组成，主要结构如图 4.4 所示。

内立柱固定在底座的一端，外立柱套在内立柱上，工作时用液压夹紧机构与内立柱夹紧，松开后，可绕内立柱回转 360°。

摇臂的一端为套筒，它套在外立柱上，经液压夹紧机构可与外立柱夹紧。夹紧机构松开后，借助升降丝杠的正、反向旋转可沿外立柱作上下移动。由于升降丝杠与外立柱构成一体，而升降螺母则固定在摇臂上，所以摇臂只能与外立柱一起绕内立柱回转。

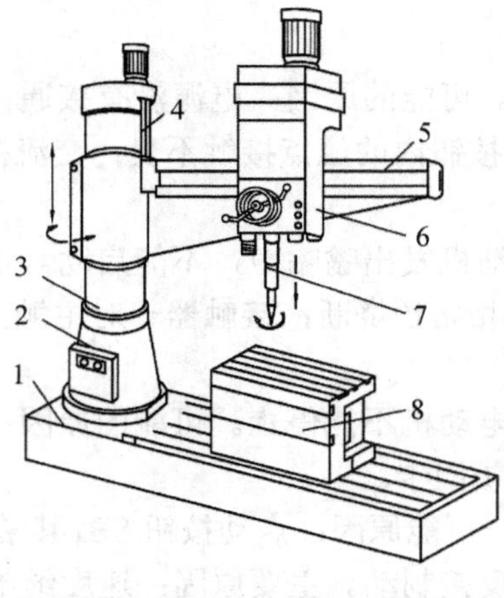

图 4.4 Z3040 摇臂钻床的主要结构

1—底座 2—内立柱 3—外立柱 4—摇臂升降丝杠 5—摇臂 6—主轴箱 7—主轴 8—工作台

主轴箱是一个复合部件，它由主传动电动机、主轴和主轴传动机构、进给和变速机构以及机床的操作机构等部分组成。主轴箱安装于摇臂的水平导轨上，可以通过手轮操作使主轴箱沿摇臂水平导轨移动，通过液压夹紧机构紧固在摇臂上。

钻削加工时，主轴旋转为主运动，而主轴的直线移动为进给运动。即钻孔时钻头一面作旋转运动，同时作纵向进给运动。主轴变速和进给变速的机构都在主轴箱内，用变速机构分别调节主轴转速和上、下进给量。摇臂钻床的主轴旋转运动和进给运动由一台交流异步电动机 M_1 拖动。

摇臂钻床的辅助运动有：摇臂沿外立柱的上升、下降，立柱的夹紧和松开以及摇臂与外立柱一起绕内立柱的回转运动。摇臂的上升、下降由一台交流异步电动机 M_2 拖动，立柱的夹紧和松开、摇臂的夹紧与松开以及主轴箱的夹紧与松开由另一台交流电动机 M_3 拖动一台齿轮泵，供给夹紧装置所需要的压力油推动夹紧机构液压系统实现的。而摇臂的回转和主轴箱沿摇臂水平导轨方向的左右移动通常采用手动。此外还有一台冷却泵电动机 M_4 对加工的刀具进行冷却。

2. Z3040 摇臂钻床的电力拖动的要求与控制特点

(1) 为简化机床传动装置的结构采用多台电动机拖动。

(2) 主轴的旋转运动、纵向进给运动及其变速机构均在主轴箱内，由一台主电动机拖动。

(3) 为了适应多种加工方式的要求，主轴的旋转与进给运动均有较大的调速范围，由机械变速机构实现。

(4) 加工螺纹时，要求主轴能正、反向旋转，采用机械方法来实现。因此，主电动机只需单向旋转，可直接启动，不需要制动。

(5) 摇臂的升降由升降电动机拖动，要求电动机能正、反向旋转，采用笼型异步电动机。可直接启动，不需要调速和制动。

(6) 内外立柱、主轴箱与摇臂的夹紧与松开，是通过控制电动机的正、反转，带动液压泵送出不同流向的压力油，推动活塞、带动菱形块动作来实现。因此拖动液压泵的电动机要求正、反向旋转，采用点动控制。

(7) 摇臂钻床主轴箱、立柱的夹紧与松开由一条油路控制，且同时动作。而摇臂的夹紧、松开是与摇臂升降工作连成一体，由另一条油路控制。两条油路哪一条处于工作状态，是根据工作要求通过控制电磁阀操纵。夹紧机构液压系统原理如图 4.5 所示。由于主轴箱和立柱的夹紧、松开动作是点动操作的，因此液压泵电动机采用点动控制。

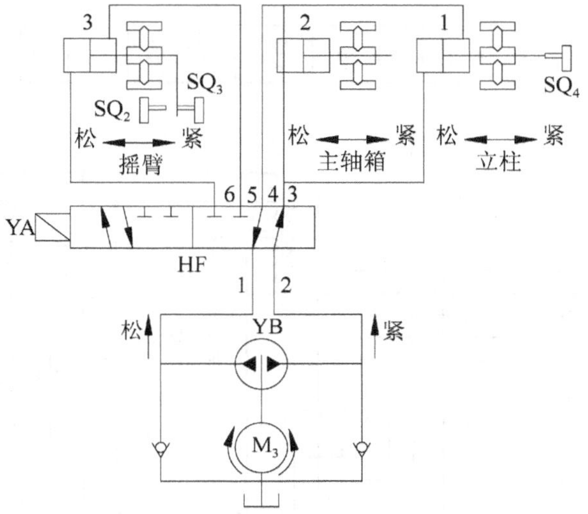

图 4.5　Z3040 夹紧机构液压系统工作简图

(8) 根据加工需要，操作者可以手控操作冷却泵电动机单向旋转。

(9) 必要的联锁和保护环节。

(10) 机床安全照明及信号指示电路。

4.2.2　Z3040 摇臂钻床的电气控制线路分析

1. 主电路分析

主轴电动机 M_1 为单方向旋转，由接触器 KM_1 控制。主轴的正反转由机床液压系统操纵机构配合正反转摩擦离合器实现，并由热继电器 FR_1 作电动机过载保护。摇臂升降电动机 M_2 由正、反转接触器 KM_2、KM_3 控制实现正反转。在操纵摇臂升降时，控制电路首先使液压泵电动机 M_3 启动旋转，送出压力油，经液压系统将摇臂松开，然后才使 M_2 启动，拖动摇臂上升或下降。当摇臂移动到位后，控制电路首先使 M_2 先停下，再自动通过液压系统将摇臂夹紧，最后液压泵电动机才停转。M_2 为短时工作，不用设过载保护。M_3 由接触器 KM_4、KM_5 实现正、反转控制，热继电器 FR_2 作过载保护。M_4 电动机容量小，由开关 SA_1 直接控制启动和停车。

2. 控制电路分析

(1) 主轴电动机的控制。由按钮 SB_1、SB_2 与接触器 KM_1 构成主轴电动机的单方向启动—停止控制电路。M_1 启动后，指示灯 HL_3 亮，表示主轴电动机在旋转。

(2) 摇臂升降的控制。由摇臂上升按钮 SB_3、下降按钮 SB_4 及正、反转接触器 KM_2、KM_3 组成具有双重互锁的电动机正、反转点动控制电路。摇臂的升降控制须与夹紧机构液压系统密切配合。由正、反转接触器 KM_5、KM_4 控制双向液压泵电动机 M_3 的正、反转，送出压力油，经二位六通阀送至摇臂夹紧机构实现夹紧与松开。

Z3040 摇臂钻床的电气控制线路原理图如图 4.6 所示。

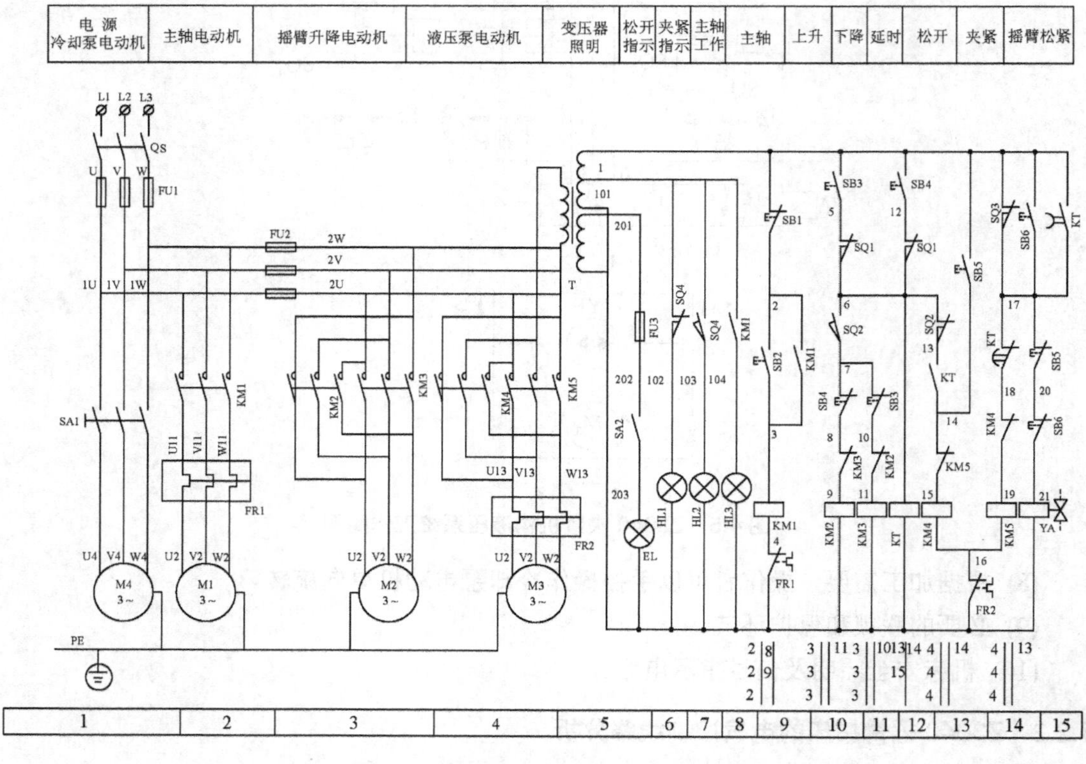

图 4.6　Z3040 摇臂钻床的电气控制线路原理图

以摇臂上升为例分析摇臂升降的控制。摇臂上升工作流程如图 4.7 所示。按下摇臂上升点动按钮 SB_3，时间继电器 KT 线圈通电，瞬动常开触点 KT 闭合，接触器 KM_4 线圈通电，液压泵电动机 M_3 反向启动旋转，拖动液压泵送出压力油。同时 KT 的断电延时断开触点 KT 闭合，电磁阀 YA 线圈通电，液压泵送出的压力油经二位六通阀进入摇臂夹紧机构的松开油腔，推动活塞和菱形块将摇臂松开。摇臂松开时，活塞杆通过弹簧片压下行程开关 SQ_2，发出摇臂松开信号，即常闭触点 SQ_2 断开，常开触点 SQ_2 闭合，前者断开 KM_4 线圈电路，电动机 M_3 停止旋转，液压泵停止供油，摇臂维持在松开状态；后者接通 KM_2 线圈电路，控制摇臂升降电动机 M_2 正向启动旋转，拖动摇臂上升。

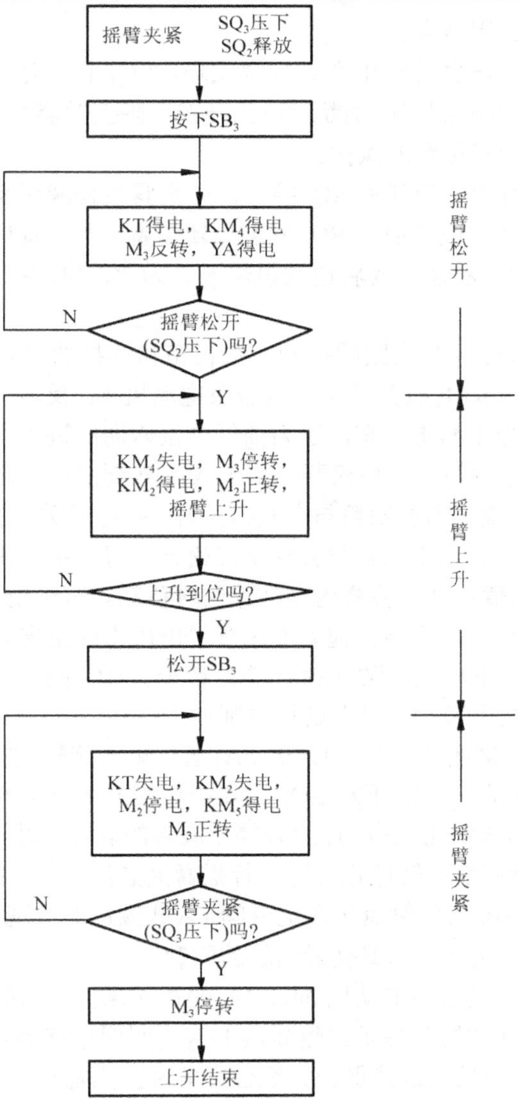

图 4.7　Z3040 摇臂上升工作流程

当摇臂上升到所需位置时，松开按钮 SB_3，KM_2 与 KT 线圈同时断电，电动机 M_2 依惯性旋转，摇臂停止上升。而 KT 线圈断电，其断电延时闭合触点 KT 经延时 1～3s 后才闭合，断电延时断开触点 KT 经同样延时后才断开。在 KT 断电延时 1～3s，KM_5 线圈仍处于断电状态，电磁阀 YA 仍处于通电状态，这段延时就确保了摇臂升降电动机在断开电源后直到完全停止运转才开始摇臂的夹紧动作。因此，时间继电器 KT 延时长短是根据电动机 M_2 切断电源到完全停止的惯性大小来调整的。

当时间继电器 KT 断电延时时间到，常闭触点 KT 闭合，KM_5 线圈通电吸合，液压泵电动机 M_3 正向启动，拖动液压泵，供出压力油。同时常开触点 KT 断开，电磁阀 YA 线圈断电，这时压力油经二位六通阀进入摇臂夹紧油腔，反向推动活塞和菱形块，将摇臂夹紧。活塞杆通过弹簧片压下行程开关 SQ_3，其常闭触点 SQ_3 断开，KM_5 线圈断电，M_3 停止旋转，实现摇臂夹紧，上升过程结束。

摇臂升降的极限保护由组合开关 SQ_1 来实现。SQ_1 有两对常闭触点，当摇臂上升或下降到极限位置时其相应触点断开，切断对应上升或下降接触器 KM_2 或 KM_3 使 M_2 停止运转，摇臂停止移动，实现极限位置的保护。

摇臂自动夹紧程度由行程开关 SQ_3 控制。若夹紧机构液压系统出现故障不能夹紧，将使常闭触点 SQ_3 断不开，或者由于 SQ_3 安装位置调整不当，摇臂夹紧后仍不能压下 SQ_3，都将使 M_3 长期处于过载状态，易将电动机烧毁。为此，M_3 主电路采用热继电器 FR_2 作过载保护。

(3) 主轴箱、立柱松开与夹紧的控制。主轴箱和立柱的夹紧与松开是同时进行的。当按下按钮 SB_5，接触器 KM_4 线圈通电，液压泵电动机 M_3 反转，拖动液压泵送出压力油，这时电磁阀 YA 线圈处于断电状态，压力油经二位六通阀进入主轴箱与立柱松开油腔，推动活塞和菱形块，使主轴箱与立柱松开。由于 YA 线圈断电，压力油不能进入摇臂松开油腔，摇臂仍处于夹紧状态。当主轴箱与立柱松开时，行程开关 SQ_4 没有受压，常闭触点 SQ_4 闭合，指示灯 HL_1 亮，表示主轴箱与立柱确已松开。可以手动操作主轴箱在摇臂的水平导轨上移动，也可推动摇臂使外立柱绕内立柱作回转移动。当移动到位后，按下夹紧按钮 SB_6，接触器 KM_5 线圈通电，M_3 正转，拖动液压泵送出压力油至夹紧油腔，使主轴箱与立柱夹紧。当确已夹紧时，压下 SQ_4，常开触点 SQ_4 闭合，HL_2 亮，而常闭触点 SQ_4 断开，HL_1 灭，指示主轴箱与立柱已夹紧，可以进行钻削加工。

(4) 冷却泵电动机 M_4 的控制。由开关 SA_1 进行单向旋转的控制。

(5) 联锁、保护环节。行程开关 SQ_2 实现摇臂松开到位与开始升降的联锁；行程开关 SQ_3 实现摇臂完全夹紧与液压泵电动机 M_3 停止旋转的联锁。时间继电器 KT 实现摇臂升降电动机 M_2 断开电源待惯性旋转停止后再进行摇臂夹紧的联锁。摇臂升降电动机 M_2 正反转具有双重互锁。SB_5 与 SB_6 常闭触点接入电磁阀 YA 线圈电路实现在进行主轴箱与立柱夹紧、松开操作时，压力油不能进入摇臂夹紧油腔的联锁。

熔断器 FU_1 作为总电路和电动机 M_1、M_4 的短路保护。熔断器 FU_2 为电动机 M_2、M_3 及控制变压器 T 一次侧的短路保护。熔断器 FU_3 为照明电路的短路保护。热继电器 FR_1、FR_2 为电动机 M_1、M_3 的长期过载保护。组合开关 SQ_1 为摇臂上升、下降的极限位置保护。带自锁触点的启动按钮与相应接触器实现电动机的欠电压、失电压保护。

3. 照明与信号指示电路分析

HL_1 为主轴箱、立柱松开指示灯，灯亮表示已松开，可以手动操作主轴箱沿摇臂水平移动或摇臂回转。HL_2 为主轴箱、立柱夹紧指示灯，灯亮表示已夹紧，可以进行钻削加工。HL_3 为主轴旋转工作指示灯。照明灯 EL 由控制变压器 T 供给 36V 安全电压，经开关 SA_2 操作实现钻床局部照明。

4. 常见故障分析

(1) 主轴电动机不能启动。可能的原因：电源没有接通；热继电器已动作过，其常闭触点尚未复位；启动按钮或停止按钮内的触点接触不良；交流接触器的线圈烧毁或接线脱落等。

(2) 主轴电动机刚启动运转，熔断器就熔断。按下主轴启动按钮 SB_2，主轴电动机刚旋转，就发生熔断器熔断故障。原因可能是机械机构发生卡住现象，或者是钻头被铁屑卡住，进给量太大，造成电动机堵转；负荷太大，主轴电动机电流剧增，热继电器来不及动作，使熔断器熔断。也可能因为电动机本身的故障造成熔断器熔断。

(3) 摇臂不能上升(或下降)。首先检查行程开关 SQ_2 是否动作，如已动作，即 SQ_2 的常开触点已闭合，说明故障发生在接触器 KM_2 或摇臂升降电动机 M_2 上；如 SQ_2 没有动作，可能是 SQ_2 位置改变，造成活塞杆压不上 SQ_2，使 KM_2 不能吸合，升降电动机不能得电旋转，摇臂不能上升。

液压系统发生故障，如液压泵卡死、不转，油路堵塞或气温太低时油的黏度增大，使摇臂不能完全松开，压不下 SQ_2，摇臂也不能上升。

电源的相序接反，按下 SB_3 摇臂上升按钮，液压泵电动机反转，使摇臂夹紧，压不上 SQ_2，摇臂也就不能上升或下降。

(4) 摇臂上升(或下降)到预定位置后，摇臂不能夹紧。行程开关 SQ_3 安装位置不准确，或紧固螺钉松动造成 SQ_3 过早动作，使液压泵电动机 M_3 在摇臂还未充分夹紧时就停止旋转；接触器 KM_5 线圈回路出现故障。

(5) 立柱、主轴箱不能夹紧(松开)。立柱、主轴箱各自的夹紧或松升是同时进行的，立柱、主轴箱不能夹紧或松开可能是油路堵塞、接触器 KM_4 或 KM_5 线圈回路出现故障造成的。

(6) 按下 SB_6 按钮，立柱、主轴箱能夹紧，但放开按钮后，立柱、主轴箱却松开。立柱、主轴箱的夹紧和松开，都采用菱形块结构，故障多为机械原因造成，可能是菱形块和承压块的角度方向装错，或者距离不合适造成的。如果菱形块立不起来，这是因为夹紧力调得太大或夹紧液压系统压力不够所致。

4.3 卧式铣床的电气控制线路

铣床是一种高效率的铣削加工机床，可用来加工各种表面、沟槽和成形面等；装上分度头以后，可以加工直齿轮或螺旋面；装上回转圆形工作台则可以加工凸轮和弧形槽。铣床的应用范围很广，在金属切削机床中铣床的数量仅次于车床。铣床的种类很多，按结构形式和加工性能分为立式铣床、卧式铣床、龙门铣床、仿形铣床和各种专用铣床。

本节以应用最广泛的 X62W 卧式万能铣床为例，对铣床电气控制线路进行分析。

4.3.1 概述

1. X62W 卧式万能铣床的主要结构和运动形式

X62W 卧式万能铣床具有主轴转速高、调速范围宽、操作方便、工作台能自动循环加工等特点，其主要结构如图 4.8 所示。X62W 铣床主要由底座、床身、悬梁、主轴、刀杆支架、回转台、升降工作台等主要部件组成。

固定在底座上的箱型床身是机床的主体部分，用来安装和联接机床的其他部件，床身内装有主轴的传动机构和变速操纵机构。在床身顶部的燕尾形导轨上装有可沿水平方向调整位置的悬梁。刀杆支架装在悬梁的下面用以支撑刀杆，以提高其刚性。

铣刀装在由主轴带动旋转的刀杆上。为了调整铣刀的位置，悬梁可沿水平导轨移动，刀杆支架也可沿悬梁作水平移动。升降台装在床身前侧面的垂直导轨上，可沿垂直导轨上下移动。在升降台上面的水平导轨上，装有可在平行于主轴轴线方向横向移动(前后移动)的溜板，溜板上部装有可以转动的回转台。工作台装在回转台的导轨上，可以作垂直于轴线方向的纵向移动(左右移动)。由此可见，通过燕尾槽固定于工作台上的工件，通过工作台、溜板、升降台，可以在上下、左右及前后 3 个相互垂直方向实现任一方向的调整和进给。也可通过回转台绕垂直轴线左右旋转 45°，实现工作台在倾斜方向的进给，以加工螺旋槽。另外，工作台上还可以安装圆形工作台以扩大铣削加工范围。

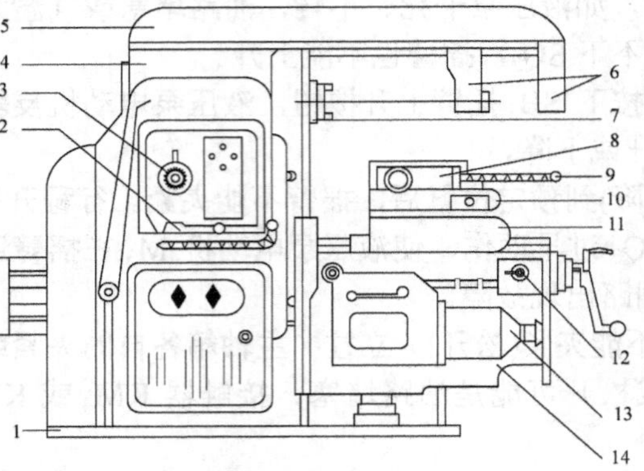

图 4.8　X62W 卧式万能铣床的主要结构

1—底座　2—主轴变速手柄　3—主轴变速数字盘　4—床身(立柱)
5—悬梁　6—刀杆支架　7—主轴　8—工作台　9—工作台纵向操作手柄
10—回转台　11—床鞍　12—工作台升降及横向操作手柄　13—进给变速手轮及数字盘　14—升降台

从上述分析可知，X62W 卧式万能铣床有 3 种运动：主轴带动铣刀的旋转运动称为主运动；加工中工作台或进给箱带动工件的移动以及圆形工作台的旋转运动称为进给运动；工作台带动工件在 3 个方向的快速移动称为辅助运动。

2. X62W 卧式万能铣床的电力拖动的要求和控制特点

(1) X62W 万能铣床的主运动和进给运动之间，没有速度比例协调的要求，从机械结构的合理性考虑，主轴与工作台各自采用单独的笼型异步电动机拖动。

(2) 主轴电动机 M_1 是在空载时直接启动。为完成顺铣和逆铣，要求电动机能正反转，可在加工之前根据铣刀的种类预先选择转向，在加工过程中不必变换转向。

(3) 为了减小负载波动对铣刀转速的影响，以保证加工质量，在主轴传动系统中装有惯性轮。为了能实现快速停车的目的，要求主轴电动机采用停车制动控制。

(4) 工作台的纵向、横向和垂直 3 个方向的进给运动由一台进给电动机 M_2 拖动。进给运动的方向，是通过操作选择运动方向的手柄与开关，配合进给电动机 M_2 的正、反转来实现的。圆形工作台的回转运动是由进给电动机经传动机构驱动的。

(5) 为了缩短调整运动的时间，提高生产率，要求工作台空行程应有快速移动控制。X62W 铣床是由快速电磁铁吸合通过改变传动链的传动比来实现的。

(6) 为适应不同的铣削加工的要求，主轴转速与进给速度应有较宽的调节范围。X62W 铣床采用机械变速的方法，通过改变变速箱传动比来实现的。为保证变速时齿轮易于啮合，减小齿轮端面的冲击，要求变速时有电动机瞬时冲动(短时间歇转动)控制。

(7) 根据工艺要求，主轴旋转与工作台进给之间应有可靠的联锁控制，即进给运动要在铣刀旋转之后才能进行，加工结束必须在铣刀停转前停止进给运动，以避免工件与铣刀碰撞而造成事故。

(8) 为了保证机床、刀具的安全，在铣削加工时同一时间只允许工作台向一个方向移动，故 3 个垂直方向的运动之间应有联锁保护。使用圆形工作台时，不允许工件作纵向、横向和垂直方向的进给运动。为此，要求圆形工作台的旋转运动与工作台的上下、左右、前后 3 个方向的运动之间有联锁控制。

(9) 铣削加工中，一般需要切削液对工件和刀具进行冷却润滑。由电动机 M_3 拖动冷却泵，供给铣削加工时的切削液。

(10) 为使操作者能在铣床的正面、侧面方便地操作，应能在两处控制各部件的启动与停止，并配有安全照明装置。

4.3.2 X62W 卧式万能铣床的电气控制线路分析

万能铣床的机械操纵与电气控制的配合十分紧密，是机械—电气联合动作的典型控制。图 4.9 为 X62W 卧式万能铣床的电气控制原理图。

1. 主轴电动机控制

M_1 为主轴拖动电动机。从主电路看出，主轴电动机的转向由转换开关 SA_5 预选确定。主轴电动机的启动、停止由接触器 KM_3 控制，接触器 KM_2 及电阻 R 和速度继电器 KS 组成停机反接制动控制。

X62W 卧式万能铣床的电气控制原理图如图 4.9 所示。

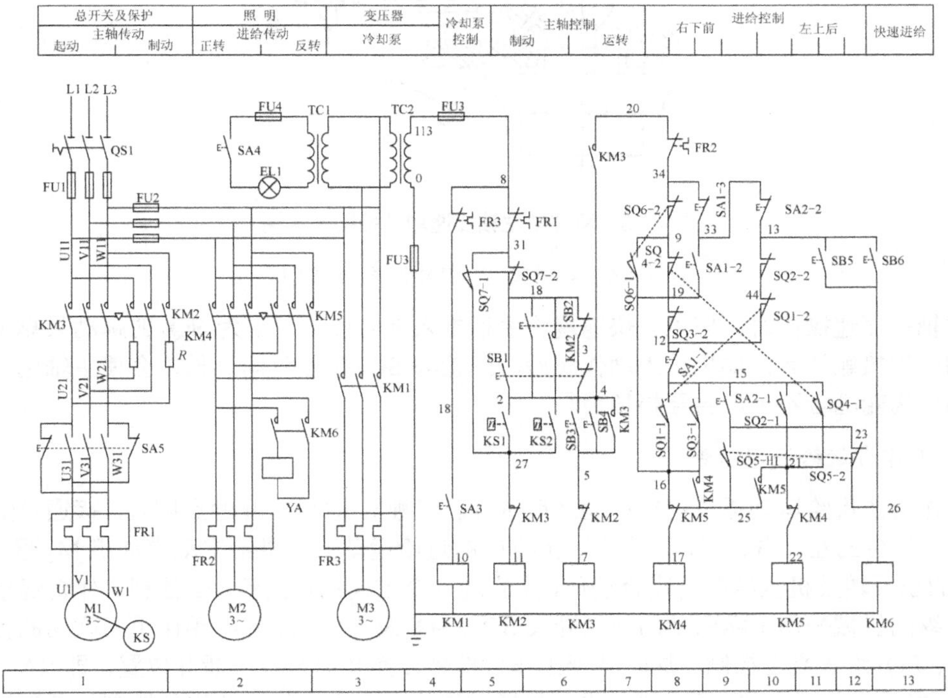

图 4.9　X62W 卧式万能铣床的电气控制原理图

(1) 主轴电动机启动。接通电源开关 QS_1，由操作转换开关 SA_5 选择主轴电动机转向。分别由装于工作台上与床身上的控制按钮 SB_3、SB_4 和 SB_1、SB_2 实现两地控制主轴电动机启动与停止。按下按钮 SB_3 或 SB_4，接触器 KM_3 得电，其触点闭合并自锁，主轴电动机按预选方向直接启动，带动主轴、铣刀旋转，同时速度继电器 KS 常开触点闭合，为停机反接制动做准备。

(2) 主轴电动机停机。按下停机按钮 SB_1 或 SB_2，接触器 KM_3 失电，切断正序电源，同时接触器 KM_2 得电，电动机串电阻实现反接制动。当主轴电动机转速低于 100r/min，KS 触点断开，KM_2 断电，电动机反接制动结束。停机操作时应注意在按下 SB_1 或 SB_2 时要按到底，否则反接制动电路未接入，电动机只能实现自然停机。

(3) 主轴的变速冲动控制。主轴的变速装置采用圆孔盘式结构，变速时操作变速手柄在拉出或推回过程中短时触动冲动开关 SQ_7，电动机瞬动一下而实现。

主轴处于停车状态时，操作变速手柄，凸轮转动压动弹簧杆，触动冲动开关 SQ_7，使接触器 KM_2 瞬时得电，电动机定子串电阻冲动一下，带动齿轮转动一下，便于齿轮啮合，完成变速。

主轴已启动工作时，如要变速同样操作变速手柄。操作时也触动冲动开关 SQ_7，使接触器 KM_3 失电，KM_2 得电进行反接制动，主轴转速迅速下降，以便于在低速下齿轮啮合。完成变速后，推回变速手柄，主轴电动机重新启动，继续工作。

X62W 主轴变速冲动控制示意图如图 4.10 所示。

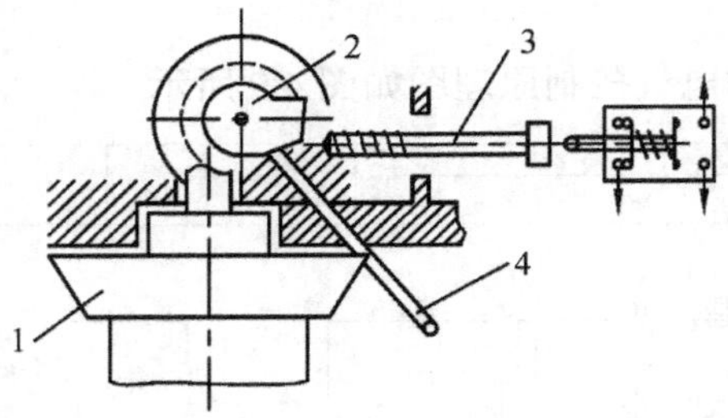

图 4.10　X62W 主轴变速冲动控制示意图

1—变速盘　2—凸轮　3—弹簧杆　4—变速手柄

主轴在变速操作时，应以较快速度将手柄推入啮合位置。因为 SQ_7 的瞬动只靠手柄上凸轮的一次接触达到，如果推入动作缓慢，凸轮与 SQ_7 接触时间延长，会使主轴电动机转速过高，齿轮啮合不上，甚至损坏齿轮。

2. 工作台进给运动控制

工作台的进给运动需在主轴启动之后进行。接触器 KM_3 常开触点闭合，接通进给控制电源。工作台的左、右、前、后和上、下方向的进给运动均由进给拖动电动机 M_2 驱动，通过 M_2 的正反转及机械结构的联合动作，来实现 6 个方向的进给运动。控制工作台运动的电路是与纵向机械操作手柄联动的行程开关 SQ_1、SQ_2 及与横向、升降操作手柄联动的行程开关 SQ_3、SQ_4 组成复合控制。这时圆形工作台控制转换开关 SA_1 在断开位置，即 SA_1—1 和 SA_1—3 接通，SA_1—2 断开，进给电动机通过工作台方向操作手柄进行控制。圆形工作台转换开关工作状态见表 4-1。

表 4-1　圆形工作台转换开关工作状态

位置 触点	接通圆形工作台	断开圆形工作台
SA_1—1	−	+
SA_1—2	+	−
SA_1—3	−	+

1) 工作台的左、右(纵向)进给运动

工作台的左、右进给运动由工作台前面的纵向操作手柄进行控制。当将操作手柄扳到向右位置时，一方面合上纵向进给的机械离合器，同时压下行程开关 SQ_1(见表 4-2)，其常闭触点 SQ_1—2 断开，使 KM_5 线圈不能得电；常开触点 SQ_1—1 接通，此时，控制电源经(20→34→9→19→12→16→0)接通接触器 KM_4 线圈，KM_4 吸合，主触点接通 M_2 正序电源，M_2 正向旋转，工作台作向右进给运动。同理，将操作手柄扳到向左位置时，SQ_2 压合，工作台作向左进给运动，电路工作过程由读者自行分析。

表 4-2　工作台纵向行程开关工作状态

纵向操作手柄 触点	向　左	中　间 (停)	向　右
SQ_1—1	−	−	+
SQ_1—2	+	+	−
SQ_2—1	+	−	−
SQ_2—2	−	+	+

若将操作手柄置于中间位置，SQ_1、SQ_2 复位，KM_4、KM_5 均不吸合，工作台停止左右运动。

2) 工作台前后(横向)进给运动和上、下(垂直)进给运动

工作台的前后及上下进给运动，共用一套操作手柄进行控制，手柄有 5 个控制位置，处于中间位置为原始状态，进给离合器处于断开状态，行程开关 SQ_3、SQ_4 均复位，工作台不运动。当操作向前、向后手柄时，通过机械装置连接前、后进给方向的机械离合器。当操作向上、向下手柄时，连接上、下进给方向的机械离合器。同时，SQ_3 或 SQ_4 压合接通(见表 4-3)，电动机 M_3 正向或反向旋转，带动工作台作相应方向的进给运动。

表 4-3　工作台升降、横向行程开关工作状态

升降、横向操作手柄 触点	向　前 向　下	中　间 (停)	向　后 向　上
SQ_3—1	+	−	−
SQ_3—2	−	+	+
SQ_4—1	−	−	+
SQ_4—2	+	+	−

工作台向前和向下进给运动的电气控制电路相同。当将操作手柄扳到向前或向下位置时，压合 SQ_3，使其常闭触点 SQ_3—2 断开，常开触点 SQ_3—1 闭合，控制电源经 20→34→33→13→44→12→15→16→17→0 接通 KM_4 线圈，KM_4 吸合，进给电动机 M_2 正向旋转并通过机械联动将前、后进给离合器或上、下进给离合器接入，使工作台作向前或向下方向的进给运动。

工作台向后和向上进给运动也共用一套电气控制装置。当操作手柄扳到向后或向上位置时，压合 SQ_4，进给电动机反向旋转，使工作台作向后或向上方向进给运动。电路的工作过程读者可自行分析。

3) 圆形工作台的工作

圆形工作台的回转运动由进给电动机 M_2 经传动机构驱动。在使用时，首先必须将圆形工作台转换开关 SA_1 扳至“接通”位置，即圆形工作台的工作位置。SA_2 为工作台手动与自动转换开关，SA_2 扳至“自动”位置时，SA_2—1 断开，SA_2—2 闭合，此时，由于 SA_1—1、SA_1—3 断开，SA_1—2 接通，这样就切断了铣床工作台的进给运动控制回路，工作台不可能作三个互相垂直方向的进给运动。圆形工作台的控制电路中，控制电源经 20→34→9→19→12→44→13→33→16→17→0 接通接触器 KM_4 线圈回路，使 M_2 带动圆形工作台作回转运动。由于 KM_5 线圈回路被切断，所以进给电动机仅能正向旋转。因此，圆形工作台也只能按一个方向作回转运动。

4) 进给变速冲动

进给变速冲动与主轴变速冲动一样，为了便于变速时齿轮的啮合，电气控制上设有进给变速冲动电路。但进给变速时不允许工作台作任何方向的运动。

变速时，先将变速手柄拉出，使齿轮脱离啮合，然后转动变速盘至所选择的进给速度档，最后推入变速手柄。在推入变速手柄时，应先将手柄向极端位置拉一下，使行程开关 SQ_6 被压合一次，其常闭触点 SQ_6—2 断开，常开触点 SQ_6—1 接通，控制电源经 20→34→33→13→44→12→19→9→16→17→0 瞬时接通接触器 KM_4，进给电动机 M_2 作短时冲动，便于齿轮啮合。

5) 工作台快速移动

铣床工作台除能实现进给运动外，还可进行快速移动。它可通过前述的方向控制手柄配合快速移动按钮 SB_5 或 SB_6 进行操作。

当工作台已在某方向进给时，此时按下快速进给按钮 SB_5 或 SB_6，使接触器 KM_6 通电，接通快速移动电磁铁 YA，衔铁吸合，经丝杠将进给传动链中的摩擦离合器合上，减少中间传动装置，工作台按原进给运动方向实现快速移动。当松开 SB_5 或 SB_6 时，KM_6、YA 线圈相继断电，衔铁释放，摩擦离合器脱开，快速移动结束，工作台仍按原进给运动速度和原进给运动方向继续进给。因此，工作台的快速移动是点动控制。

工作台的快速移动也可以在主轴电动机停转情况下进行。这时应将主轴换向开关 SA_5 扳向“停止”位置，然后按下 SB_3 或 SB_4，使接触器 KM_3 通电并自锁，操纵工作台手柄，使进给电动机 M_2 启动旋转，再按下 SB_5 或 SB_6，工作台便可在主轴不旋转的情况下实现快速移动。

3. 冷却泵电动机的控制与照明电路

冷却泵电动机 M_3 通常在铣削加工时由转换开关 SA_3 操作。当转换开关扳至“接通”位置时，触点 SA_3 闭合，接触器 KM_1 通电，电动机 M_3 启动，拖动冷却泵送出切削液。

机床的局部照明由变压器 T 输出 36V 安全电压，由开关 SA_4 控制照明灯 EL_1。

4. 控制电路的联锁与保护

铣床的运动较多，电气控制电路较复杂。为了保证刀具、工件和机床能够安全可靠地进行工作，应具有完善的联锁与保护。

(1) 主运动与进给运动的顺序联锁。进给运动电气控制电路接在主轴电动机接触器 KM_3 触点之后。以保证在主电动机 M_1 启动后，进给电动机 M_2 才可启动；主轴电动机 M_1 停止时，进给电动机 M_2 应立即停止。

(2) 工作台六个进给运动方向间的联锁。工作台左、右、前、后及上、下六个方向进给运动分别由两套机械机构操作，而铣削加工时只允许一个方向的进给运动，为了避免误操作，采用电气联锁。当工作台实现左、右方向进给运动时，控制电源必须通过控制上、下与前、后进给的行程开关的常闭触点 SQ_3—2、SQ_4—2 支路。当工作台作前、后和上、下方向进给运动时，控制电源必须通过控制右、左进给的行程开关的常闭触点 SQ_1—2、SQ_2—2 支路。这就实现了由电气配合机械定位的六个进给运动方向的联锁。

(3) 圆形工作台工作与六个方向进给运动间的联锁。圆形工作台工作时不允许六个方向进给运动作任一方向的进给运动。电路中除了通过 SA_1 定位联锁外，还必须使控制电路通过行程开关的常闭触点 SQ_1—2、SQ_2—2、SQ_3—2、SQ_4—2，从而实现电气联锁。

(4) 进给变速冲动不允许工作台作任何方向的进给运动联锁。变速冲动时，行程开关 SQ_6 动作，其触点 SQ_6—2 断开，SQ_6—1 接通。因此，控制电源必须经过 SA_1—3 触点(即圆形工作台不工作)和 SQ_1—2、SQ_2—2、SQ_3—2、SQ_4—2 四个常闭触点(即工作台六个方向均无进给运动)，才能实现进给变速冲动。

(5) 保护环节。主电路、控制电路和照明电路都具有短路保护。六个方向进给运动的终端限位保护，是由各自的限位挡铁来碰撞操作手柄，使其返回中间位置以切断控制电路来实现。

三台电动机的过载保护，分别由热继电器 FR_1、FR_2、FR_3 实现。为了确保刀具与工件的安全，要求主轴电动机、冷却泵电动机过载时，除两台电动机停转外，进给运动也应停止，否则将撞坏刀具与工件。因此，FR_1、FR_3 应串接在相应位置的控制电路中。当进给电动机过载时，则要求进给运动先停止，允许刀具空转一会儿，再由操作者总停机。因此，FR_2 的常闭触点只串接在进给运动控制支路中。

5. 常见故障分析

(1) 主轴电动机不能启动。故障的主要原因有：主轴换向开关打在停止位置；控制电路熔断器 FU_1 熔烧断；按钮 SB_1、SB_2、SB_3 或 SB_4 的触点接触不良或接线脱落；热继电器 FR_1 已动作过，未能复位；主轴变速冲动开关 SQ_7 的常闭触点不通；接触器 KM_3 线圈及主触点损坏或接线脱落。

(2) 主轴不能变速冲动。故障的原因是主轴变速冲动行程开关 SQ_7 位置移动、撞坏或断线。

(3) 主轴不能反接制动。故障的主要原因有：按钮 SB_1 或 SB_2 触点损坏；速度继电器 KS 损坏；接触器 KM_2 线圈及主触点损坏或接线脱落；反接制动电阻 R 损坏或按线脱落。

(4) 工作台不能进给。故障的原因主要有：接触器 KM_4、KM_5 线圈及主触点损坏或接线脱落；行程开关 SQ_1、SQ_2、SQ_3 或 SQ_4 的常闭触点接触不良或接线脱落；热继电器 FR_2 已动作，未能复位；进给变速冲动行程开关 SQ_6 常闭触点断开；两个操作手柄都不在零位；电动机 M_2 已损坏；选择开关 SA_1 损坏或接线脱落。

(5) 进给不能变速冲动。故障的原因是进给变速冲动行程开关 SQ_6 位置移动、撞坏或断线。

(6) 工作台不能快速移动。故障的主要原因有：快速移动的按钮 SB_5 或 SB_6 的触点接触不良或接线脱落；接触器 KM_6 线圈及触点损坏或接线脱落；快速移动电磁铁 YA 损坏。

4.4　组合机床的电气控制线路

组合机床是针对特定工件，进行特定加工而设计的一种高效率自动化或半自动化的专用机床，通常由一些标准通用部件及少量的专用部件组合构成。在组合机床上采用多刀、多面、多工序、多工位同时加工，大都具有自动工作循环，可以完成钻孔、扩孔、铰孔、镗孔、攻螺纹、车削、铣削及磨削等加工工序。组合机床适用于大批量产品或定型产品生产，能稳定地保证产品的质量。

4.4.1　概述

1. 组合机床的结构与运动分析

组合机床由底座、立柱、滑台、切削头、动力箱等通用部件，多轴箱、夹具等专用部件，以及控制、冷却、排屑、润滑等辅助部件组合而成。在组合机床中通用部件一般占机床零部件总量的 70%～80%。一旦被加工零件改变时，这些通用部件可根据需要重新组合成新的机床。组合机床的通用部件主要包括以下几种。

(1) 动力部件。动力部件用来实现主运动或进给运动。包括动力滑台、动力箱和各种切削头。

(2) 支承部件。支承部件主要为各种底座、滑座、立柱等，它是组合机床的基础部件，用于支承、安装组合机床的其他零部件。

(3) 输送部件。输送部件用于多工位组合机床中，用来完成工件的工位转换。包括直线移动工作台、回转工作台、回转鼓轮工作台等。

(4) 控制部件。用于组合机床完成预定的工作循环程序。它包括液压元件操纵板、控制挡铁、按钮控制台及电气控制部分。

(5) 辅助部件。辅助部件包括冷却、排屑、润滑等装置以及机械手、定位、夹紧、导向等部件。

其中动力部件切削头的旋转运动为主运动，由电动机驱动；动力头或动力滑台的进给运动为直线运动，多采用电动机驱动或采用液压系统驱动，由电气系统进行自动工作循环的控制，是典型的机电或机电液一体化的自动化加工设备。图 4.11 所示为单工位三面复合式组合机床的主要结构。

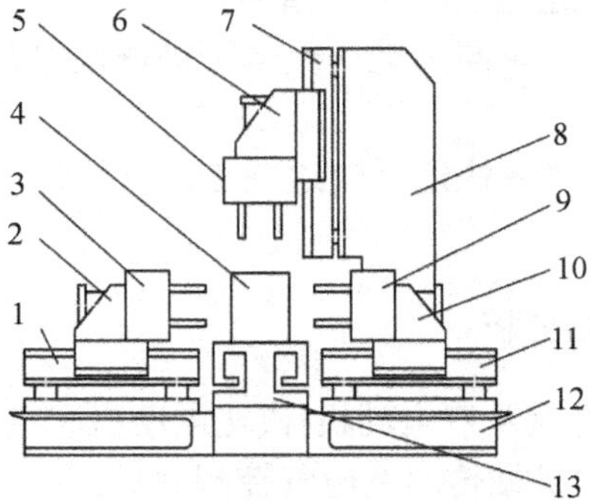

图 4.11　单工位三面复合式组合机床的主要结构

1、7、11—滑台　2、6、10—动力头　3、5、9—变速箱　4—工件　8—立柱　12—底座　13—工作台

2. 组合机床的拖动要求与控制特点

组合机床的控制系统大多采用机械、液压(或气动)、电气相结合的控制方式。其中，电气控制又起着中枢连接作用。组合机床的电气控制系统由通用部件的典型控制线路及基本控制环节，再根据加工、操作要求以及自动循环过程综合而成。

由于加工工件和工序要求不同，组合机床的配置各不相同，它的电气控制线路亦不相同，但大多具有如下特点：

(1) 电气控制的主要对象是通用部件和专用部件，如多轴箱由动力部件的主轴驱动。

(2) 电动机大多不需调速，直接或经齿轮箱减速拖动运动部件。

(3) 自动工作循环中流程的转换，即运动部件的状态(快进、工进、快退等)转换，多由行程开关控制和发出转换信号。

(4) 控制电路大多采用继电器—接触器控制系统。由于电子技术的推广，控制电路广泛采用电子元器件、微型计算机、数字程序控制等技术进行自动控制。

动力头和动力滑台是组合机床最主要的通用部件，是完成刀具切削运动和进给运动的部件。能同时完成切削运动及进给运动的动力部件称为动力头，只能完成进给运动的动力部件称为动力滑台。动力滑台按结构分为机械动力滑台和液压动力滑台。机械动力滑台和液压动力滑台都是完成进给运动的动力部件，两者区别仅在于进给的驱动方式不同。动力滑台与动力头相比较，前者配置成的组合机床较动力头更为灵活。在动力头上只安装多轴箱，而滑台还可安装各种切削头组成的动力头，广泛用来组成卧式、立式组合机床及其自动线，以完成钻、扩、铰、镗、刮端面、倒角、铣削和攻螺纹等加工工序，安装分级进给装置后，也可用来钻深孔。

动力滑台配置不同的控制电路，可完成多种自动循环。动力滑台的基本工作循环形式如下。

(1) 一次工作进给。快进→工进→(延时停留)→快退，可用于钻孔、扩孔、镗孔和加工盲孔、刮端面等。

(2) 二次工作进给。快进→一次工进→二次工进→(延时停留)→快退，可用于镗孔完后又要车削或刮端面等。

(3) 跳跃进给。快进→一次工进→快进→二次工进→(延时停留)→快退，例如，镗削两层壁上的同心孔，可采用跳跃进给自动工作循环。

(4) 双向工作进给。快进→正向工进→反向工进→快退，例如用于正向工进初加工，反向工进精加工。

(5) 分级进给。快进→工进→快退，快进→工进→快退→……→快进→工进→快退，主要用于钻深孔。

4.4.2 机械动力滑台控制线路分析

机械动力滑台由滑台、滑座及双电动机(快速电动机和进给电动机)、传动装置三部分组成。滑台的自动工作循环由机械传动及电气控制完成。在一次循环中，要实现速度差别很大的快进和工进，两者之比通常可达 300∶1。快进、快退由快进电动机实现，工进由工进电动机实现。当快进电动机与工进电动机同时工作时，快进速度为原来的快进速度加上一个工进速度，快退速度为原来的快退速度减去一个工进速度。

图 4.12 是具有一次工作进给机械动力滑台控制线路，如下所示。

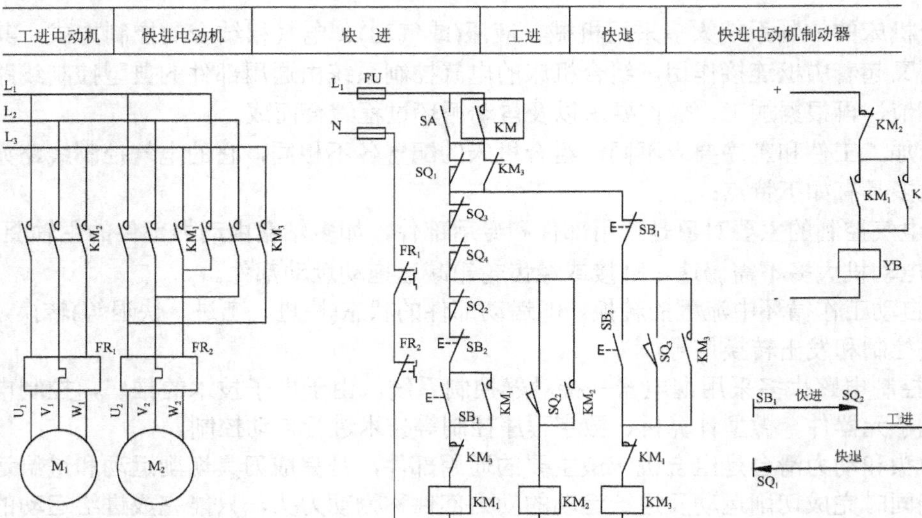

图 4.12 具有一次工作进给机械动力滑台控制线路

图 4.12 中 M_1 为工作进给电动机，M_2 为快速进给电动机。滑台的快进由 M_2 经齿轮使丝杆快速旋转实现。控制电路中，SB_1 为正向启动按钮，SB_2 为正向停止并后退的按钮。主轴的旋转靠一专门电动机拖动，由接触器 KM(图中点滑线部分)控制，SA 为方便滑台调整而设置的开关，SQ_1 为原位行程开关，SQ_2 为快进转工进的行程开关，SQ_3 为终点行程开关，SQ_4 为终端限位保护行程开关。KM_2 为 M_1 的接触器，KM_1 和 KM_3 为 M_2 正反转的接触器，YB 是 M_2 的制动电磁铁。

1. 具有一次工作进给机械动力滑台控制线路的工作原理

(1) 滑台原位停止。此时，SQ_1 被压下，其常闭触点断开。

(2) 滑台快进。按下 SB_1，KM_1 线圈得电并自锁，YB 线圈得电，M_2 的制动器松开，M_2 正向运转，机械滑台向前快速进给，此时，SQ_1 复位，其常闭触点闭合。

(3) 滑台工进。当滑台挡铁压下 SQ_2，其常闭触点断开，KM_1 线圈断电，并使 YB 线圈也断电，M_2 被迅速制动，同时 KM_2 线圈得电并自锁，滑台由 M_1 拖动实现正向工进。

(4) 滑台快退。当挡铁压下 SQ_3，其常闭触点断开，KM_2 线圈断电，M_1 停转，SQ_3 常开触点闭合，KM_3 线圈得电并自锁，YB 线圈得电，松开 M_2 的制动器，M_2 反向运转，滑台实现快退。此时 SQ_3 复位，其常开触点断开，常闭触点闭合。当滑台退回到原位时，SQ_1 被压下，其常闭触点断开，KM_3 线圈断电，并使 YB 线圈断电，M_2 迅速停止运转。

SQ_4 为向前超程开关，在滑台正向工进时，一旦 SQ_3 失灵，滑台将继续工进，当 SQ_4 被压时，其常开触点闭合，使 KM_2 线圈断电，滑台停止工进，实现滑台超程保护。按下 SB_2，KM_3 线圈得电并自锁，YB 线圈得电，松开 M_2 的制动器，M_2 反向运转，滑台快速退回原位。

图 4.13 是具有正反向工作进给机械动力滑台控制线路，如下所示。

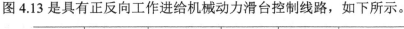

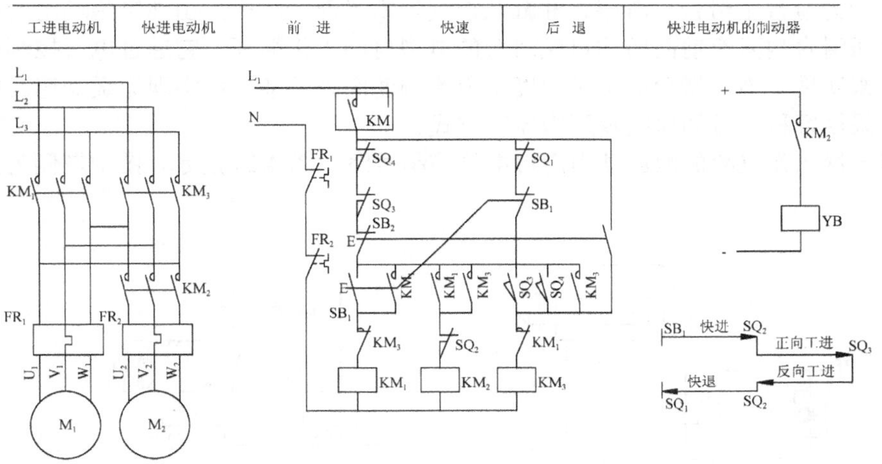

图 4.13 具有正反向工作进给机械动力滑台控制线路

图 4.13 中 M_1 为工作进给电动机，M_2 为快速进给电动机。控制电路中，SB_1 为正向启动按钮，SB_2 为正向停止并后退的按钮。主轴的旋转靠一专门电动机拖动，由接触器 KM(图中点滑线部分)控制，SQ_1 为原位行程开关，SQ_2 为快进转工进的行程开关，SQ_3 为终点行程开关，SQ_4 为终端限位保护行程开关。KM_1、KM_2 分别为 M_1 及 M_2 的接触器，同时 M_1、M_2 还受接触器 KM_3 的控制。YB 是 M_2 的制动电磁铁。

2. 具有正反向工作进给机械动力滑台控制线路的工作原理

(1) 滑台原位停止。此时，SQ_1 被压下，其常闭触点断开。

(2) 滑台快进。按下 SB_1，KM_1 线圈通电自锁，并依次使 KM_2 线圈和 YB 线圈通电，M_2 的制动器松开，M_1、M_2 同时正向运转，机械滑台向前快速进给，此时，SQ_1 复位，其常闭触点闭合。

(3) 滑台工进。当滑台长挡铁压下行程开关 SQ_2，其常闭触点断开，KM_2 线圈断电，并使 YB 线圈也断电，M_2 被迅速制动，此时滑台由 M_1 拖动实现正向工进。

(4) 滑台反向工进。当挡铁压下行程开关 SQ_3，其常开触点闭合，常闭触点断开，KM_1

线圈断电，KM_3 线圈得电自锁，M_1 反向运转，滑台反向工进。此时 SQ_3 复位，其常开触点断开，常闭触点闭合。

(5) 滑台快退。当长挡铁松开 SQ_2，SQ_2 复位，其常闭触点闭合，KM_2 线圈再次通电，并使 YB 通电，M_2 反向运转，滑台实现快退。滑台退回到原位时，SQ_1 被压下，其常闭触点断开，KM_3 线圈断电，并使 KM_2、YB 线圈断电，M_1、M_2 停止运转。

SQ_4 为向前超程开关，在滑台正向工进时，一旦 SQ_3 失灵，滑台将继续工进，当 SQ_4 被压时，其常开触点闭合，常闭触点断开，使 KM_1 线圈断电，KM_3 线圈通电，滑台工进退回，当挡铁松开 SQ_2 后，KM_2 线圈通电，YB 通电，松开 M_2 的制动器，M_2 反向运转，滑台转而快速退回，从而实现了滑台超程保护。

4.4.3 液压动力滑台控制线路分析

液压动力滑台与机械滑台的区别在于，液压动力滑台进给运动的动力来自于动力油，而机械滑台的动力来自于电动机。

液压动力滑台由滑台、滑座、油缸及控制挡铁等部分组成，由油缸拖动滑台在滑座上移动。液压滑台也具有前面所述机械滑台的典型自动工作循环，它通过电气控制电路控制液压系统来实现。液压滑台的工进速度由节流调速阀来调节，可实现无级调速。电气控制电路一般采用行程、时间原则及压力控制方式。

具有一次工作进给的液压动力滑台电气控制线路如图 4.14 所示，图中左侧为其液压系统图。

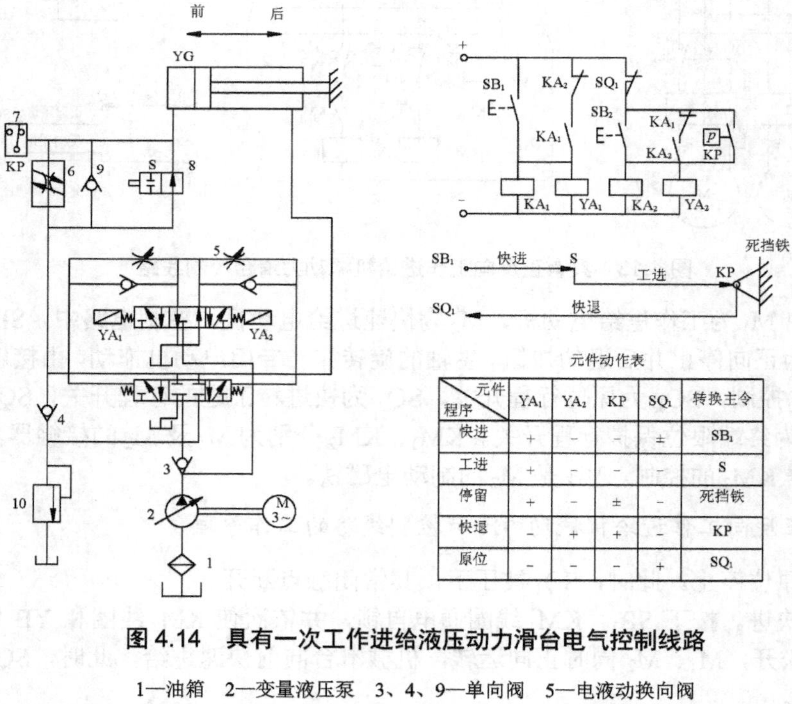

元件动作表

程序＼元件	YA_1	YA_2	KP	SQ_1	转换主令
快进	+	−	−	±	SB_1
工进	+	−	−	−	S
停留	+	−	±	−	死挡铁
快退	−	+	+	−	KP
原位	−	−	−	+	SQ_1

图 4.14 具有一次工作进给液压动力滑台电气控制线路

1—油箱 2—变量液压泵 3、4、9—单向阀 5—电液动换向阀
6—节流调速阀 7—压力继电器 8—行程阀 10—溢流阀 YG—油缸

(1) 滑台原位停止。滑台由油缸 YG 拖动前后进给，电磁铁 YA_1、YA_2 均为断电状态，滑台原位停止，并压下行程开关 SQ_1，其常开触点闭合，常闭触点断开。

(2) 滑台快进。按下按钮 SB_1，继电器 KA_1 通电并自锁，继而使电磁铁 YA_1 通电，使电液动换向阀(三位五通)的电磁换向阀杆推向右端，于是由变量泵打出的压力油将液动换向阀也推向右端，压力油经电液动换向阀 5 及行程阀 8，流入滑台油缸左腔，由油缸右腔排出的油经电液动换向阀 5 及单向阀 4 也进入油缸左腔，使滑台实现快进。此时，SQ_1 复位，其常开触点断开，常闭触点闭合。

(3) 滑台工进。当挡铁压动行程阀 8 时，滑台右腔流出的压力油只能经节流阀 6 进入液压缸左腔，滑台由快进转为工进。可以通过调节节流调速阀 6 来调节滑台的工进速度。

(4) 死挡铁停留。当液压滑台工进到了被死挡铁挡住时，液压缸左腔油压开始升高。油压升高到压力继电器 KP 的动作值的时候，这段时间就是滑台的延时停留时间。

(5) 滑台快退。当压力继电器 KP 动作时，KP 的常开触点闭合，电磁铁 YA_2 和继电器 KA_2 线圈通电，电磁铁 YA_1 和继电器 KA_1 断电，并由 KA_2 触点实现自锁。于是电液动换向阀被推向左端，油缸右腔进油，滑台快速向后退回。退回原位后压下 SQ_1，SQ_1 常闭触点断开，YA_2 断电。电液动换向阀 5 回到中间位置，液压滑台停回原位。

当滑台不在原位时，即 SQ_1 常开触点断开，若需要快退，可按下按钮 SB_2，此时 KA_2 和 YA_2 通电，滑台快退。退至原位时，压下 SQ_1，YA_2 断电，滑台停在原位。

在上述电路中，如果要求停留的时间可调，则用行程开关和时间继电器取代压力继电器 KP 即可。若滑台工进到终点后，不需要延时停留，即工作循环改为：快进→工进→快退，在死挡铁处加装行程开关，去掉 KP 即可。

本 章 小 结

掌握电气控制系统的分析方法是本课程的基本任务之一，也是电气工程技术人员必须具备的基本能力。

本章的内容是通过对典型机床的电气控制线路的实例分析，总结了电气控制系统分析的基本内容和一般规律，使学生掌握生产设备的工作原理、控制过程和控制方法，熟悉电气控制系统分析的方法和具体步骤，为设备的安装、调试、维护、修理及设备的合理使用打下基础。

在分析电气控制线路前，首先必须对生产设备的基本结构、传动方式、运动形式、操纵方法、电机电气元器件的配置情况，机械、液压系统与电气控制的关系等方面有一个全面的了解。在此基础上，以电气原理图为主，结合其他技术资料进行系统分析。

电气原理图的分析程序是：主电路→控制电路→辅助电路→联锁、保护环节→特殊控制环节，先化整为零进行分析，最后再集零为整，进行整体归纳和总体检查。最基本的读图方法是查线读图法。

几种典型机床的电气控制的特点：

C650 普通卧式车床的主电动机容量比较大，设有主电动机电气反接制动环节、点动调整环节及负载的检测环节，另外还设有刀架快速移动电动机。

Z3040 摇臂钻床主轴箱和立柱松开与夹紧的控制及摇臂的松开、移动与夹紧的自动控制，利用了机、电、液的相互配合。

X62W 卧式万能铣床主轴设有反接制动、变速冲动环节、进给运动也设有变速冲动环节，并利用机械操作手柄与行程开关、转换开关实现三个运动方向进给及圆工作台的联锁关系。

组合机床的组成结构、工作特点以及组合机床电气控制的基本控制环节与组合机床的组合形式、通用部件的拖动形式、自动工作循环有关。

习题与思考题

4-1 简述电气控制原理图分析的一般步骤。

4-2 请叙述 C650 车床在按下反向启动按钮 SB_3 后的启动工作过程。

4-3 试分析 C650 车床主电动机反转时反接制动的工作原理。

4-4 在C650车床电气控制线路中，可以用 KM_3 的辅助触点替代KA的触点吗？为什么？

4-5 试分析 Z3040 摇臂钻床控制摇臂下降的工作原理。

4-6 在 Z3040 摇臂钻床电气控制线路中，试分析时间继电器 KT 与电磁阀 KA 在什么时候动作，KA 动作时间比 KT 长还是短？KA 什么时候不动作？

4-7 在 Z3040 摇臂钻床电气控制线路中、行程开关 SQ_1～SQ_4 的作用各是什么？

4-8 在 Z3040 摇臂钻床电气控制线路中，设有哪些联锁与保护？

4-9 根据 Z3040 摇臂钻床的电气控制线路，分析摇臂不能下降时可能出现的故障。

4-10 X62W 万能铣床电气控制线路中设置主轴及进给冲动控制环节的作用是什么？请简述主轴变速冲动控制的工作原理。

4-11 请叙述 X62W 卧式万能铣床工作台纵向往复运动的工作过程。

4-12 请叙述X62W卧式万能铣床电气控制线路中圆形工作台控制过程及联锁保护原理。

4-13 试分析 X62W 卧式万能铣床主电动机 M_1 反转反接制动的工作原理。

4-14 X62W 卧式万能铣床若 M_1 在转动，能否进行主轴变速，试说明其原因。

4-15 X62W 卧式万能铣床若工作台未进给，则按下快速移动按钮，工作台能否快速移动，试说明其原因。

4-16 在 X62W 卧式万能铣床电气控制线路中，若主轴停车时，正、反方向都没有制动作用，试分析其故障的可能原因。

4-17 什么是组合机床？组合机床通常由哪些部件组成？各起什么作用？

4-18 在图 4.12 所示的具有一次工进的控制线路中，若取消与行程开关 SQ_1 的常闭触点并联的 KM_3 的常闭触点，滑台在原位时能否启动？怎样改进才能启动？

4-19 在图 4.13 所示的具有正反向工进的控制线路中，若需要滑台在正向工进完毕后稍加停留一定时间，再反向工进。如何在线路中设置时间继电器来达到控制要求？

4-20 试设计一台镗孔专用组合机床控制线路，镗削动力头放在机械滑台上对工件进行加工，需满足如下控制要求：

(1) 滑台快进到一定位置转工进，同时主轴电动机启动加工；

(2) 加工到终点进给停止，主轴电动机停转；

(3) 接着滑台自行退向原位，到原位后自行停止。

第 5 章　可编程控制器

网络化是 PLC 技术发展的潮流，本章选择国内外常见的欧姆龙 PLC 为教学内容，侧重 PLC 系统的设计和编程，内容具有较强的实用性。

本章内容全面、语言简洁、通俗易懂。具体内容包括可编程控制器的发展及应用，可编程控制器的工作原理，可编程控制器的硬件和软件系统、基本逻辑指令、编程应用实例设计，如电动机正反转、交通信号灯系统设计、运料小车系统设计等。

通过本章对可编程控制器的学习，学生可以很好地掌握可编程控制器的原理及其应用程序设计方法，提高工程实践的能力，掌握自动化控制的实用技术，以适合于现代化工业的需要。

5.1　可编程控制器的概述

可编程控制器(PLC)是集计算机技术、自动控制技术、通信技术为一体的新型自动控制装置。其性能优越，已被广泛地应用于工业控制的各个领域，并已成为工业自动化的三大支柱(PLC、工业机器人、CAD/CAM)之一。PLC 的应用已经成为一个世界潮流，在不久的将来 PLC 技术在我国将得到更全面的推广应用。

5.1.1　可编程控制器的产生及发展

可编程控制器的产生可追溯到 20 世纪 60 年代末，在可编程控制器出现以前，继电器控制在工业控制领域占主导地位，由此构成的控制系统都是按预先设定好的时间或条件顺序地工作，若要改变控制的顺序就必须改变控制系统的硬件接线，这样使其应用在很多方面受到限制，其通用性和灵活性都较差。

20 世纪 60 年代，计算机技术开始应用于工业控制领域，由于价格高、输入输出电路不匹配、编程难度大以及难以适应恶劣工业环境等原因，未能在工业控制领域获得推广。

1968 年，美国最大的汽车制造商——通用汽车公司(GM)为了适应生产工艺不断更新的需要，要求寻找一种比继电器更可靠，功能更齐全，响应速度更快的新型工业控制器，并从用户角度提出了新一代控制器应具备的十大条件，立即引起了开发热潮。主要内容是：

(1) 编程方便，可现场修改程序。

(2) 维修方便，采用插件式结构。

(3) 可靠性高于继电器控制装置。

(4) 体积小于继电器控制盘。

(5) 数据可直接送入管理计算机。

(6) 成本可与继电器控制盘竞争。

(7) 输入可为市电。

(8) 输出可为市电，容量要求在 2A 以上，可直接驱动接触器、电磁阀等。

(9) 扩展时原系统改变最少。

(10) 用户存储器大于 4KB。

这些条件实际上提出将继电器控制的简单易懂、使用方便、价格低的优点与计算机的功能完善、灵活性、通用性好的优点结合起来，并将继电—接触器控制的硬接线逻辑转变为计算机的软件逻辑编程的设想。1969 年，美国数字设备公司(DEC 公司)研制出了第一台可编程控制器 PDP—14，在美国通用汽车公司的生产线上试用成功，并取得了满意的效果，可编程控制器自此诞生。

可编程控制器自问世以来，发展极为迅速。1971 年，日本开始生产可编程控制器。1973 年，欧洲开始生产可编程控制器。如今，世界各国的一些著名的电气工厂几乎都在生产可编程控制器装置。可编程控制器已作为一个独立的工业设备被列入生产中，成为当代电控装置的主导。

可编程控制器从诞生到现在，经历了四次换代，见表 5-1。

表 5-1　可编程控制器功能表

代次	器件	功能
第一代	1 位微处理器	逻辑控制功能
第二代	8 位微处理器及存储器	产品系列化
第三代	高性能 8 位微处理器及位片式微处理器	处理速度提高，向多功能及联网通信发展
第四代	16 位、32 位微处理器及高性能位片式微处理器	逻辑、运动、数据处理、联网功能的名副其实的多功能

从可编程控制器发展历史可知，可编程控制器功能不断完善，其名称也经历几个演变过程：早期产品名称为“可编程逻辑控制器”(Programmable Logic Controller，PLC)，主要替代传统的继电—接触控制系统。随着微处理器技术的发展，可编程控制器的功能也不断地增加，因而可编程逻辑控制器(PLC)不能描述其多功能的特点。1980 年，美国电气制造商协会(NEMA)给它一个新的名称“Programmable Controller，PC”。1982 年，国际电工委员会(IEC)专门为可编程控制器下了严格定义。可编程控制器是一种数字运算操作的电子系统，专为工业环境而设计。它采用了可编程序的存储器，用来在其内部存储执行逻辑运算、顺序控制、定时、计数和算术运算等操作的指令，并通过数字式和模拟式的输入和输出，控制各种类型机械的生产过程。而有关的外围设备，都应按易于与工业系统连成一个整体，易于扩充其功能的原则设计。然而 PC 这一简写名称在中国国内早已成为个人计算机(Personal Computer)的代名词，为了避免造成名词术语混乱，因此国内仍恢复用早期的简写名称 PLC 表示可编程控制器，但此 PLC 并不意味只具有逻辑功能。

5.1.2　可编程控制器系统的特点

现代工业生产是复杂多样的，它们对控制的要求也各不相同。而可编程控制器能够广泛应用，是由下面两个主要特点决定的。

1. 方便性

(1) 硬件配置方便。PLC 的硬件是由专门厂家按统一标准、规格大量生产的，硬件可按需配置，购买方便。

(2) 维修方便。PLC 具有很多监控提示信号，故障诊断容易。硬件互换性好，软件存储调试方便。

(3) 安装方便。内部不需要接线，模块之间采用针式或者插槽式连接。

(4) 使用方便。控制逻辑通过软件编程就可以实现，内部继电器使用不受限制，编程时考虑输入和输出即可。

(5) 编程方便。采用与继电器电路极为相似的梯形图语言，直观易懂。近年来出现了面向对象的顺控流程图语言(Sequential Function Chart，SFC)使编程更简单方便。

(6) 功能完善。除基本的逻辑控制、定时、计数、算术运算等功能外，配合特殊功能模块还可以实现点位控制、PID 运算、过程控制、数字控制等功能，既方便工厂管理又可与上位机通信，通过远程模块还可以控制远方设备。

2. 可靠性

PLC 主要应用于工业环境，要求其性能必须可靠。PLC 生产厂家在硬件方面和软件方面上采取了一系列抗干扰措施，使它可以直接安装于工业现场而稳定可靠地工作。

采用扫描加中断的工作方式，避免竞争状态。为保证不超时，设有看门狗。另外，还有很多自检、自诊断工作，PLC 的工作和被控对象的工作更加可靠。防干扰和抗隔离的措施也很多。

目前各生产厂家生产的可编程控制器，其平均无故障时间都大大超过了 IEC 规定的 10 万小时(折合为 4166 天，约 11 年)。而且为了适应特殊场合的需要，有的可编程控制器生产商还采用了冗余设计和差异设计进一步提高了其可靠性。

由于具有上述特点，使得可编程控制器的应用范围极为广泛。可以说只要有工厂、有控制要求，就会有 PLC 的应用。

5.1.3 可编程控制器的用途

随着 PLC 功能的不断完善，性能价格比的不断提高，PLC 的应用面也越来越广。目前，PLC 在国内外已广泛应用于钢铁、采矿、水泥、石油、化工、电子、机械制造、汽车、船舶、装卸、造纸、纺织、环保、娱乐等各行各业。PLC 的应用范围通常可分为以下 6 种类型。

1. 开关逻辑控制

这是目前 PLC 最广泛应用的领域，它取代了传统的继电器顺序控制。PLC 可以应用于单机控制、多机群控制、生产自动线控制，例如，注塑机、印刷机械、订书机械、切纸机械、组合机床、磨床、装配生产线、包装生产线、电镀流水线及电梯控制等。

2. 运动控制

PLC 制造商目前已提供了拖动步进电动机或伺服电动机的单轴或多轴位置控制模块。在多数情况下，PLC 把描述目标位置的数据送给模块，模块移动一轴或数轴到目标位置。当每个轴移动时，位置控制模块保持适当的速度和加速度，确保运动平滑。操作员用手动方式把轴移动到某个目标位置，模块就可以确定目标位置和运动参数，然后通过编辑程序来改变速度和加速度等运动参数，使运动平滑。相对来说，位置控制模块比 CNC 装置体积更小、价格更低、速度更快、操作更方便。

3. 过程控制

PLC 能控制大量的物理参数，例如，温度、压力、速度和流量等。PID(Proportional Integral Derivative)模块的开发使 PLC 具有闭环控制功能，即一个具有 PID 控制能力的 PLC 可用于过程控制。当控制过程中某个变量出现偏差时，PID 控制算法会计算出正确的输出，并把变量保持在设定值上。PID 算法一旦适应了工艺，就可以在工艺混乱的情况下依然保持设定值。

4. 机械加工中的数字控制

在机械加工中，出现了把支持顺序控制的 PLC 和计算机数值控制(CNC)设备紧密结合的趋向。日本 FANUC 公司将 CNC 控制功能作为 PLC 的一部分，为了实现 PLC 和 CNC 设备之间内部数据自由传递，该公司采用了窗口软件，用户可以独自编程，由 PLC 送至 CNC 设备使用。同样，美国 GE 公司的 CNC 设备新机种也使用了具有数据处理的 PLC。

5. 机器人控制

工厂自动化网络中，由于某些工作的危险性大量使用了机器人，对机器人的控制同样采用了可编程控制器。通过编程，控制机器人的动作，对于多个机器人，可以实现协调配合动作，合作完成复杂工作。例如，汽车制造业中的焊接机器人。

6. 通信和联网

为了适应国外近几年来兴起的工厂自动化(FA)系统、柔性制造系统(FMS)及集散系统等发展的需要，首先，必须发展 PLC 之间、PLC 和上级计算机之间的通信功能。作为实时控制系统，不仅要求 PLC 数据通信速率高，而且要考虑出现停电、故障时的对策等。PLC 之间、PLC 和上级计算机之间都采用光纤通信，多级传递，I/O 模块按功能各自放置在生产现场分散控制，然后采用网络联结构成集中管理信息的分布式网络系统，这样就可以达到实时控制的目的，及时发现并解决问题。

5.2 可编程控制器的组成与工作原理

5.2.1 可编程控制器的基本结构

PLC 实质是一种专用于工业控制的计算机，其硬件结构基本上与微型计算机相同，如图 5.1 所示。

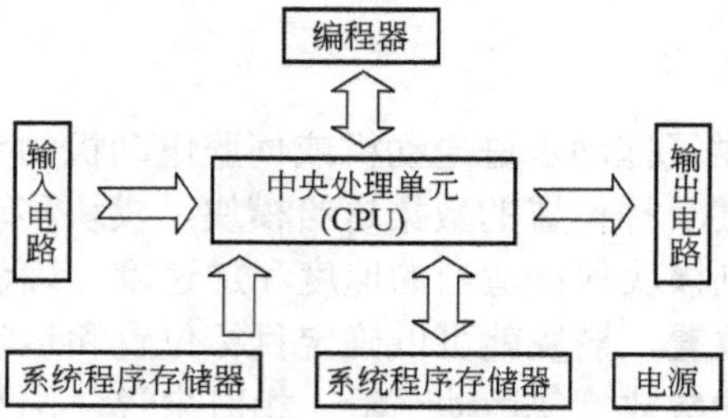

图 5.1　可编程控制器的基本结构

1. 中央处理单元(CPU)

中央处理单元(CPU)是 PLC 的控制中枢，如图 5.2 所示。它按照 PLC 系统程序赋予的功能接收并存储从编程器键入的用户程序和数据；检查电源、存储器、I/O 以及警戒定时器的状态，并能诊断用户程序中的语法错误。当 PLC 投入运行时，首先它以扫描的方式接收现场各输入装置的状态和数据，并分别存入 I/O 映像区，然后从用户程序存储器中逐条读取用户程序，经过命令解释后按指令的规定执行逻辑或算数运算的结果送入 I/O 映像区或数据寄存器内。等所有的用户程序执行完毕之后，最后将 I/O 映像区的各输出状态或输出寄存器内的数据传送到相应的输出装置，如此循环运行，直到停止运行。

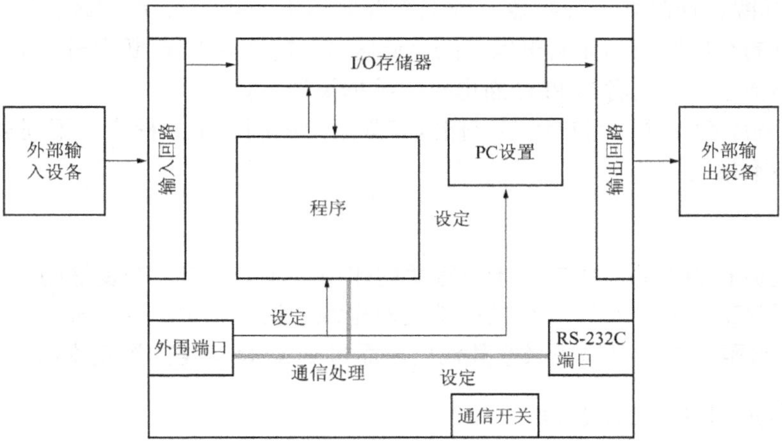

图 5.2 可编程控制器的 CPU 基本结构

为了进一步提高 PLC 的可靠性，近年来对大型 PLC 还采用双 CPU 构成冗余系统，或采用三 CPU 的表决式系统。这样，即使某个 CPU 出现故障，整个系统仍能正常运行。

2. 存储器

存放系统软件的存储器称为系统程序存储器，存放应用软件的存储器称为用户程序存储器。

1) PLC 常用的存储器类型

RAM(Random Access Memory) 这是一种读/写存储器(随机存储器)，其存取速度最快，由锂电池支持。EPROM(Erasable Programmable Read Only Memory)是一种可擦除的只读存储器。在断电情况下，存储器内的所有内容保持不变。在紫外线连续照射下可擦除存储器内容。EEPROM(Electrically Erasable Programmable Read Only Memory)是一种电可擦除的只读存储。使用编程器就能很容易地对其所存储的内容进行修改。

2) PLC 存储空间的分配

虽然各种 PLC 的 CPU 的最大寻址空间各不相同，但是根据 PLC 的工作原理，其存储空间一般包括 3 个区域。系统程序存储区；系统 RAM 存储区(包括 I/O 映像区和系统软设备等)；用户程序存储区。

(1) 系统程序存储区：在系统程序存储区中存放着相当于计算机操作系统的系统程序。包括监控程序、管理程序、命令解释程序、功能子程序、系统诊断子程序等。由制造厂商将其固化在 EPROM 中，用户不能直接存取。它和硬件一起决定了该 PLC 的性能。

(2) 系统 RAM 存储区：系统 RAM 存储区包括 I/O 映像区以及各类软设备，如：逻辑线圈、数据寄存器、计时器、计数器、变址寄存器、累加器等存储器。

① I/O 映像区：由于 PLC 投入运行后，只是在输入采样阶段才依次读入各输入状态和数据，在输出刷新阶段才将输出的状态和数据送至相应的外设。因此，它需要一定数量的存储单元(RAM)以存放 I/O 的状态和数据，这些单元称作 I/O 映像区。一个开关量 I/O 占用存储单元中的一个位(bit)，一个模拟量 I/O 占用存储单元中的一个字(16 个 bit)。因此整个 I/O 映像区可看作两个部分组成：开关量 I/O 映像区；模拟量 I/O 映像区。

② 系统软设备存储区：除了 I/O 映像区以外，系统 RAM 存储区还包括 PLC 内部各类软设备(逻辑线圈、计时器、计数器、数据寄存器和累加器等)的存储区。该存储区又分为具有断电保持的存储区域和无断电保持的存储区域。前者在 PLC 断电时，由内部的锂电池供电，数据不会遗失；后者当 PLC 断电时，数据被清零。

(3) 用户程序存储区：用户程序存储区存放用户编制的用户程序。不同类型的 PLC，其存储容量各不相同。

3. 电源

PLC 的电源在整个系统中起着十分重要的作用。如果没有一个良好的、可靠的电源，系统是无法正常工作的，因此 PLC 的制造商对电源的设计和制造也十分重视。一般交流电压波动在±15%范围内，可以不采取其他措施而将 PLC 直接连接到交流电网上去。

5.2.2 可编程控制器的工作过程

1. 可编程控制器的工作方式及运行框图

众所周知，继电器控制系统是一种“硬件逻辑系统”，如图 5.3 所示，它的三条支路是并行工作的。当按下按钮 SB_1，接触器 KM1 通电，KM_1 的一个触点闭合并自锁，接触器 KM_2、时间继电器 KT 的线圈同时通电动作。所以继电器控制系统采用的是并行工作方式。

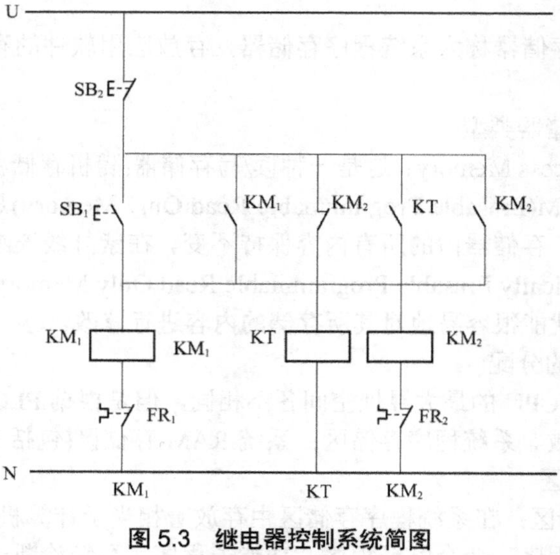

图 5.3 继电器控制系统简图

可编程控制器是一种工业控制计算机，它的工作原理建立在计算机工作原理的基础上，即通过执行反映控制要求的用户程序来实现。但是 CPU 是以分时操作的方式来处理各项任务。计算机在每一瞬间只能做一件事，所以程序的执行是按程序顺序依次完成相应各电器的动作，在时间上是顺序执行的。由于运算速度极高，各电器的动作似乎是同时完成，但实际输入/输出的响应滞后，如图 5.4 所示。

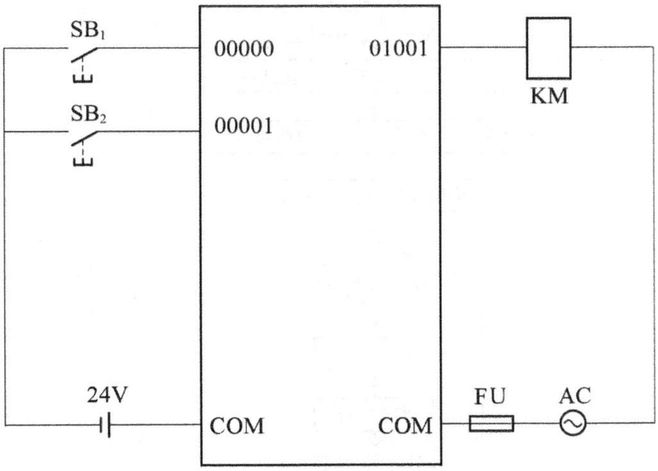

图 5.4 用 PLC 实现控制功能的接线示意图

总而言之，PLC 的工作方式是一个不断循环的顺序扫描工作方式。每一次扫描所用的时间称为扫描周期或工作周期。CPU 从第一条指令开始，按顺序逐条地执行用户程序直到用户程序结束，然后返回第一条指令开始新的一轮扫描。PLC 就是这样周而复始地重复上述循环扫描。

执行用户程序时，需要各种现场信息，并且这些现场信息可以从 PLC 的输入端口获得。PLC 采集现场信息即采集输入信号，有两种输入方式。第一种，采样输入方式：一般在扫描周期的开始或结束将所有输入信号(输入元件的通/断状态)采集并存放到输入映像寄存器中，所以执行用户程序所需的输入状态均在输入映像寄存器中取用，不用再直接到输入端或输入模块去取用。第二种，立即输入方式：随着程序的执行需要哪个输入信号就直接从输入端或输入模块取用这个输入状态，如“立即输入指令”就是这样，此时输入映像寄存器的内容不变，到下一次集中采样输入时才变化。

同样，PLC 对外部的输出控制也有集中输出和立即输出两种方式。

集中输出方式在执行用户程序时不是得到一个输出结果就向外输出一个，而是把执行用户程序所得的所有输出结果，先后全部存放在输出映像寄存器中，执行完用户程序后所有输出结果一次性向输出端口或输出模块输出，使输出设备部件动作。立即输出方式是在执行用户程序时将该输出结果立即向输出端口或输出模块输出，如“立即输出指令”就是这样，此时输出映像寄存器的内容也更新。

PLC 对输入输出信号的传送还有其他方式。如有的 PLC 采用输入，输出刷新指令。在需要的地方设置这类指令，可对此电源 ON 的全部或部分输入点信号读入上电一次，以刷新输入映像寄存器内容；或将此时的输出结果立即向输出端口或输出模块输出。又如有的

PLC 上有输入、输出的禁止功能，实际上是关闭了输入、输出传送服务，这意味着此时的输入信号不输入、输出信号也不输出。

PLC 工作的全过程可用如图 5.5 所示的运行框图来表示。

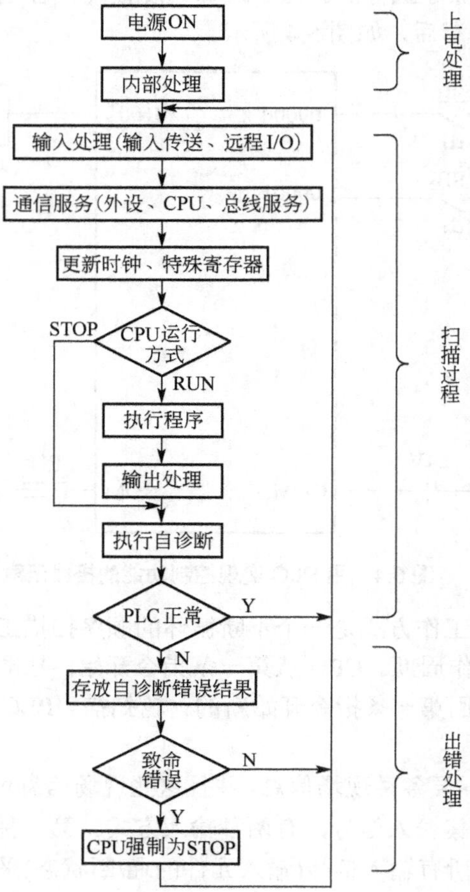

图 5.5　可编程控制器运行框图

可编程控制器整个运行可分为 3 个部分。

第一部分是上电处理。可编程控制器上电后对 PLC 系统进行一次初始化工作，包括硬件初始化、I/O 模块配置运行方式检查、停电保持范围设定及其他初始化处理等。

第二部分是扫描过程。可编程控制器上电处理完成以后进入扫描工作过程。先完成输入处理，其次完成与其他外设的通信处理，再次进行时钟、特殊寄存器更新。当 CPU 处于 STOP 方式时，转入执行自诊断检查。当 CPU 处于 RUN 方式时，还要完成用户程序的执行和输出处理，再转入执行自诊断检查。

第三部分是出错处理。PLC 每扫描一次，执行一次自诊断检查，确定 PLC 自身的动作是否正常，如 CPU、电池电压、程序存储器、I/O、通信等是否异常或出错。若检查出异常时，CPU 面板上的 LED 及异常继电器会接通，在特殊寄存器中会存入出错代码。当出现致命错误时，CPU 被强制为 STOP 方式，所有的扫描停止。

PLC 运行正常时，扫描周期的长短与 CPU 的运算速度有关，与 I/O 点的情况、用户应用程序的长短及编程情况等均有关。通常用 PLC 执行 1K 指令所需时间来说明其扫描速度(一般 1ms/K～10ms/K)。值得注意的是，不同指令其执行时间是不同的，从零点几微秒到上百微秒不等，故选用不同指令所用的扫描时间将会不同。若用于高速系统要缩短扫描周期时，可从软硬件上考虑。

5.3 OMRON 公司的 CPM2A 介绍

OMRON 公司的 PLC 产品，大、中、小、微型俱全，深受用户欢迎。其网络配置简单、实用、造价低，具有明显的价格优势及良好的售后服务系统。

5.3.1 常用 PLC 简介

1. 美国莫迪康

美国莫迪康(MODICON)公司有 M84 系列 PLC。其中 M84 是小型机，具有模拟量控制、与上位机通信功能，最多 I/O 点为 112 点。M484 是中型机，其运算功能较强，可与上位机通信，也可与多台联网，最多可扩展 I/O 点为 512 点。M584 是大型机，其容量大、数据处理和网络能力强，最多可扩展 I/O 点为 8129。M884 是增强型中型机，它具有小型机的结构、大型机的控制功能，主机模块配置两个 RS-232C 接口，可方便地进行组网通信。

2. 德国西门子

德国西门子(SIEMENS)公司、AEG 公司和法国的 TE 公司是欧洲著名的 PLC 制造商。德国的西门子的电子产品以性能精良而久负盛名。在中、大型 PLC 产品领域与美国的 A-B 公司齐名。

西门子公司的 PLC 主要是 S5、S7 系列。在 S5 系列中，S5—90U、S—95U 属于微型整体式 PLC；S5—100U 是小型模块式 PLC，最多可配置到 256 个 I/O 点；S5—115U 是中型 PLC，最多可配置到 1024 个 I/O 点；S5—115UH 是中型机，它是由两台 SS—115U 组成的双机冗余系统；S5—155U 为大型机，最多可配置到 4096 个 I/O 点，模拟量可达 300 多路；SS—155H 是大型机，它是由两台 S5—155U 组成的双机冗余系统。而 S7 系列是西门子公司在 S5 系列 PLC 基础上近年推出的新年产品，其性能价格比较高，其中 S7—200 系列属于微型 PLC，S7—300 系列属于中小型 PLC，S7—400 系列属于中高性能的大型 PLC。

3. 日本三菱

日本三菱公司的 PLC 是较早进入中国的产品。其小型机 F1/F2 系列是 F 系列的升级产品，早期在我国的销量也不小。F1/F2 系列加强了指令系统，增加了特殊功能单元和通信功能，比 F 系列有了更强的控制能力。继 F1/F2 系列之后，20 世纪 80 年代末三菱公司又推出 FX 系列，在容量、速度、特殊功能、网络功能等方面都有了全面的加强。FX2 系列是在 90 年代开发的整体式高功能小型机，它配有各种通信适配器和特殊功能单元。FX2N 几年推出的高功能整体式小型机，它是 FX2 的换代产品，各种功能都有了全面的提升。近年来还不断推出满足不同要求的微型 PLC，如 FX0S、FX1S、FX0N、FX1N 及α系列等产品。

三菱公司的大中型机有 A 系列、QnA 系列、Q 系列，具有丰富的网络功能，I/O 点数可达 8192 点。其中 Q 系列 PLC 具有超小的体积、丰富的机型、灵活的安装方式、双 CPU 协同处理、多存储器、远程口令等特点，是三菱公司现有 PLC 中最高性能的 PLC 产品。

4. 日本 OMRON

日本 OMRON 公司的 PLC 产品产销量在日本位居第二，仅次于三菱公司。

OMRON 的 PLC 产品中，以小型可编程控制器最受欢迎。这一方面是由于其价位较低，性能价格比较高；另一方面是由于它配置着较强的指令系统，梯形图与语句表并重，用户在开发使用时感到比同类欧美产品使用方便。因而，在我国用得最多的小型 PLC 是 OMRON 产品。

OMRON 主推 C 系列可编程控制器，分超小型(也称袖珍型)、小型、中型、大型 4 个档次，表 5-2 汇总了 OMRON 的主要 PLC 产品。对 OMRON 的 PLC 产品说明如下。

表 5-2　OMRON 可编程控制器一览表

型号	最大 I/O 点数	程序容量/指令行数	数据存储器容量/字	指令系统指令数	BASIC 处理速度(μs/PI)	结构形式
C2000H	2048	30.8×10^3	6654	174	0.4～2.4	模块式
C1000H	1024 (2048)*	30.8×10^3	4096	174	0.4～2.4	模块式
C200H	480 (1792)*	6.6×10^3	1000 读/写 1000 只读	145	0.75～2.25	模块式
C60H	240	2.878×10^3	1000 读/写 1000 只读	130	0.75～2.25	整体式
C40H	160					
C28H	148					
C20H	140					
SP20	20	0.25×10^3	—	38	0.2～0.72	袖珍整体式
SP10	10	0.1×10^3	—	34	0.2～0.72	袖珍整体式
CQM1	196	$3.2/7.2\times10^3$	1000/6000			改进模块式

*表示带远程 I/O 系统时的 I/O 点数

(1) SP 系列为超小型 PLC，又称袖珍型 PLC。它不到拳头大小，但指令速度极快，超过了大型 PLC，用 Link 单元可把四台 SP 连在一起，特别适合于机器人控制。

(2) C 系列按处理器分为普及机、P 型机及 H 型机。普及机指型号尾部不加字母者，如 C20，它的特点是价格低廉、功能简单。P 型机指型号尾部加字母 P 者，P 型机是普及机的增强型，增加了许多功能。H 型机指型号尾部加字母 H 者，它的处理器比 P 型更好，速度更快。

5.3.2　CPM2A 介绍

CPM2A 是一种紧凑的高速可编程序控制器(PLC)，是为需要每台 PLC 有 10～120 点 I/O 的系统控制操作而设计的。CPM2A 在一个小巧的单元内综合有各种性能，包括同步脉冲控制、中断输入、脉冲输出、模拟量设定和时钟功能等。CPM2A CPU 单元又是一个独立单元，能处理广泛的机械控制应用，所以它是在设备内用作内装控制单元的理想产品，完整的通信功能保证了与个人计算机、其他 OMRON PC 和 OMRON 可编程终端的通信。这些通信能力使用户能设计一个经济的分布生产系统，其外形如图 5.6 所示。

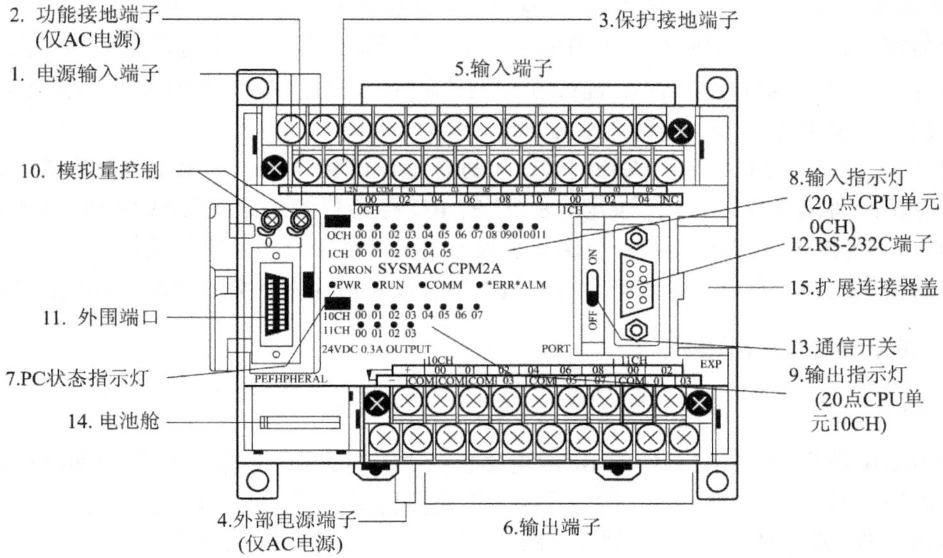

图 5.6 CPM2A 基本结构

CPM2A 是一台设有 20、30、40 或 60 内装 I/O 端子的 PLC，有 3 种输出可用(继电器输出，漏型晶体管输出和源型晶体管输出)和 2 种电源可用(100/240 VAC 或 24VDC)。

可连接 3 个扩展单元。扩展单元有 3 种可用：20 点 I/O 单元，8 点输入单元和 8 点输出单元。将 3 个 20 点 I/O 单元与 60 内装 I/O 端子的 CPU 单元连接就得到 120 点 I/O 的最大 I/O 容量。

CPM2A 可连接多达 3 个模拟量 I/O 单元。每个单元提供 2 点模拟量输入和 1 点模拟量输出，所以连接 3 个模拟量 I/O 单元就能得到最大的 6 点模拟量输入和 3 点模拟量输出。(将模拟量 I/O 点与 PID(—)和 PWM(—)指令结合就能完成时间-比例控制)。模拟量输入范围可以设置为 0～10VDC，1～5VDC，或 4～20mA；分辨率为 1/256。(1～5VDC 和 4～20mA 设定可以使用开路检测功能)；模拟量输出范围可以设置为 0～10VDC，-10～10VDC，或 4～20mA；分辨率为 1/256。

CPM2A 连接 CompoBus/S，I/O 链接单元能成为 CompoBus/S 网络中的从站设备。I/O 链接单元设有 8 个输入位(内部)和 8 个输出位(内部)。CompoBus/S 网络设有基于“PC +小型 PC”配置的分布 CPU 控制。

CPM2A 同步脉冲控制为外围装置的操作与主装置的同步提供了一个简单方法，输出脉冲频率可以被控制成输入脉冲频率的倍数，这就使外围装置(如供料传送机)的速度能与主装置的速度同步。

CPM2A 共有 5 个高速计数器输入。一个响应频率为 20 kHz/5 kHz 的高速计数器输入，与 4 个响应频率为 2kHz 的高速计数器输入(在计数器方式下)。高速计数器可以用在 4 种输入方式中的任一种下；微分相位方式(5kHz)，脉冲+方向输入方式(20kHz)，增/减脉冲方式

(20kHz)，或递增方式(20kHz)。当计数与一设置值匹配或下降到一规定范围内时，能触发中断。中断输入(计数器方式)可用递增计数器或递减计数器(2kHz)并在计数与目标值匹配时触发中断(执行中断程序)。

CPM2A 有 4 个输入用于中断输入(与快速响应输入和计数方式的中断输入共用)，最小输入信号宽度为 50μs，响应时间为 0.3ms。当一中断输入变为 ON 时，主程序停止而中断程序执行。有 4 个输入用于快速响应输入(与中断输入和计数方式的中断输入共用)，能可靠地读出信号宽度短到 5μs 的输入信号。

通过 PC 的 RS-232C 端口或外围端口可进行上位链接连接。在上位链接方式下连接的个人计算机或可编程终端可用于如读/写 PC 的 I/O 存储器的数据或读/改变 PC 的操作方式的操作。TXD(48)和 RXD(47)指令可用无协议方式与标准串行设备交换数据。例如，从条形码阅读器接收数据或发送数据到串行打印机。串行设备可连接到 RS-232C 端口或外围端口。

5.3.3 CPM2A 的通道分配

1. 整体分配

OMRON 系列的 CPM2A 中的 IR 继电器包括 I/O 通道和工作区，也称中间继电器；SR 继电器对应特殊功能；TR 是暂存继电器；HR 是保持继电器；AR 是辅助继电器；LR 是链接继电器；TC 是定时器和计数器区，DM 是数据区。具体分配见表 5-3：

表 5-3　CPM2A 的通道分配

数据区	字	位	功能
IR 区输入区	IR000～IR009(10 个字)	IR00000～IR00915(160 位)	这些位可以分配供扩展 I/O 口使用
IR 区输出区	IR010～IR019(10 个字)	IR01000～IR01915 (160 位)	这些位可以分配供扩展 I/O 口使用
IR 区工作区	IR020～IR049 IR220～IR227(58 个字)	IR02000～IR04915 IR20000～IR22715 (928 位)	工作区位单元可以在程序中任意使用
SR 区	SR228～SR225(28 字节)	SR22800 ～ SR25515(448 位)	这些位在特殊功能中使用，例如标志和控制位
TR 区	—	TR0～TR7(8 位)	用于暂存复杂程序中分支节点之前的状态
HR 区	HR00～HR19(20 字节)	HR0000～HR1915(320 位)	掉电时存储并保持 ON/OFF 的状态
AR 区	AR00～AR23(24 字节)	AR0000～AR2315(384 位)	这些位在特殊功能中使用，例如标志和控制位
LR 区	LR00～LR15(16 字节)	LR0000～LR1515(256 位)	用于与其他 PC 的 1∶1 数据链接

(续)

数据区	字	位	功能
定时/计数器区	TC000～TC255		相同的 TC 号可以同时分配给定时器和计数器
DM 区读/写	DM0000～DM1999 DM2022～DM2047 (2026 字节)	—	DM 数据区只能对字节进行操作 数据能在掉电时保持
DM 区错误日志	DM2000～DM2021 (22 字节)	—	用于存储错误发生时间和错误代码。当错误日志未启用时也可以用作普通 DM 区
DM 区只读	DM6144～DM6599 (456 字节)	—	不能用程序改写其内容
DM 区 PC 设置	DM6600～DM6655(56 字节)	—	用于存储用于控制 PC 操作的各种参数

2. IR 区

IR 区中的 IR 00000 到 IR 00915 是输入继电器的地址范围，IR 区中的 IR 01000 到 IR 01915 是输出继电器的地址范围，包括扩展 I/O。这些继电器反映输入/输出信号的状态。IR 区中的 IR02000 到 IR04915，IR20000 到 IR22715 是工作位，属于内部继电器，也是中间继电器。

当 I/O 继电器不用时，可以用作工作位。IR 区不同 CPU 的通道分配见表 5-4。

表 5-4 IR 区不同 CPU 的通道分配表

CPU Unit	I/O	CUP Unit Terminals
CPM2C-10CD□-□	6 inputs[1]	00000 to 00005 (IR 00000 to IR 00005)
	4 outputs	01000 to 01003 (IR 01000 to IR 01003)
CPM2C-20CD□-□	12 inputs[1]	00000 to 00011 (IR 00000 to IR 00011)
	8 outputs	01000 to 01007(IR 01000 to IR 01007)
CPM2A-30CD□-□	18 inputs[1]	00000 to 00011 (IR 00000 to IR 00011)and 00100 to 00105 (IR 00100 to IR 00105)
	12 outputs	01000 to 01007 (IR 01000 to IR 01007)and 01100 to 01103 (IR 01100 to IR 01103)
CPM2A-40CD□-□	24 inputs[1]	00000 to 00011 (IR 00000 to IR 00011)and 00100 to 00111 (IR 00100 to IR 00111)
	16 outputs	01000 to 01007 (IR 01000 to IR 01007)and 01100 to 01107 (IR 01100 to IR 01107)
CPM2A-60CD□-□	36 inputs[1]	00000 to 00011 (IR 00000 to IR 00011), 00100 to 00111 (IR 00100 to IR 00111), and 00200 to 00211 (IR 00200 to IR 00211)
	24 outputs	01000 to 01007 (IR 01000 to IR 01007), 01100 to 01107 (IR 01100 to IR 01107), and 01200 to 00207 (IR 001100 to IR 01107)

3. SR 区

SR 区的功能是监视系统运行，产生时钟脉冲和给出出错信号。SR 区的地址范围是 24700～25507，这里选择常用位的具体功能见表 5-5。

表 5-5 特殊辅助继电器区(SR)区的功能

通道号	继电器号	功能
253	00～07	故障码存储区，故障发生时将故障码存入故障报警(FAL/FALS)指令执行时，FAL 号被存储 FAL00 指令执行时，故障码存储区复位(成为 00)
253	08	不可使用
253	09	当扫描周期超过 100ms 时为 ON
253	10～12	不可使用
253	13	常 ON
253	14	常 OFF
253	15	PLC 上电后的第一个扫描周期内为 ON，常作为初始化脉冲
254	00	输出 1min 时钟脉冲(占空比 1∶1)
254	01	输出 0.02 秒时钟脉冲(占空比 1∶1)，当扫描周期>0.01s 时不能正常使用
254	02	负数标志(N 标志)
254	03～05	不可使用
254	06	微分监视完了标志(微分监视完了时为 ON)
254	07	STEP 指令中一个行程开始时，仅一个扫描周期为 ON
254	08～15	不可使用
255	00	输出 0.1 秒时钟脉冲(占空比 1∶1)，当扫描周期>0.05s 时不能正常使用
255	01	输出 0.2 秒时钟脉冲(占空比 1∶1)，当扫描周期>0.1s 时不能正常使用
255	02	输出 1 秒时钟脉冲(占空比 1∶1)
255	03	ER 标志(执行指令时，出错发生时为 ON)
255	04	CY 标志(执行指令时结果有进位或借位发生时 ON)
255	05	>标志(执行比较指令，第一个比较数大于第二个比较数时，该位为 ON)
255	06	=标志(执行比较指令，第一个比较数等于第二个比较数时，该位为 ON)
255	07	<标志(执行比较指令，第一个比较数小于第二个比较数时，该位为 ON)
255	08～15	不可使用

5.3.4 安装和接线

1. 安装

PLC 不能与高压电器安装在同一个开关柜内，与 PLC 装在同一个开关柜内的电感性元件，如继电器、接触器的线圈应并联 RC 消弧电路，PLC 应远离强干扰源，如大功率晶闸管装置、高频焊机和大型动力设备等。

2. 布线

CPM2A 输入输出线、电源线与动力线放在各自的电缆槽或电缆管中，动力电缆与输入输出或控制接线之间至少需保持 300mm 间距。输入输出线绝对不准与动力线捆在一起敷设；模拟量输入输出线最好加屏蔽，且屏蔽层应一端接地；PLC 的基本单元与扩展单元之间的电缆传送的信号电压低、频率高，很容易受到高频干扰，因此不能将它同别的线敷设在一起。

电缆槽有下面 3 种形式：

(1) 挂式电缆槽，如图 5.7 所示。

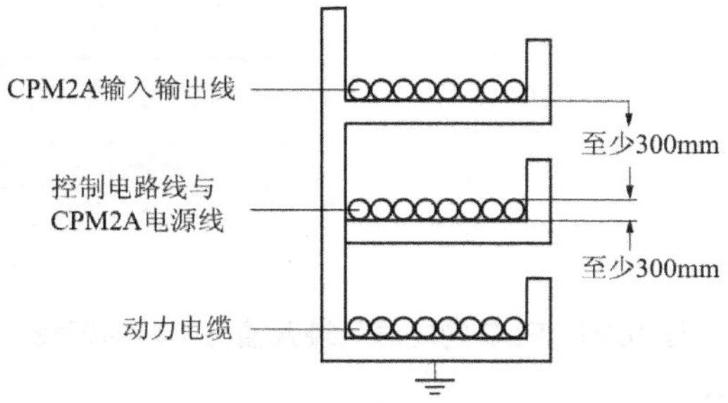

图 5.7 挂式电缆槽

(2) 地面电缆槽，如图 5.8 所示，接线与电缆槽顶端至少须保持 200 mm 间距。

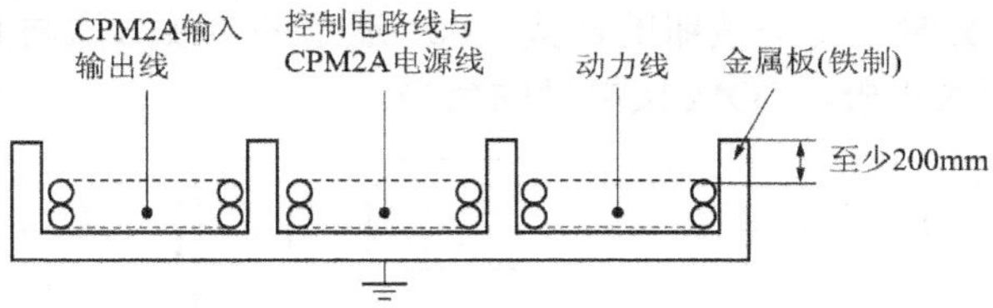

图 5.8 地面电缆槽

(3) 电缆管道，如图 5.9 所示，将 CPM2A 输入输出线，电源与控制电路线以及动力线分别用电缆管道分开。

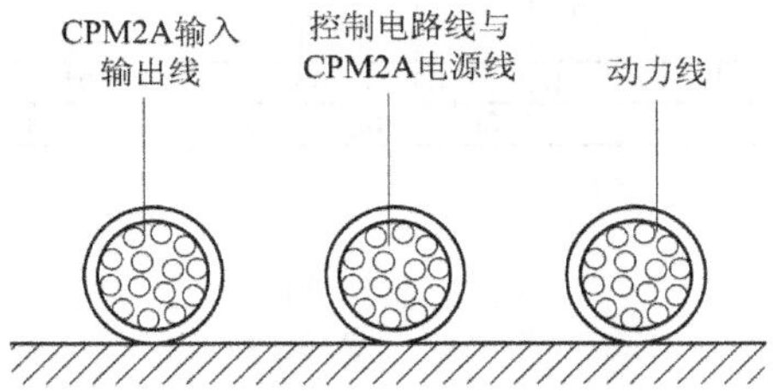

图 5.9 电缆管道

3. 配线

(1) 远离高压电器和高压电源线。PLC 不能在高压电器和高压电源线附近安装，更不能与高压电器安装在同一个电器柜中。PLC 与高压电器或高压电源线之间至少应有 200mm 的距离。

(2) PLC 的电源及输入输出回路的配线如图 5.10 所示。电源是外部干扰侵入 PLC 的重要途径，应经过隔离变压器后再接入 PLC，最好加滤波器先进行高频滤波，以滤除高频干扰。

PLC 的电源和输入输出回路的配线，必须使用压接端子或单股线，不能用多股绞合线直接与 PLC 的接线端子连接，否则容易出现火花。

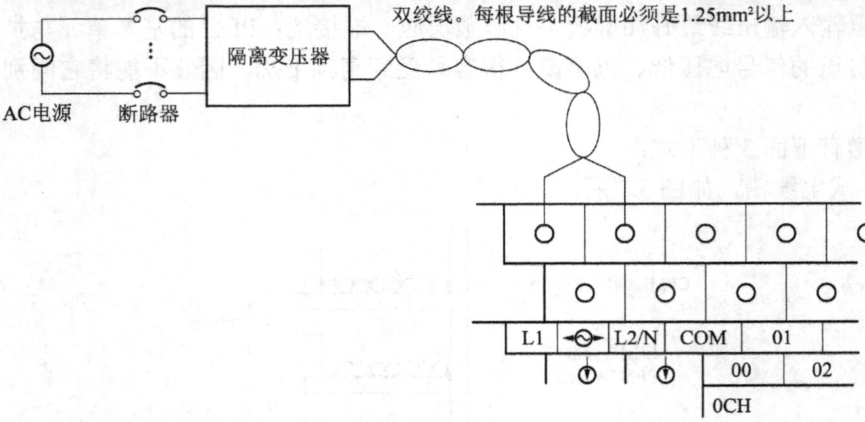

图 5.10　PLC 的电源及输入输出回路的配线

4. PLC 与输入的连接

1) PLC 与按钮、行程开关类输入元件的连接

图 5.11 是以 CPMlA-40CDR 为例，说明 PLC 与输入设备接线方法的示意图。图中只画出了 000 通道的部分输入点与按钮的连接，001 通道的接线方法与其相似。电源 U 可接在主机 24V 直流电源的正极，COM 接电源的负极。

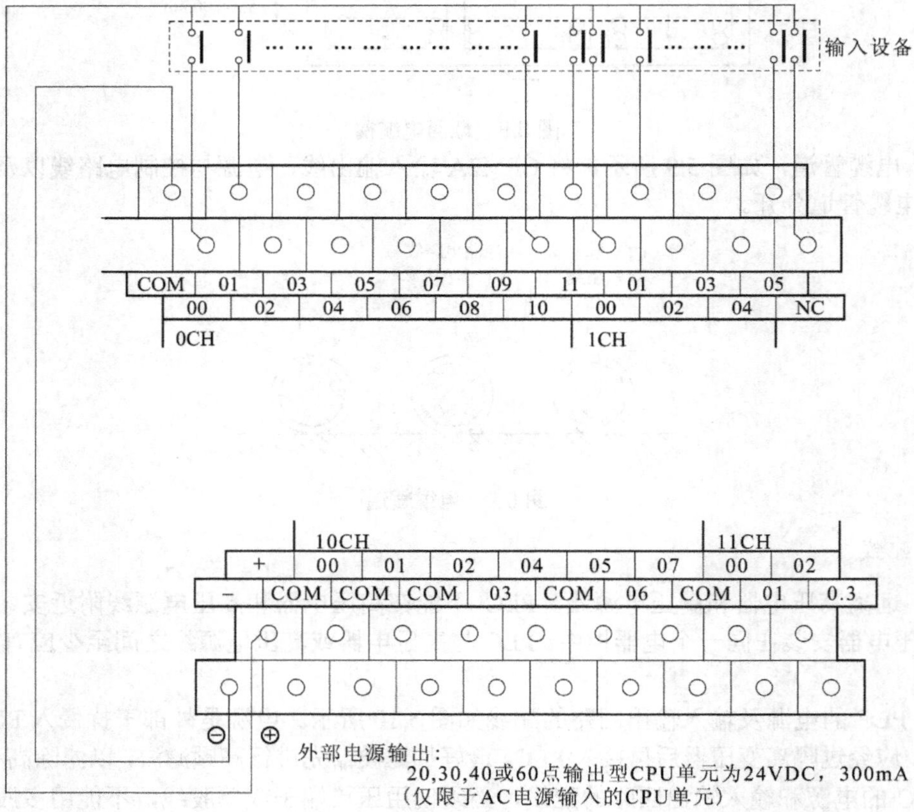

图 5.11　PLC 的输入接线示意图

PLC 的输入点大部分是共点式的，即所有输入点具有一个公共端 COM，分组式的则仿照图 5.11 的方法进行分组连接。

2) PLC 与传感器连接

传感器的种类很多，其输出方式也各不相同。当接近开关、光电开关等两线式传感器的漏电流较大时，可能出现错误的输入信号而导致 PLC 的误动作。当漏电流不足 1.0mA(00000～00002 不足 2.5mA)时可以不考虑其影响，当超过 1.0mA(00000～00002 超过 2.5mA)时，要在 PLC 的输入端并联一个电阻，如图 5.12 所示。R 的估算方法为：

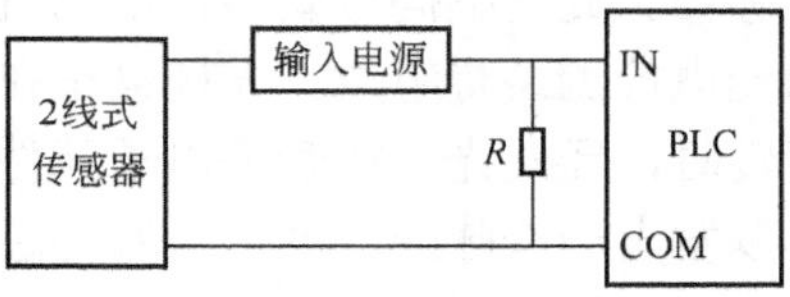

图 5.12　输入设备有漏电时的接线

$$R < \frac{L_c \times 5.0}{I \times L_c - 5.0} \quad (k\Omega)$$

$$P > \frac{2.3}{R} \quad (W)$$

其中 I 为漏电流(mA)，L_c 是 PLC 的输入阻抗(kΩ)，L_c 的值根据输入点的不同而存在差异。P 是 R 的功率，5.0V 是 PLC 的 OFF 电压。

PLC 接入不同类型的传感器时，具体接线有差异，如图 5.13 所示。

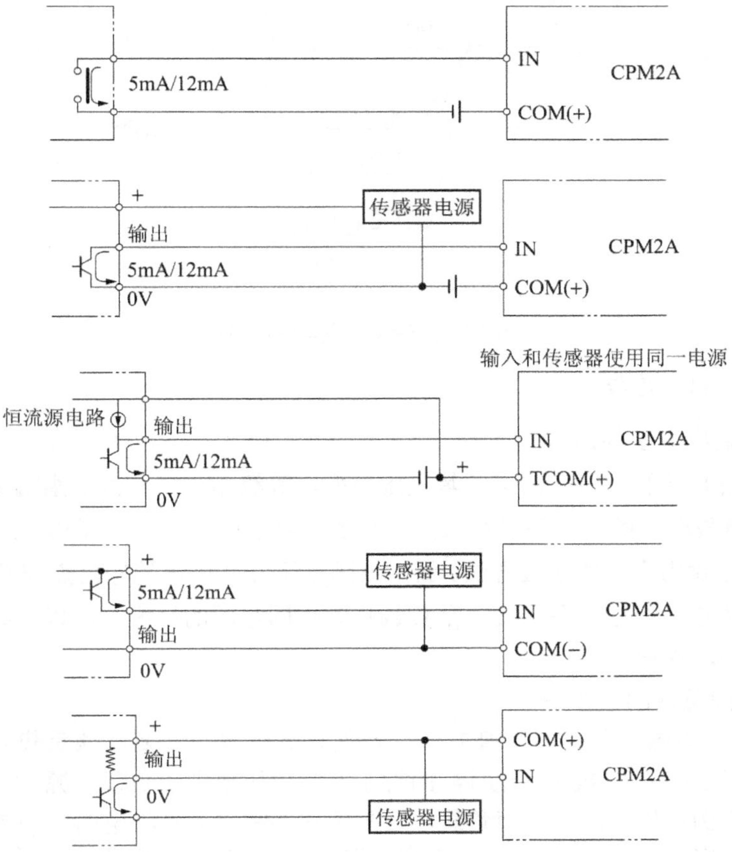

图 5.13　PLC 与不同类型的传感器连接

3) PLC 与旋转编码器连接

旋转编码器是一种通过光电转换将输出轴上的机械几何位移量转换成脉冲或数字量的传感器。旋转编码器安装在电动机或者轴类零件的尾端，与电机进行同轴运转，由光栅盘和光电检测装置组成。光栅盘是在一定直径的圆板上等分地开通若干个长方形孔。电动机旋转时，经发光二极管等电子元件组成的检测装置检测输出若干脉冲信号。就是说编码器可以发出一些脉冲，PLC 对脉冲进行计数，就可以计算电机转速。

根据检测原理，编码器可分为光学式、磁式、感应式和电容式。根据其刻度方法及信号输出形式，可分为增量式、绝对式。增量型的特征是只有在旋转期间会输出对应旋转角度脉冲，停止时不会输出，它是利用计数来测量旋转的方式；绝对型的特征是不论是否旋转，可以将对应旋转角度进行平行输出的类型，不需要计数器可确认旋转位置。

旋转编码器一般应用在对机器的动作控制，可以实现精确定位。其工作电路接线如图 5.14 所示。

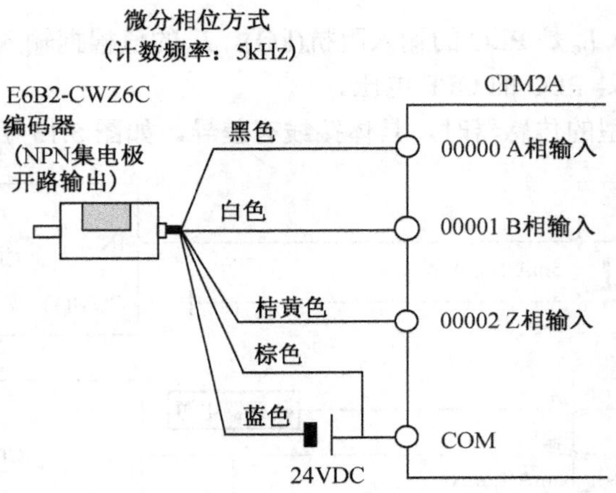

图 5.14　旋转编码器与 PLC 连接

5. PLC 与输出的连接

1) PLC 与输出设备的连接

具有相同公共端的一组输出点，其电压类型、等级相同，与其他组输出点的电压可以不同。要根据负载电压的类型和等级来决定是否分组连接。图 5.15 是以 CPMlA-40CDR 为例，说明 PLC 与输出设备的连接方法。图中只画出了 010 通道的输出点与负载的连接，011 通道的连接方法与之相似。图示接法是负载具有相同电压的情况，所以各组的公共端连在一起，否则要分组连接。

2) 接入不同负载的接线图

要注意 PLC 与感性负载的连接方法。若是直流负载，则要与该负载并联二极管，如图 5.16(a)所示。并联的二极管可选 1A 的管子，其耐压要大于负载电源电压的 3 倍，接线时要注意二极管的极性；若是交流负载，要与负载并联阻容吸收电路，如图 5.16(b)所示。阻容吸收电路的电阻可取 51～120Ω，电容可取 0.1～0.47μF，电容的耐压要大于电源的峰值电压。

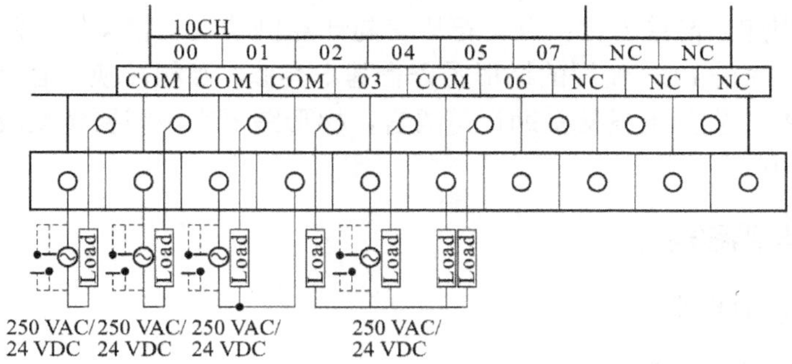

图 5.15　PLC 与输出设备的连接

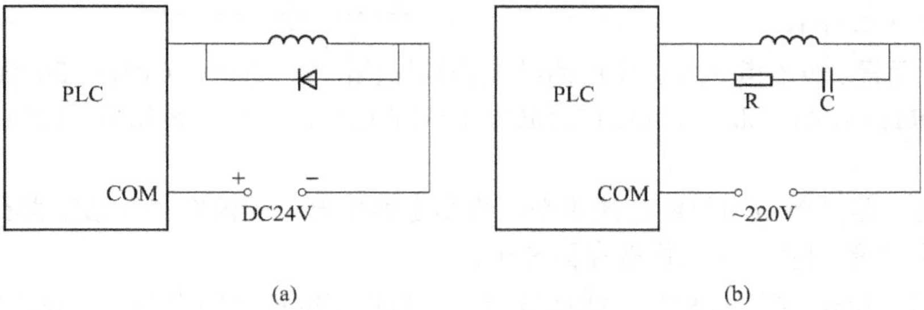

(a)　　(b)

图 5.16　PLC 与感性负载的接线图

在输出端子连接有感性负载时，在该负载上并联一个浪涌抑制器或二极管。二极管须满足以下要求。

(1) 反向击穿电压峰值必须为负载电压的 3 倍以上。

(2) 平均整流电流必须为 1 A 左右。

接线时须注意：

(1) 输入和输出的 COM 端不能接在一起。

(2) 在负载两端并联一个旁路电阻。PLC 的晶体管和晶闸管型输出型有较大漏电流，尤其是晶闸管输出型，当接上负载时可能出现输出设备的误动作，所以要在负载两端并联一个旁路电阻，旁路电阻的阻值估算可由下式确定：

$$R < \frac{U_{on}}{I}(\text{k}\Omega)$$

其中 U_{on} 是负载的开启电压(V)，I 是输出漏电流(mA)。

5.4　可编程控制器基本指令系统及编程

PLC 是通过程序对系统实现控制的，因此一种机型的指令系统在一定程度上反映出其控制功能的强弱。虽然 CPM2A 系列 PLC 属小型机，但它的指令系统却非常丰富。在理解指令的含义、熟练其使用方法后，恰当地使用其丰富的指令，可以发挥其强大的控制作用。

5.4.1　可编程控制器的编程语言

可编程控制器常用的语言是梯形图语言和助记符语言。梯形图语言一般都是在计算机屏幕上编辑，使用起来简单方便；助记符语言与计算机编程语言类似。两种语言是可以互相转换的。不同厂家的PLC使用的梯形图语言基本类似，互相转换较容易，但助记符转换起来比较困难。PLC实际上只接受助记符语言，梯形图语言是需要转换成助记符语言后存入PLC的存储器中。

5.4.2 基本指令与编程规则

1. 顺序输入、输出指令

1) LD和LD NOT指令

格式：LD B　　符号：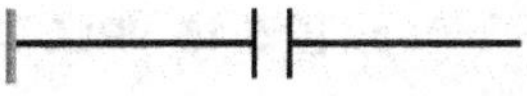

格式：LD NOT B　　符号：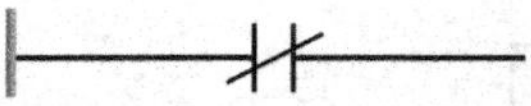

B：目的元素，即该指令可以使用的继电器地址范围为00000～01915，20000～25507，HR0000～HR1915，AR0000～AR1515，LR0000～LR1515，TIM / CNT000～CNT127，TR0～TR7。

LD功能：常开触点与母线连接指令，将指定继电器号的内容存入结果寄存器R中，而结果寄存器中的内容存入堆栈寄存器S中。

LD NOT功能：常闭触点与母线连接指令，将指定继电器的内容取反存入结果寄存器R中，而结果寄存器的内容送入堆栈S中。

2) AND和AND NOT指令

格式：AND B　　符号：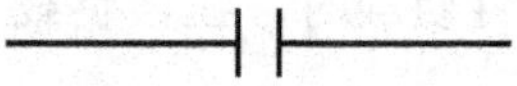

B：00000～01915，20000～25507，HR0000～HR1915，AR0000～AR1915，LR0000～LR1515，TIM/CNT000～CNT127。

AND功能：串联常开触点，把结果寄存器中的内容与指定继电器内容相“与”，将逻辑操作结果存入结果寄存器R中。

AND NOT功能：串联常闭触点，把指定继电器的内容取反后，与结果寄存器R的内容相“与”，将逻辑结果存入指定寄存器。

3) OR和OR NOT指令

格式：OR B　　符号：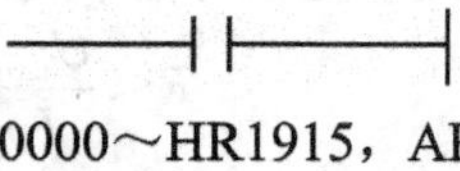

B：00000～01915，20000～25507，HR0000～HR1915，AR0000～AR1915，LR0000～LR1515，TIM / CNT000～CNT127

OR功能：并联常开触点，将指定继电器的内容与结果寄存器R中的内容相“或”，并将逻辑结果存入结果寄存器中。

OR NOT功能：并联常闭触点，将指定继电器的内容取反与结果寄存器R中内容相“或”，结果送入结果寄存器R中。

4) AND LD指令

格式：AND LD B

功能：两个接点组串联，将结果寄存器R的内容与堆栈寄存器S中的内容相“与”，结果存入结果寄存器中。

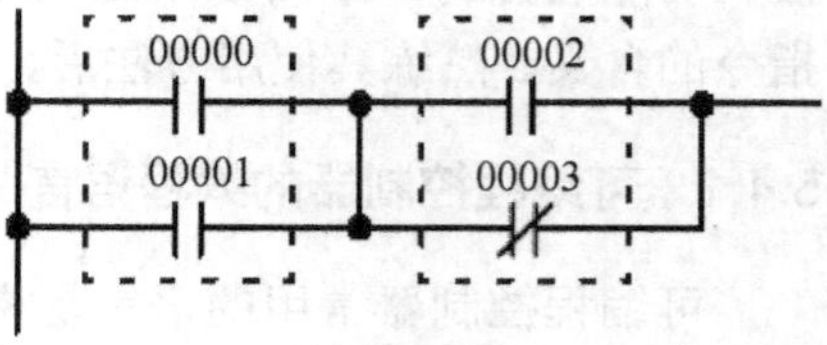

5) OR LD 指令

格式：OR LD B

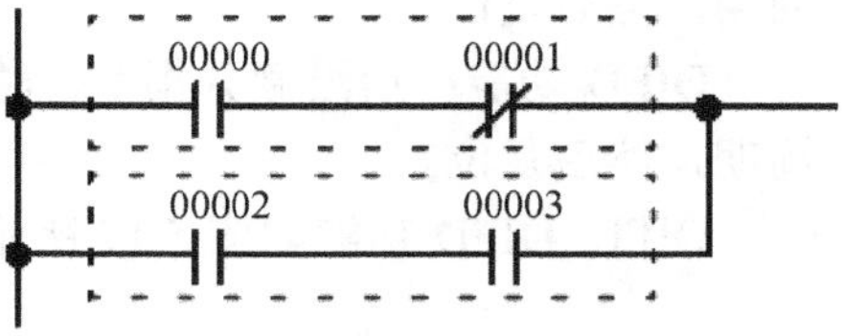

功能：两个接点组并联，将结果寄存器的内容与堆栈寄存器中的内容“或”，结果送入结果寄存器中。

6) OUT 和 NOT OUT 指令

格式：OUT B 符号：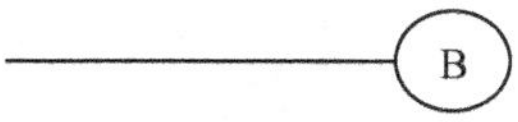

格式：NOT OUT B 符号：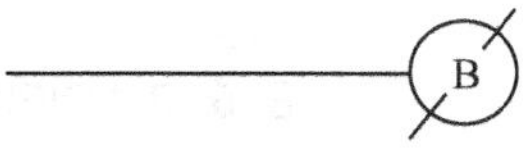

B：00000～01915，200000～25507，HR0000～HR1915，AR0000～AR1915，LR0000～LR1515，TR0～TR7。

OUT 功能：驱动继电器线圈，将结果寄存器的内容输出到指定继电器。

NOT OUT 功能：将结果寄存器的内容取反，输出到指定继电器。

7) SET 和 RESET 指令

格式：SET B 符号：

格式：RESET B 符号：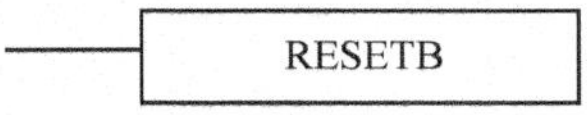

B：IR00000～IR01915，SR20000～SR25215，HR0000～HR1915，AR0000～AR1915，LR0000～LR1515。

功能：SET 对指定触点置位(ON)，RESET 对指定触点复位。

8) KEEP(11) 指令

格式：KEEP(11) B 符号：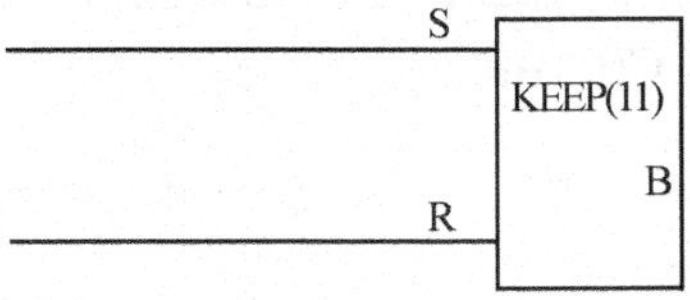

B：同 SET

功能：该指令为锁存指令，其作用相当于 RS 触发器，它有两个输入端，要用两个结果寄存器的状态，用于置位和复位。置位后指定寄存器状态被保留，直到有复位信号才复位，当指定继电器为保持继电器时，可用作掉电的有关处理。

9) DIFU(13)和 DIFD(14)指令

格式：DIFU(11) B 符号：

格式：DIFD(11) B 符号：

B：IR00000～IR01915，SR20000～SR25215，HR0000～HR1915，AR0000～AR1915，LR0000～LR1515。

DIFU 功能：前沿微分指令，输入脉冲从 OFF 变为 ON 时，指定继电器 ON 一个扫描周期，然后复位。

DIFD 功能：后沿微分指令，输入脉冲从 ON 变为 OFF 时，指定继电器 ON 一个扫描周期，然后复位。

DIFU/ DIFD 功能如图 5.17 所示。

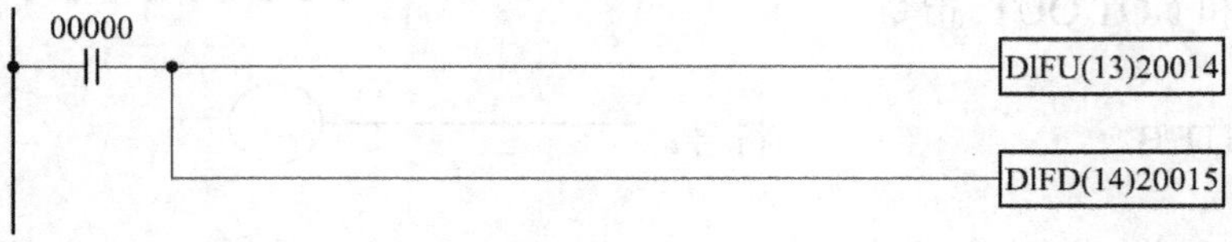

图 5.17　DIFU/ DIFD 功能

10) END(01)指令

格式：END　　　　　　　　符号：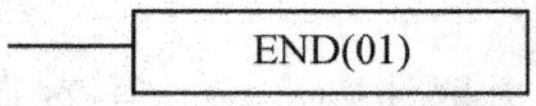

功能：结束程序指令，任何程序的最后一条指令都必须是 END(01)。如果有子程序时，END 放在最后一个子程序之后，END 后面的任何指令都不会被执行，在调试程序时可把 END 放在任何地方，则 PC 执行它前面的程序，但若执行其后的程序时必须将其删除。若程序中没有 END 指令则 PC 不执行任何程序并显示错误信息“NOENDINST”。

2. 顺序控制指令

1) NOP(00)指令

格式：NOP　　　　　　　　符号：无

功能：空操作指令，在编程中不是必需的，也没有图示符号。在程序中出现 NOP(00)时，什么也不做，程序转到下一条指令，在编程前清内存时，所有地址都被写上 NOP(00)，若在编程中插入一些 NOP 指令，当修改程序时可避免改变序号。

2) IL(02)和 ILC(03)指令

格式：IL　　　　　　　　符号：

ILC　　　　　　　　符号：

功能：IL 是分支指令，ILC 是分支结束指令，当一个电路有多个分支到多个输出时，需使用 IL 和 ILC 指令，IL 和 ILC 也称联锁指令。当 IL 的条件 ON 时，IL 和 ILC 之间的指令像没有 IL 一样执行，当 IL 的条件 OFF 时，IL 和 ILC 之间的指令按表 5-6 处理。

表 5-6　联锁指令间信号处理

指令	处理
OUT 和 OUT NOT	指定继电器 OFF
TIM 和 TIMH	重设置
CNT 和 CNTR	PV 保护

(续)

指令	处理
KEEP	位状态保持
DIFU 和 DIFD	不执行
其他指令	不执行

图 5.18 当 0.00 为 OFF 时，IL 和 ILC 之间的程序不执行，10 .00 处于 OFF 状态。当 0 .00 为 ON，IL 和 ILC 之间的程序执行，若 0.01 为 ON，0 .02 为 OFF 时，10.00 为 ON，且 10 .00 实现自锁功能。

图 5.18 IL/ILC 指令

简单地说，IL 和 ILC 之间的联锁段中输出继电器、内部辅助继电器均复位，计数器、移位寄存器、保持继电器保持当前值。

3) 暂存继电器 TR

TR 不是独立的编程指令，它必须与 LD 及 OUT 配合使用，具有多分支输出控制环节，TR 有 8 个号(0～7)，可多次使用，但在同一段程序中不能重复使用同一号的 TR，所以在一段程序中最多可使用 8 个用 TR 暂存的分支。在系统运行时，TR 位是不能用编程器或任何外设监控状态的。

4) JMP(04)和 JME(05)指令

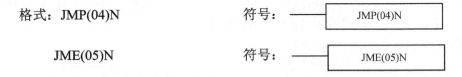

格式：JMP(04)N　　　　符号：JMP(04)N

JME(05)N　　　　符号：JME(05)N

N：00～49

功能：JMP 为跳转指令，JME 为跳转结束指令，两者要关联使用。从梯形图上的一点跳到另一点，JMP 为发生跳转点，JME 为跳转目标点。当 JMP 执行条件 ON 时，不发生跳转。当执行条件 OFF 时发生跳转，从 JMP 跳到与其有相同号的 JME 去，然后执行后面的程序。当跳转号为 01～49 时，为立即跳转，不执行中间任何指令，定时器、计数器、OUT 及 OUT NOT 使用位及其他控制位状态不发生变化，维持原状，每个跳转号只能用来定义一次跳转。

JMP/JME 指令如图 5.19 所示。

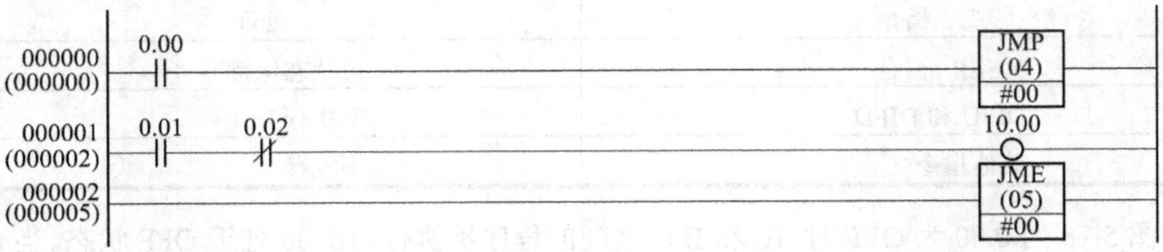

图 5.19 JMP/JME 指令

当输入 00000 为 ON 时，执行跳转程序，否则不执行。当跳转号为 00 时，CPU 将查找下一个具有 00 跳转号的 JME(05)，为此它要搜索程序，花费扫描时间。但 00 号可使用多次，可连续使用 JMP00-JMP00-JMP00，即多个 JMP00 可以和一个 JME00 匹配，它们中任一个 JMP00 跳转都会跳到同一个 JME00，跳转时像其他号一样所有控制位状态不变。

3. 定时器/计数器指令

1) TIM 指令

格式：TIM N 符号：

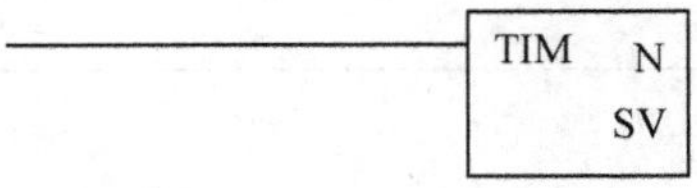

N：定时器编号，其数值为 000～127。

SV：计时设定值，取值范围为 0～9999，定时范围为 0s～999.9s，最小定时单位为 0.1s。取值区域可为 IR、HRAR、IR DM*DM 或立即数，具体讲为 000～019、200～255、HR00～HR19、AR00～AR15、LR00～LR15、DM0000～DMl023、6144～6655、*DM0000～*DMl023、6144～6655 或立即数#0000～9999(BCD)。通过连接到 IR 通道的外设设置 SV 时，必须用 0～9999 的 BCD 码，否则出错。

功能：减 1 延时定时器，当定时器输入条件变为 ON 时，定时器开始延时，当前值从设定值开始不断减小，当前值变为 0 时，定时器触点 ON，并自保 ON 直至定时器输入条件变为 OFF，当定时器输入条件变为 OFF 或电源断电时，定时器复位，当前值恢复设定值，定时器触点 OFF。其编号作为计时器或计数器只能使用一次，否则错误标志 ER ON。*DM 字不是 BCD 码或 DM 区边界被超越，错误标志 ER ON。

2) CNT 指令

格式：CNT N
SV

符号：

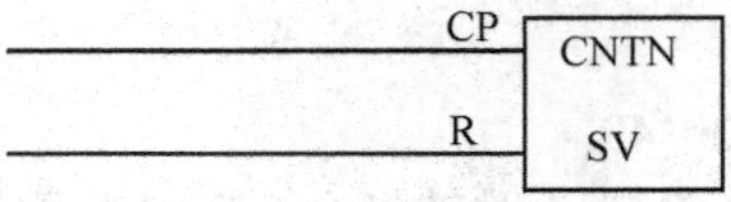

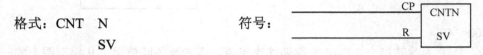

N：编号 000～127，与定时器共用。

SV：计数器设定值，设定范围为 0～9999 次，设定值取值区域与定时器相同。

功能：当计数脉冲(CP)执行条件从 OFF 变 ON 时，CNT 从设定值 SV 倒计数，即执行条件从 OFF 变 ON 一次，现时值 PV 将减 1，从 ON 变 OFF 时不起作用，当 PV 达到 0 时，计数器触点 ON 并保持，直到复位端 R 为 ON 时复位。

CNT 用一个复位端 R 重新设置，当 R 从 OFF 变 ON 时 PV 被设置为 SV，R 为 ON 时不计数，R 为 OFF 时 CP 才起作用。

在计数器中，即使 SV 是非 BCD 格式，程序也继续进行，只是 SV 不正确，SV 不是 BCD 数或间接寻址 DM 字不存在(*DM 字不是 BCD 码或 DM 区超越边界，错误标志 ER 为 ON)。

3) CNTR(12)指令

格式：CNTR　N
　　　　　　SV

符号：

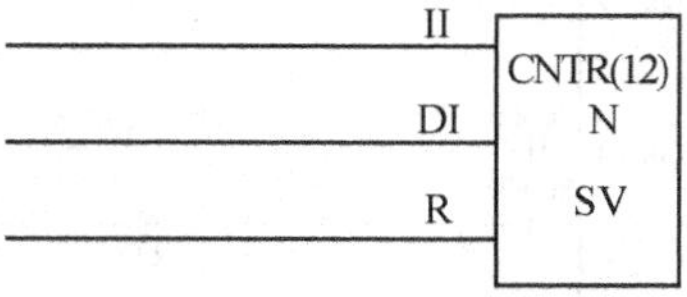

N：编号 0～127。

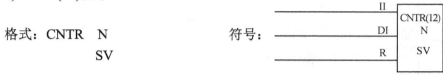

SV：设定值，0～9999 次，设定值取值区域与计时器相同。

功能：CNTR(12)是双向的上/下循环计数器，即可逆计数器 ACP 为增量输入，每给一个脉冲 PV 值增 1，SCP 为减量输入，每给一个脉冲 PV 值减 1，当 ACP 和 SCP 同时给出时，PV 值不变，当 ACP 和 SCP 不变时或从 ON 变 OFF 时 PV 值不变。

可以看出当 PV 值从 0000 递减时，PV 被设置为 SV 值，并完成标志置位，当 PV 从 SV 再递增时，PV 设置为 0000，并完成标志置位 ON。一句话，PV 值从 SV 到 0 或从 0 到 SV 均产生输出，当使用非 BCD 码作 SV 时程序继续进行，但 SV 值是错误的。

ER 标志：在 SV 不是 BCD 数或*DM 内容不是 BCD 数或 DM 区域超越时均 ON。

关于计数器和定时器的设定值 SV，一般采用立即数或 DM*DM，(DM 为 16 位可存 4 位 BCD 码)或采用输入通道(一个通道 16 位)从外部输入 4 位 BCD 码或用其他继电器通道，在 CPMIA 中还有两个广泛用于定时器和计数器的模拟设定电位器。旋转电位器 0 或 1 即可将 0～200(BCD)值置入 250CH 或 251CH，模拟电位器 0 的数据存入 250CH，模拟电位器 1 的数据存入 251CH，利用 250CH 和 251CH 即可改变定时器或计数器 SV。

4) TIMH(15)指令

格式：TIMH　N
　　　　　　SV

符号：

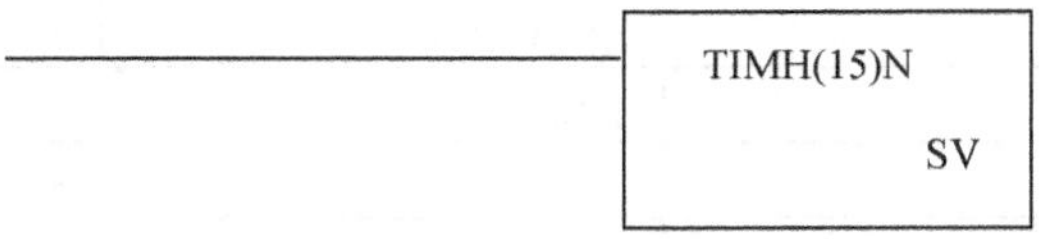

N：编号 000～127。

SV：设定值，设定范围 0000～9999，单位 0.01s，设定时间为 0～99.99s，取值区域与 TIM 同。

功能：TIMH 为高速定时器，和 TIM 一样都是减 1 延时定时器，它们不同之点是度量单位不同，因而计时范围不同。若扫描周期大于 10ms 时 TIMH 不能执行。另外，0000 和 0001 虽然可作为设定值，但 0000 不动定时器只是立即将完成标志值为 ON，而 0001 不可靠。因为 TIMH 度量单位为 0.01s，因此扫描时间对其影响较大，一般选用 N 在 000～015。

ER 标志：与 TIM 同。

5) 例程：脉冲控制电路(如图 5.20 所示)

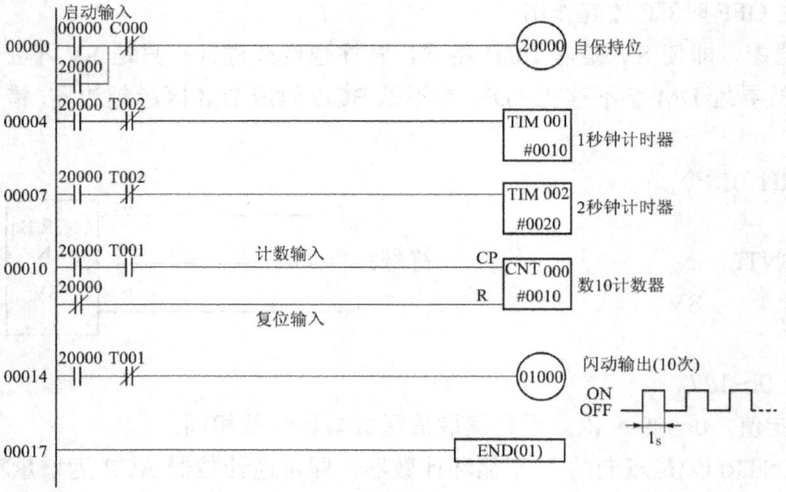

图 5.20　脉冲控制电路

表 5-7 列出了举例程序的助记符。

表 5-7　脉冲控制电路对应助记符

地址	指令		数据	
00000	LD		00000	(1) 自保持位
00001	OR		20000	
00002	AND NOT	C	000	
00003	OUT		20000	
00004	LD		20000	(2) 1 秒钟计时器
00005	AND NOT	T	002	
00006	TIM		001	
		#	0010	
00007	LD		20000	(3) 2 秒钟计时器
00008	AND NOT	T	002	
00009	TIM		002	
		#	0020	
00010	LD		20000	(4) 数 10 计数器
00011	AND	T	001	
00012	LD NOT		20000	
00013	CNT		000	
		#	0010	
00014	LD		20000	(5) 闪动输出(10 次)
00015	AND NOT	T	001	
00016	OUT		01000	
00017	END (01)		…	(6) END(01)指令

4. 数据比较和传送指令

1) CMP(20)指令

格式：CMP(20)Cp1
Cp2

符号：

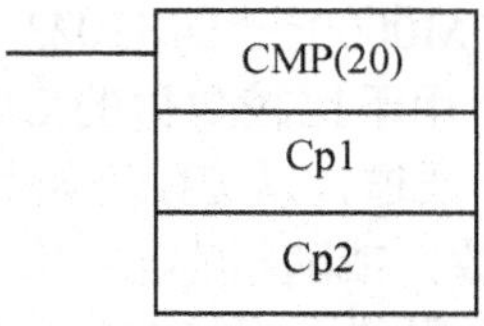

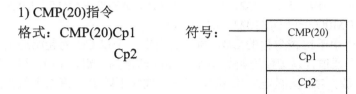

Cp1、Cp2 分别为第一操作数和第二操作数，或第一比较数和第二比较数，其范围为 IR000～IR019，SR200～SR255，HR00～HR19，AR00～AR15，LR00～LR15，TIM / CNT000～CNT127，DM0000～DM1023，6144～6655，*DM0000～*DM1023，6144～6655，#0000～FFFF。

功能：将 Cp1 通道的内容或常数与 Cp2 通道的内容或常数进行比较，当 Cp1＞Cp2 时 25505 置 ON，Cp1=Cp2 时 25506 置 ON，当 Cp1＜Cp2 时 25507 置为 ON。

2) CMPL(60)指令(二字长比较指令)

格式：CMPL(60) Cp1
Cp2

符号：

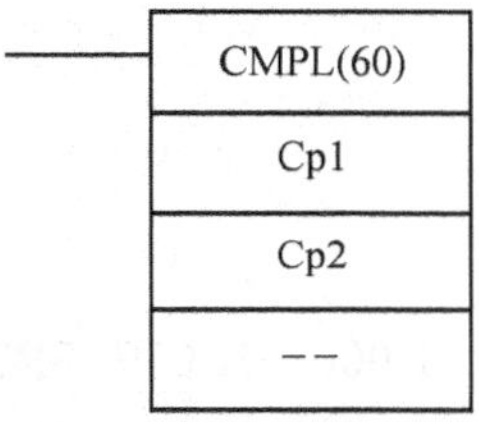

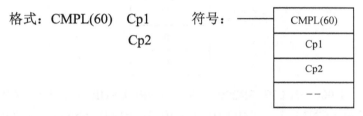

Cp1、Cp2 分别为第一比较字第一字和第二比较字第一字，取自 IR000～IR019，SR200～SR254，HR00～HR18，AR00～AR14，TIM / CNT000～CNT126，DM0000～DM1022，6144～6154，*DM0000～*DM1022，6144～6154。要求 Cp1、Cp1+1 必须在同一数据区，Cp2 和 Cp2+1 必须在同一数据区。

功能：Cp1、Cp1+1 通道数据与 Cp2、Cp2+1 通道数据进行比较，根据比较结果分别设置比较标志。第一比较字大于第二比较字时 25505 置 ON，两者相等时 25506 置 ON，第一比较字小于第二比较字时 25507 置 ON。其中 Cp1+1、Cp1 连在一起为一个 8 位十六进制数，Cp1+1 为高位，Cp1 为低位；Cp2+1、Cp2 连在一起为一个 8 位十六进制数，Cp2+1 为高位，Cp2 为低位。

3) BCMP(68)与@BCMP(68)指令(块比较指令)

格式：BCMP CD
CB
R

符号：

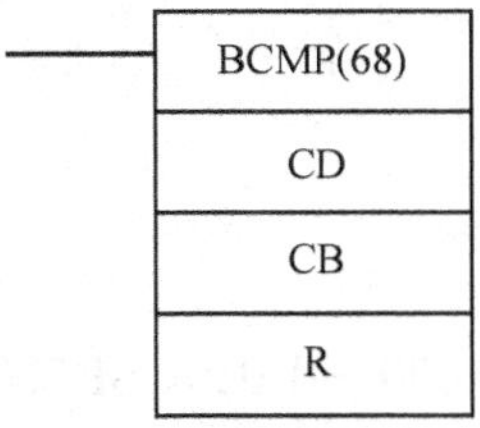

CD：比较数，取值于 IR000～IR019，SR200～SR255，HR00～HR19，AR00～AR15，LR00～LR15，TIM / CNT000～CNT127，DM0000～DM1023，6144～6655，*DM0000～*DM1023，6144～6655，#0000～FFFF。

CB：数据块起始通道，取值于 200～224，TIM / CNT0 00～CNT096，DM0000～

DM0992，6144～6623，*DM0000～*DM1023，6144～6655。

R：结果通道，取值于 000～019，200～252，HR00～HR19，AR00～AR15，LR00～LR15，DM0000～DM1023，*DM0000～*DM1023，6144～6655。

功能：BCMP 首先指定一个用于比较数据的 CD，同时还指定一个以 CB 为起始通道的数据块(从 CB～CB+31)共 32 个通道，从 CB 开始每两个相连的通道为一组，共 16 组，这 16 组中的 32 个数据由用户存放，或随机存放。每组中第一个数为下限值，第二个数为上限值，下限值必须小于或等于上限值，用指定的比较数与各组比较，若下限≤CD≤上限，则该组比较结果为 1，否则为 0，将结果 1 或 0 写入结果通道 R 中与该组对应的位上。

ER 标志：当 CB 十 31 大于所在数据区号时，ER 置 1，当*DM 不存在时 ER 置 1。在逻辑条件满足时 BCMP 指令每扫描一次执行一次，若想只执行一次可使用@指令，此指令除执行一次外，其余均与 BCMP 相同。

4) TCMP(85)与@TCMP(85)(表比较指令)

格式：TCMP CD
TB
R

符号：

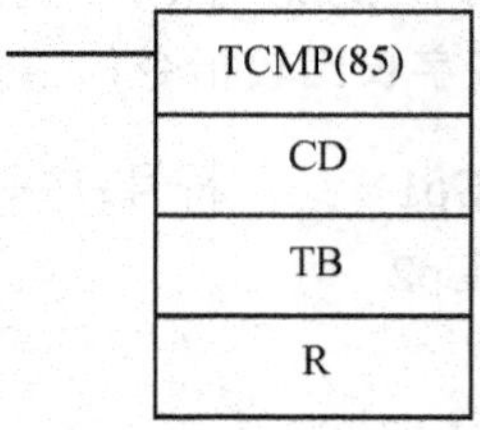

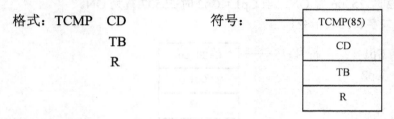

CD：比较数，数据来源于 IR000～IR019，SR200～SR255，HR00～HR19，AR00～AR15，LR00～LR15，TIM / CNT000～CNT127，DM0000～DM1023，6144～6655，*DM000～DM1023，6144～6655，#0000～FFFF。

TB：数据块起始通道号，数据来源于 000～004，200～224，HR00～HR04，AR00～AR15，TIM / CNT000～CNT112，DM0000～DM1008，6144～6640，*DM0000～*DM1023，6144～6655。

R：结果通道，数据来源于 000～019，200～252，HR00～HR19，AR00～AR15，LR00～LR15，DM0000～DM1023，*DM0000～*DM1023，6144～6655。

功能：TCMP 为表比较指令或表一致指令，首先给出一个比较数据 CD，同时指出一个数据表，该表为 TB～TB+15 共 16 个连续通道，将比较数据 S 与数据表 TB～TB+15 中 16 个数据逐个比较，相等为 1，不相等为 0，将每个结果写入结果通道 R 中对应位上。

5) MOV(21)与@MOV(21)指令

格式：MOV S
D

符号：

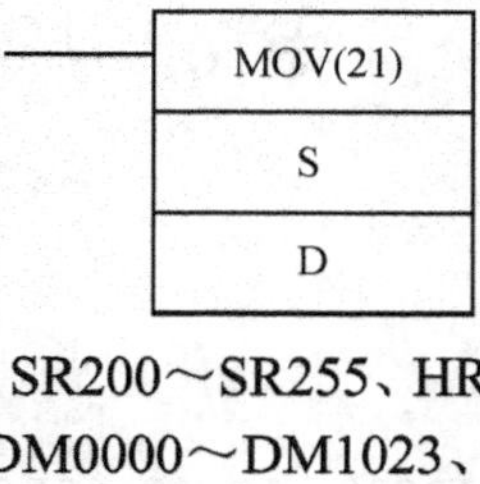

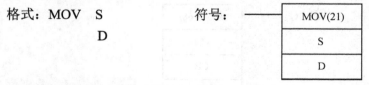

S：源数据，数据来源于 IR000～IR019、SR200～SR255、HR00～HR19、AR00～AR15、LR00～LR15、TIM / CNT000～CNT127、DM0000～DM1023、6144～6655、*DM0000～*DM1023、6144～6655、#0000～FFFF。

D：目的通道号，数据来源于 000～019、200～252、HR00～HR19、AR00～AR15、LR00～LR15、DM0000～DM1023、*DM0000～*DM1023、6144～6655。

功能：将源数据(指定通道的数据，或 4 位十六进制常数)传送到目的通道 D 中(某个指定通道)，故称传送指令。

ER 标志：*DM 的内容不是 BCD 格式，或 DM 区域超界。

EQ 标志：当传送到 D 的全为 0 时为 ON。

MOV 指令每扫描一次，执行一次，@MOV 只执行一次。

6) MVN 与@MVN(22)

格式：MVN S
D

符号：

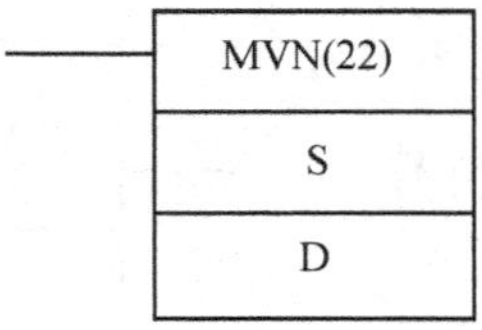

S：源数据同 MOV 指令中的 S。

D：目的通道同 MOV 指令中的 D。

功能：与 MOV 指令相同，只是先将 S 内容求反，再传送到 D。

7) MOVB 指令(82)(位传送)

格式：MOVB S
Bi
D

符号：

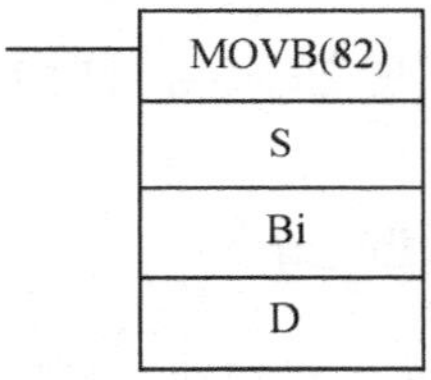

S：源字，数据来源于 IR000～IR019、SR200～SR255、HR00～HR19、AR00～AR15、LR00～LR15、TIM / CNT000～CNT127、DM0000～DM1023、6144～6655、 * DM0000～*DM1023、6144～6655、#0000～FFFF。

Bi：位指定，数据来源于 IR000～IR019、SR200～SR255、HR00～HR19、AR00～AR15、LR00～LR15、TIM / CNT000～CNT127、DM0000～DM1023、6144～6655、 *DM0000～*DM1023、6144～6655、控制数据为 0000～9999BCD 码。

D：目标字，数据来源于 IR000～IR019、SR200～SR252、HR00～HR19、AR00～AR15、LR00～LR15、DM0000～DM1023、xDM0000～xDM1023、6144～6655。

功能：当执行条件 ON 后，MOVB 复制 S 中指定位到 D 中指定位，故称位传送，S 和 D 的位由 Bi 指定，Bi 的 0—7 指定源值位(0～15)，8～15 指定目标位(0～15)。

8) MOVD(83)与@MOVD(83)指令(数字传送或段传送)

格式：MOVD S
Di
D

符号：

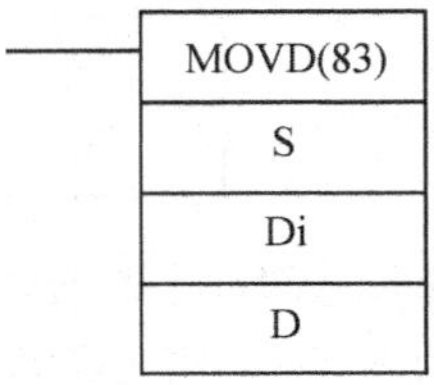

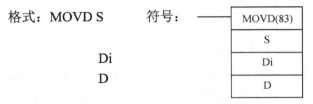

S：源字，数据来源同 MOVB 中 S。

Di：数字位指定，数据来源同 MOVB 中 Bi。

D：目标字，数据来源同 MOVB 中 D。

功能：MOVD 是数字传送指令，一个数字是由 4 位二进制数描述的，4 位二进制位称为段，故又称为段传送指令。当执行条件 ON 时，复制 S 中指定数字位到 D 中指定数字位，一次最多可传四个数字，Di 指定要复制的 S 中第一位数字位，要复制的数字个数和接受复制的 D 中开始数字位(目标位)。无论 S 或 D，从指定数字位开始按数字个数数位，当数到最后一位时，下一位回到 0 位接着数位。

5. 递增递减指令

1) INC(38)与@INC(38)指令(递增指令)

格式：INC　Wd　　　符号：

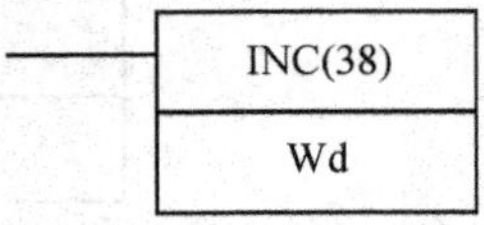

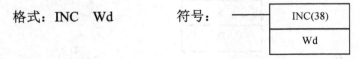

Wd：增量字，数据域为 IR000～IR019，SR200～SR252，HR00～HR19，AR00～AR15，LR00～LR135，DM0000～DM1023，*DM0000～*DM1023，6144～6655，Wd 内容为 BCD 码。

功能：当执行条件 ON 时，在不影响进位标志 CY 条件下，将 Wd 内容加 1，故称递增指令。

ER 标志：Wd 内容不是 BCD 码或间接寻址时 DM 不存在。

EQ 标志：当结果为 0 时 ON。

2) DEC(39)与@DEC(39)指令(递减指令)

格式：DEC　Wd　　　符号：

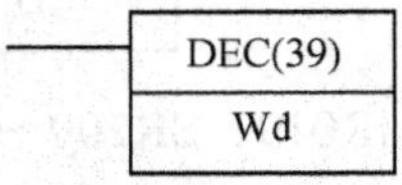

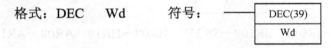

Wd：减量字，数据域同 INC。

功能：当执行条件 ON 时，在不影响进位标志下将 Wd 内容减 1，故称递减指令。

ER 标志：Wd 内容不是 BCD 码或间接寻找时 DM 不存在。

EQ 标志：当结果为 0 时 ON。

6. 算术运算指令

1) ADD(30)与@ADD(30)指令(加法指令)

格式：ADD　Au　　　符号：
Ad
R

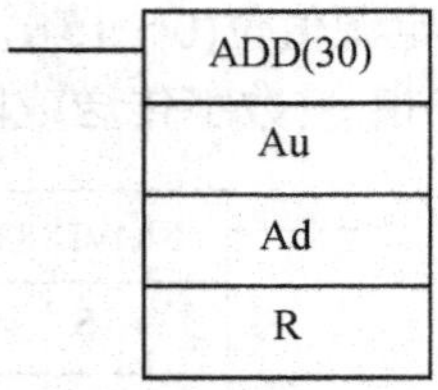

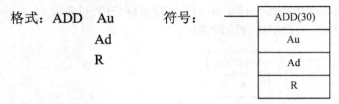

Au：被加数字(BCD)。Ad：加数字(BCD)，数据域为 IR000～IR019，SR200～SR255，HR00～HR19，AR00～AR15，LR00～LR15，TIM / CNT000～CNT127，DM0000～DM1023，6111～6655，*DM0000～*DM1023，6144～6655，#0000～9999(BCD)。

R：结果字，数据域为 IR000～IR019，SR200～SR255，HR00～HR19，AR00～AR15，LR00～LR15，DM0000～DM1023，*DM0000～*DM1023，6144～6655。

功能：ADD 为 BCD 加法指令，当执行条件 ON 时，将 Au 通道数据或常数与 Ad 通道数据和常数进行相加，(S1+S2+CY——D1、CY)结果送 R，若结果大于 9999 则 CY 为 ON。

ER 标志：Au 或 Ad 不是 BCD 数，或间接寻址 DM 不存在。

CY 标志：结果有进位时 ON。

EQ 标志：结果为 0 时则 ON。

2) SUB(31)与@SUB(31)指令(减法指令)

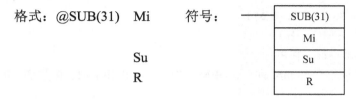

格式：@SUB(31) Mi
Su
R

符号：

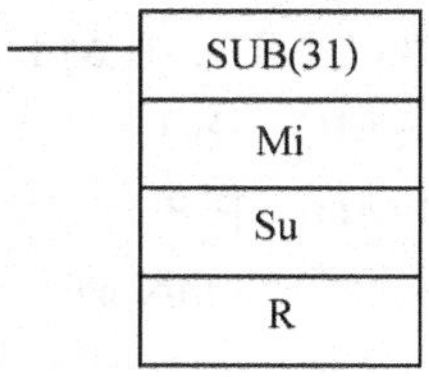

Mi：被减数字，数据域同 ADD 中 S1、S2。

Su：减数字，数据域同 ADD 中 Su。

R：结果字，数据域同 ADD 中 R。

功能：当执行条件 ON 时，将 Mi 通道数据或常数与 Su 通道数据或常数相减，再减去 CY 内容送入 R 中，若结果为负，则置 CY 为 ON 并将实际结果用 10 的补码放入 R，为了转换成真实结果，还要从 0 减去 R 中内容。

ER 标志：Mi、Su 不是 BCD 码，间接寻址 DM 不存在均 ON。

CY 标志：当结果为负时 ON。

EQ 标志：结果为 0 时 ON。

3) MUL(32)与@MUL(32)指令(乘法指令)

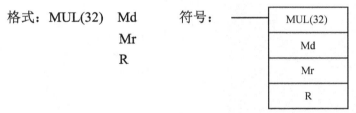

格式：MUL(32) Md
Mr
R

符号：

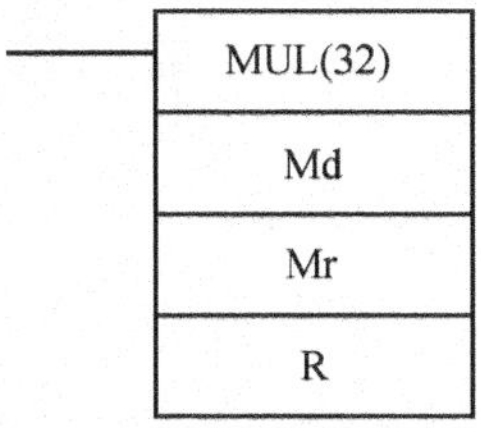

Md：被乘数，Mr：乘数，数据域为 IR000～IR019，SR200～SR255，HR00～HR18，AR00～AR15，LR00～LR15，TIM / CNT000～CNT127，DM0000～DM1023，6144～6655，*DM0000～*DM1023，6144～6655，#0000～9999(BCD)。

R：第一结果字，数据域为 IR000～IR018，SR200～SR255，HR00～HR18，AR00～AR14，LR00～LR14，DM0000～DM1022，*DM0000～*DM1023，6144～6655。

功能：BCD 乘法指令，当执行条件 ON 时，将 Md 通道数据或常数与 Mr 通道数相乘，结果送入 R+1 和 R 中，R+1 为上位,R 为下位，当结果为 0 时 EQ 标志 ON。

ER 标志：Md、Mr 不是 BCD 码，或间接寻址 DM 不存在。

CY 标志：当结果有进位时 ON。

EQ 标志：当结果为 0 时 ON。

4) DIV(33)与@DIV(33)指令(除法指令)

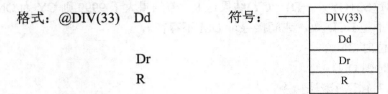

格式：@DIV(33)　Dd　　　　　　符号：

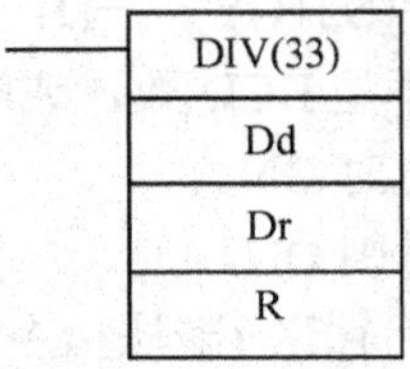

Dr

R

Dd：被除数字，数据域同乘法 MUL 中 Md。

Dr：除数字，数据域同乘法 MOL 中 Dr

R：第一结果字，数据域同 MUL 中 R。

功能：BCD 除法指令，当执行条件 ON 时，Md÷Mr 结果放入 R 和 R+1，R 放商，R+1 放余数。

ER 标志：Dd、Dr 不是 BCD 数，间接寻址 DM 不存在时 ON。

EQ 标志：当结果为 0 时 ON。

例程(如图 5.21 所示)：一温度比较装置，可以对外界温度监控，当外界温度超出警戒范围时警报器报警。现设定温度为 25℃，差值为 5℃，传感器测得实测值为 32℃，程序如下：

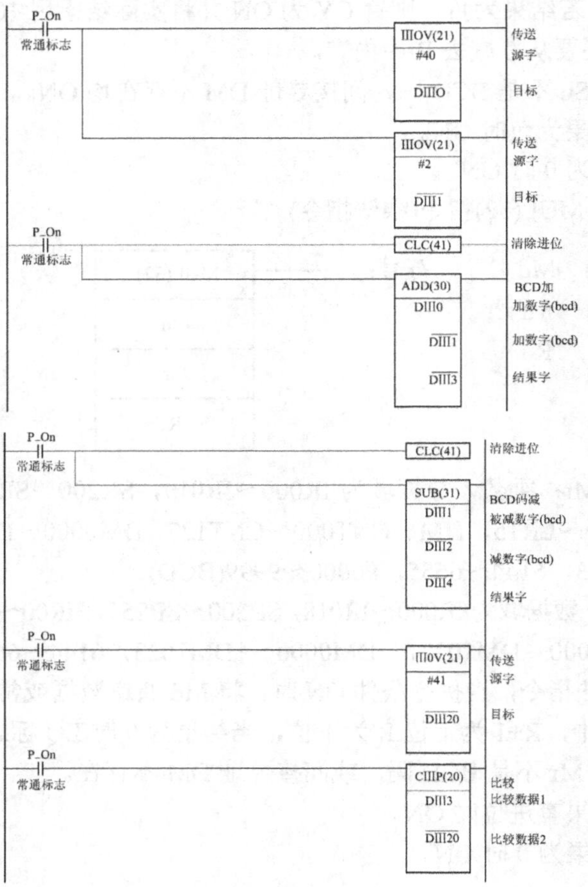

图 5.21　温度比较装置梯形图

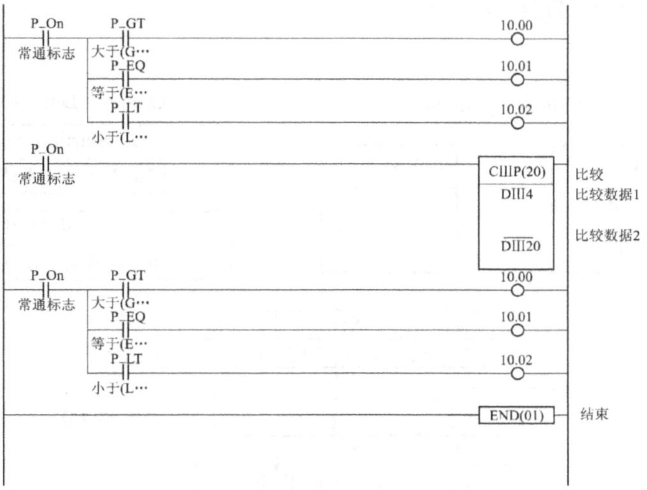

图 5.21 温度比较装置梯形图(续)

7. 数据移位和转换指令

1) SFT(10)指令(如图 5.22 所示)

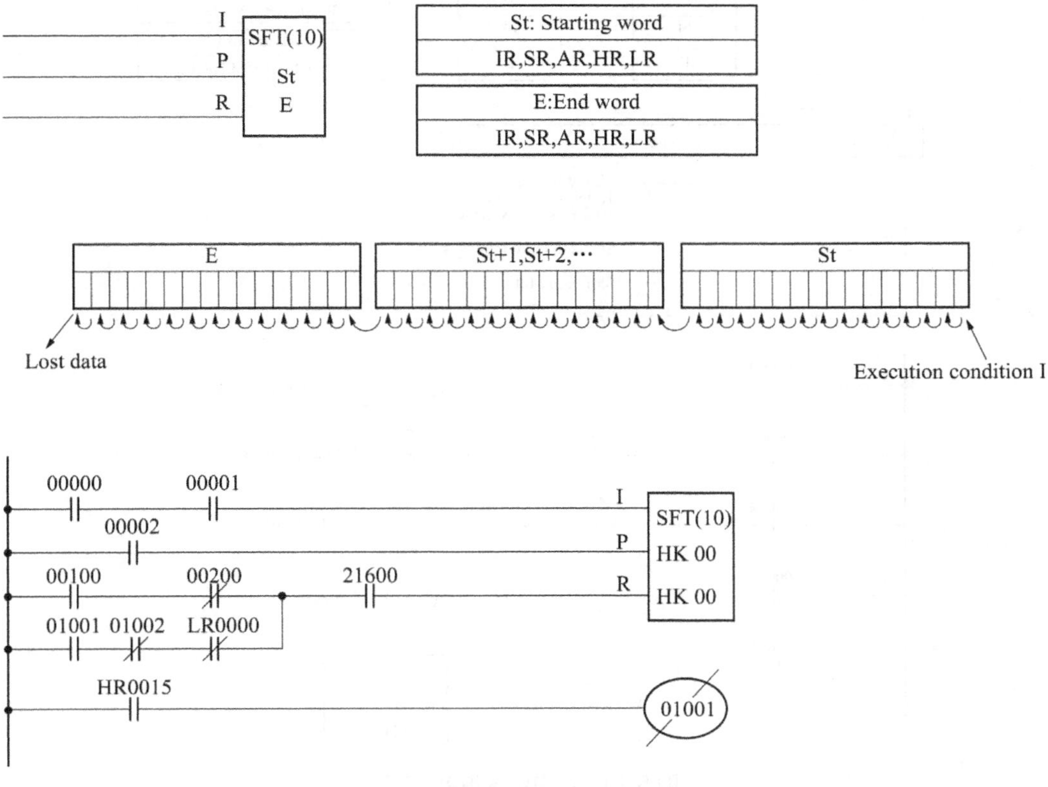

图 5.22 数据移位

2) 字传送指令 WSFT(16)

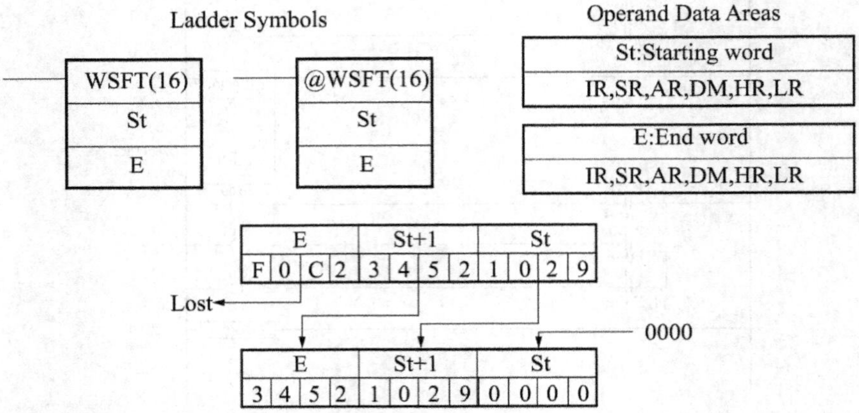

3) 可逆传送指令 SFTR(84)(如图 5.23 所示)

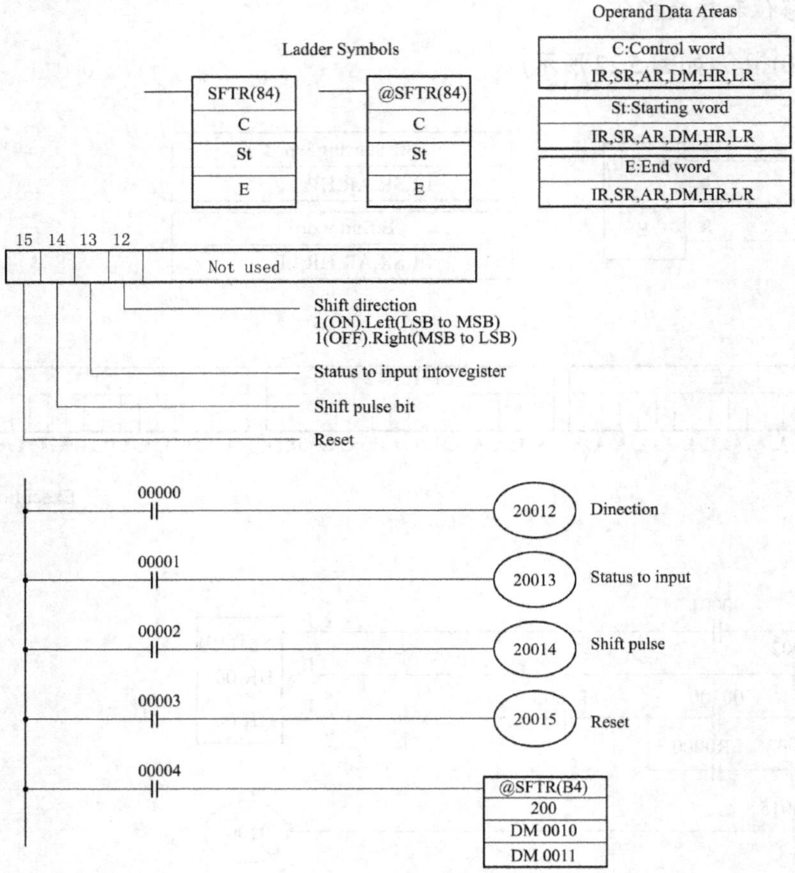

图 5.23 可逆传送指令 SFTR

5.4.3 功能编程指令

1. 子程序控制指令

在编写应用程序时，有的程序段需多次重复使用。这样的程序段可以编成一个子程序，在满足一定条件时，中断主程序而转去执行子程序，子程序执行完毕，再返回断点处继续执行主程序。另外，有的程序段不仅需多次使用，而且要求程序段的结构不变，但每次输入和输出的操作数不同。对这样的程序段也可以编成一个子程序，在满足执行条件时，中断主程序的执行而转去执行子程序，并且每次调用时赋予该子程序不同的输入和输出操作数，子程序执行完毕再返回断点处继续执行主程序。

调用子程序与前面介绍的跳转指令都能改变程序的流向，利用这类指令可以实现某些特殊的控制，并具有简化编程、减少程序扫描时间的作用。

1) SBS(91)与@SBS(91)指令(子程序调用)

格式：SBS(91)　N　　　　符号：——[SBS(91)N]

N：子程序编号，取值为 000～049。

功能：在执行条件为 ON 时，调用编号为 N 的子程序。当执行条件 ON 时，具有相同子程序号的 SNN(92)和后面的第一 RET(93)之间的指令被调入执行，之后返回到产生调用的 SBS(91)后的指令执行，在主程序的不同地方可调用同一子程序。SBS(91)也可放在子程序中，以使程序执行从一个子程序转到另一个子程序即子程序可以嵌套，当第二个子程序执行完(即到了 RET(93))程序回到初始子程序。继续执行，执行完后再回到主程序。

ER 标志：子程序调用自己，子程序嵌套超过 16 层或者调用的子程序不存在。

2) SBN 指令 FUN(92)和 RET 指令 FUN(93)

格式：SBN(92)　N　　　　符号：——[SBN(92)N]

RET(93)　　　　——[RET(93)]

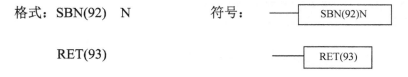

功能：SBN 和 RET 是子程序定义和子程序返回指令。SBN 指令定义子程序的开始，RET 表示子程序结束，RET 指令不带操作数。SBN 和 RET 指令不需要执行条件，两条指令成对使用，所编写的子程序应该在指令 SBN 和 RET 之间。主程序中，在需要调用子程序的地方安排 SBS 指令。若使用非微分指令 SBS 时，在它的执行条件满足时，每个扫描周期都调用一次子程序。若使用@SBS 时，只在执行条件由 OFF 变 ON 时调用一次子程序。

例程如图 5.24 所示。

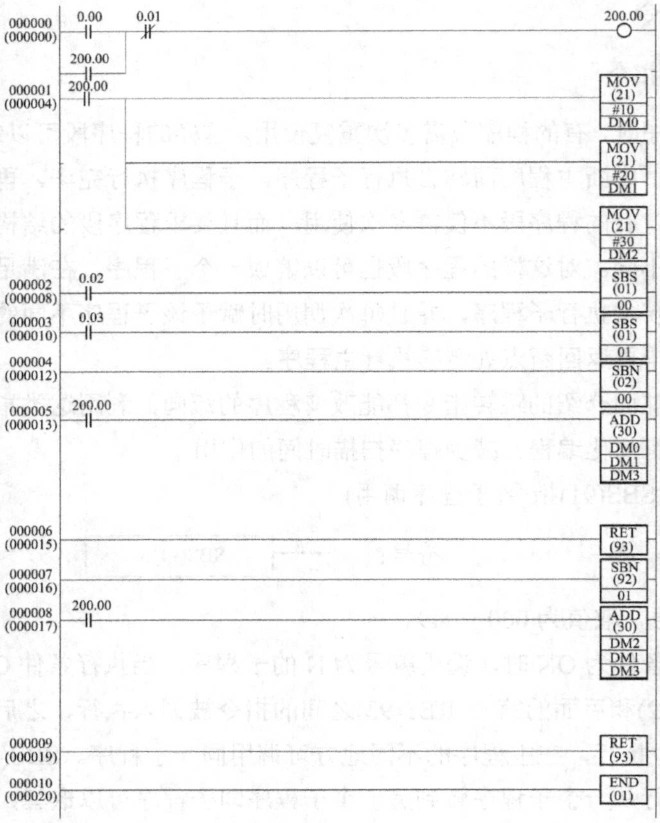

图 5.24　SBS/ SBN 指令

3) MCRO 和@MCRO 指令 FU(99)(宏指令)

格式：MCRO　N
　　　　　　L1
　　　　　　O1

符号：

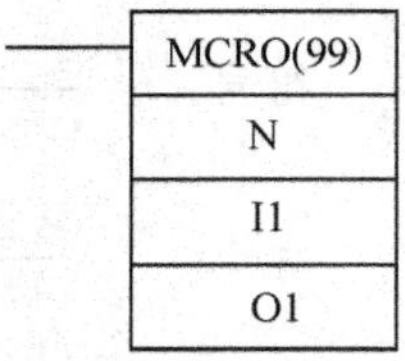

N：子程序号，000～049

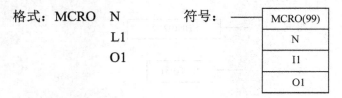

L1：第一输入字，数据域为 IR000～IR016，SR200～SR252，HR00～HR16，AR00～AR12，LR00～LR12，TINM / CNT000～CNT124，DM0000～DM1020，6144～6652，*DM0000～*DM1023，6144-6655。

O1：第一输出字，数据域为 IR000～IR016，SR200～SR249，HR00～HR16，AR00～AR12，LR00～LR12，TINM / CNT000～CNT124，DM0000～DM1020，*DM0000～*DM1023，6144～6655。

功能：MCRO 为宏指令，用一个子程序 N 代替数个具有相同结构，但操作数不同的子程序。当执行条件为 ON 时，停止执行主程序，将输入数据 L1～L1+3 的内容复制到 SR232～SR235，将输出数据 O1～O1+3 的内容复制到 SR236～SR239，然后调用和执行标记为 N

的子程序，当执行完子程序时，SR236～SR239 的内容再复制到 O1～O1+3 中。

2. 工程步进控制指令

格式：STEP(08)　　　　　符号：

STEP(08)B

SNXT(09)B

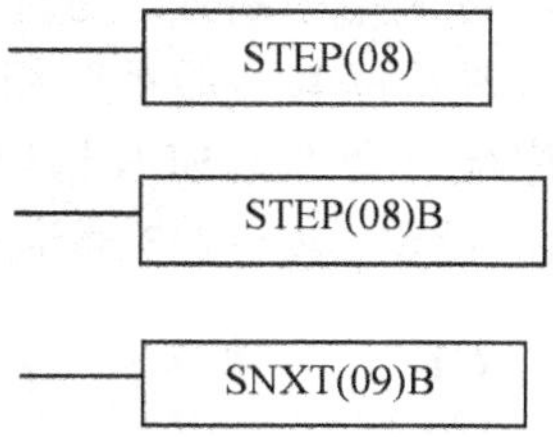

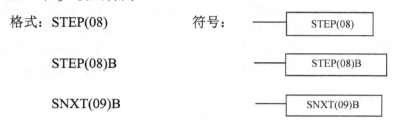

B：控制位或程序编号，数据域为 IR00000～IR01915，SR20000～SR25215，HR0000～HR1915，AR0000～AR1515，LR0000～LR1515。

功能：步进程序指令 STEP(08)和 SNXT(09)一起使用，在一个大型程序中的程序段间设置断点，以便使这些程序段作为一个整体执行，并在执行完毕后复位。一般情况下，一段程序通常和实际应用中的一个生产过程相对应。每个步进程序段必须以 SNXT(09)B 开头，其后用一条具有相同 B 的 STEP(08) B 指令，然后才是该程序段指令集。各步进程序段可顺序排列，一系列步进程序段编好后最后要紧跟一条 SNXT(09) B 指令，其中 B 无意义，可用任何未被系统采用过的位号，在这条指令之后还要用不带编号的 STEP(08)指令来标志这一系列程序段的结束。CPU 执行到每个步进段开头的 SNXT(09) B 时，先为该程序段复位前面程序段使用过的定时器，并对前面使用过的数据区清零。STEP(08) B 则标志以 B 为使能信号的程序段开始。

所有控制位必须在同一字中，并且要连续。若程序段编号 B 采用 HR 或 AR，可以掉电保护。在步进程序中，END，IL(02)，ILC(03)，JMP(04)，JME(05)，SBN(92)不可使用。

例程如图 5.25 所示。

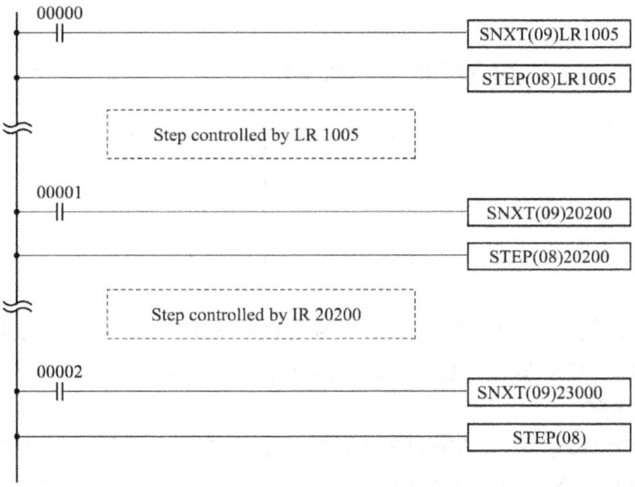

图 5.25 工程步进控制指令

3. 中断控制

CPM2A 有 3 种形式的中断：输入中断、间隔定时器中断、高速计数器中断。

CPM2A 的所有中断都遵循如下规则：中断处理程序内部，可定义新的中断。在中断处理程序中也可解除中断，但中断处理程序内部不可调用别的中断处理程序，也不可调用子程序。而在子程序中也不可调用中断处理程序，即中断不嵌套，不可调用子程序，子程序也不可调用中断。中断处理程序与一般程序相同，在主程序后可用 SBN(92)指令定义，定义中断处理程序时，程序检查会“无 SBS 错误”，但运行正常。计数模式中断有个设定值 SV 和当前值 PV 的问题，设定 240～243 通道设定，而 244～247 存入的是当前值减 1。

格式：@INT(89)　C1
000
C2

符号：

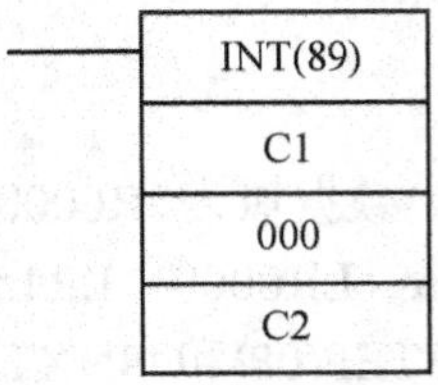

C1：控制代码，数据域为 000～003，100，20。

C2：控制数据，数据域为 C1=002 时，000～019，200～252，HR00～HR19，AR00～AR15，LR00～LR15，TIM / CNT000～CNT127，DM0000～DM1023，C1≠002 时 DM0000～DM1023，6144～6655，*DM0000～*DM1023，6144～6655，#0000～000F。

功能：当执行条件 ON 时，INT 依据 C1 值控制并执行表 5-8 中六项功能中的一个。

表 5-8　INT 中 C1 功能表

C1	控制内容	C2	控制内容
000	屏蔽/不屏蔽输入中断	003	更新计数器 SV
001	输入中断输入清除	100	屏蔽所有中断
002	读当前屏蔽状态	200	不屏蔽所有中断

4. 译码指令

SDEC(78)与@SDEC(78)指令(7 段译码指令)

格式：@SDEC(78)　S
Di
D

符号：

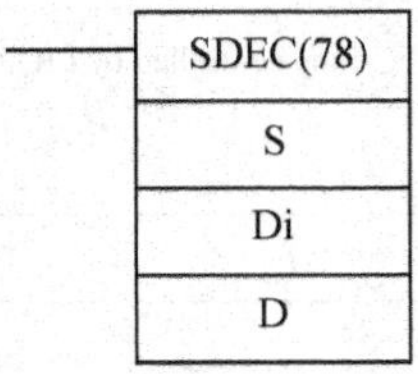

S: 源字(二进制)，数据域 IR000～IR019，SR200～SR255，HR00-～HR19，AR00～AR15，LR00～LR15，TINM / CNT000～CNT127，DM0000～DM1023，6144～6655，*DM0000～*DM1023，6144～6655。

Di: 数位指定，数据域为 IR000～IR019，SR200～SR252，HR00～HR19，AR00～AR15，LR00～LR15，TINM / CNT000～CNT127，DM0000～DM1023，6144～6655，*DM0000～*DM1023，6144～6655。

D: 第一目标字，数据域：IR000～IR019，SR200～SR252，HR00～HR19，AR00～AR15，LR00～LR15，DM0000～DM1023，6144～6655，*DM0000～*DM1023 所有目标字必须在同一数据区。

功能：SDEC 为 7 段译码指令，当执行条件 ON 时，SDEC 转换 S 中指定数字为等价的 8 位比特段显示代码，并把它放入 D 开始的目标字中，数位指定由 Di 控制。具体细节请参阅手册。

5.5 PLC 控制器应用系统的设计

PLC 控制系统的设计包括三个重要的环节：通过对控制任务的分析，确定控制系统的总体设计方案；根据控制要求确定硬件构成方案；设计出满足控制要求的应用程序。要想顺利地完成 PLC 控制系统的设计，需要不断地学习和实践。

5.5.1 PLC 应用系统的设计方法和步骤

1. 系统设计原则

PLC 系统设计包括硬件设计和软件设计。所谓硬件设计，是指 PLC 外部设备的设计，而软件设计即 PLC 梯形图的设计。

(1) 硬件设计中，要进行输入设备的选择(如操作按钮、转换开关及计量保护的输入信号等)，执行元件(如接触器、电磁阀、信号灯等)的选择，以及控制台、柜的设计等。具体设计时应注意结合几点原则：可靠性、功能完善性、经济性，在保证以上几点的基础上，考虑系统的先进性和可扩展性，其中可靠性是最为重要的。为此，选用性能可靠但价格较高的产品相对于后期的维护费用来说，成本不是很高。

根据工艺流程，将所需的计数器、定时器及内部辅助继电器也进行相应的分配，然后进行软件设计。

(2) 软件设计的主要方法是先编写工艺流程图，将整个流程分解，确定每步的转换条件，配合分支、循环、跳转及某些特殊功能便可很容易地转为梯形图了。具体环节有建立 PLC 的 I/O 端子表和界线图，建立存储器列表，给出梯形图中的注释等。经验法是非常重要的方法。

软件设计可以与现场施工同步进行，即在硬件设计完成以后，同时进行软件设计和现场施工以缩短施工周期。

2. 应用设计步骤

设计 PLC 控制系统，必须正确理解实际控制问题，提出合理的设计方案。具体的设计步骤如下：

(1) 控制任务分析。分析生产过程，理解控制要求，绘制流程图，确定对控制流程理解的正确性。具体考虑：控制规模较大时，特别是开关量控制的输入、输出设备较多且联锁控制较多时，最适合采用 PLC 控制；工艺要求较复杂时、工艺要求经常变动或控制系统有扩充功能的要求时，则只能采用 PLC 控制；对可靠性、抗干扰能力要求较高时，也需采用 PLC 控制，I/O 总数在 40 点左右就可以采用 PLC 控制；运算速度要求高时，可考虑带有上位计算机的 PLC 分级控制；如果运算速度较低，而主要以工业过程控制为主时，采用 PLC 控制将非常适宜。

(2) 确定端子表。确定 PLC 中的输入、输出量、中间量、定时器、计数器、模拟量、通信等信息。

(3) PLC 选型。选择能满足控制要求的适当型号的 PLC 是应用设计中至关重要的一步。选择原则如下：选择熟悉的产品，可以缩短开发时间；考虑产品和配套设备的性价比；产品的配套资料是否齐备适用；编程软件是否易用；售后服务是否完善，技术支持是否到位；该产品相关资料是否丰富。

(4) 编写梯形图，模拟控制现场调试。

(5) 设计外围电路，考虑保护和抗干扰环节。

(6) 系统联机调试。系统调试分为两个阶段：第一阶段为模拟调试；第二阶段为联机调试。

当 PLC 的软件设计完成之后，应首先在实验室进行模拟调试，看是否符合工艺要求。模拟调试可以根据所选机型，外接适当数量的输入开关作为模拟输入信号，通过输出端子的发光二极管，可观察 PLC 的输出是否满足要求。

当现场施工和软件设计都完成以后，就可以进行联机统调。在统调时，一般应首先屏蔽外部输出，再利用编程器的监控功能，采用分段分级调试方法，通过操作外部输入器件检查外部输入量是否连接无误，然后再利用 PLC 的强迫置位/复位功能逐个运行输出部件。

系统调试完成以后，为防止程序遭到破坏和丢失，可将程序固化到 EPROM 或 EEPROM 中，或者将程序打印保存。

5.5.2 PLC 应用中的可靠性设计

虽然可编程控制器具有很高的可靠性，并且有很强的抗干扰能力，但是十分恶劣的环境条件(如过强的电磁场、超高温、超低温、超高压等)或安装使用不当等，都有可能引起 PLC 内部信息的破坏而导致控制混乱，甚至造成内部元件损坏。为了提高 PLC 系统运行的可靠性，使用 PLC 时要注意以下问题：

1. 环境技术条件设计

1) PLC 工作环境要求

由于 PLC 直接应用于工控环境，生产厂家设计的 PLC 应可以直接在恶劣的条件下工作。但是用户在设计控制系统时，一定要对环境条件给予充分考虑。一般工作环境应该满足以下几点：工作温度在 0～55℃(不能超过 60℃)；相对湿度在 5%～95%(无凝结霜)；振动和冲击要求满足国际电工委员会标准；电源要求 220V 交流，电压波动为±15%，频率 47Hz～53Hz；工作环境空气要求没有易燃、易爆和腐蚀性气体。

2) 环境对 PLC 的影响

温度过高、过低时容易引起半导体性能的恶化、增加故障率、降低精度，导致系统的动作不正常；湿度过大时会引起内部元件的性能恶化，印刷板可能出现短路现象；过于干燥的情况下，会使绝缘物体带上静电，产生静电感应损坏元件；装有 PLC 的控制柜应当避免强烈的振动和冲击，尤其是连续、频繁的振动。PLC 承受的振动和冲击频率为 10～15Hz，振幅为 0.5mm，加速度为 2*g*，冲击力为 10g，PLC 的控制柜应远离振动源，或采取相应措施减缓振动和冲击，以免造成接线或插件的松动；混有尘埃、导电粉末、水分、油雾等的空气会导致接触不良，造成绝缘效果不好，产生腐蚀，设备动作不准确等现象。

3) 改善环境对策

去除影响 PLC 工作性能的环境因素。例如：为避免温度过高，可以在控制柜中加风扇或冷风机，避免温度过低可以设置加热器；如果设备工作条件要求苛刻的时候可以考虑使用空调；为避免湿度过大，可以考虑在配电盘上加吸湿剂，引入外部空气，印刷板上覆盖保护层等；防振要查清振源，将其移走，强固控制器和连接线等；预防空气腐蚀可以采用密封盘、柜，或者给盘柜打入高压清洁空气。

安装 PLC 的控制柜应当避免强烈的振动和冲击，尤其是连续、频繁的振动。PLC 的控制柜应远离振动源，或采取相应措施减缓振动和冲击，以免造成接线或插件的松动。

4) 远离强电磁场和强放射源

在离强电磁场、强放射源较近的地方，在易产生强静电的地方都不能安装 PLC。

5) 远离强干扰源

PLC 装置要远离强干扰源，例如大功率晶闸管装置、高频焊机、大型动力设备等。

2. 冗余设计

在要求有极高可靠性的大型系统中，常采用冗余技术来保证系统的可靠性。所谓冗余系统是指系统中有多余的部分，没有它，系统照样工作，但在系统出现故障时，这种多余的部分能立即替代故障部分而使系统继续正常运行。各 PLC 生产厂家的冗余系统设计方法不同：一种是靠硬件来实现的；还有一种是靠软件来实现的。

1) 环境条件冗余

在温度控制条件下，虽然要求在 55℃以下的环境温度中，但是考虑到设备的发热，一般工作环境温度控制在 30℃以下。

2) 硬件冗余

这种系统中有两个 CPU 模块在同时工作，它们执行同一个用户程序。主模块工作时，备用模块的输出被禁止。当主模块失效时，备用模块立即投入使用，切换过程是由冗余处理单元控制的。在接到故障信息后，冗余处理单元能立即将功能切换到备用 CPU 模块上。在调试或编程时，经必要的设定后即可单机运行，比较灵活。

3) 软件冗余

这种系统也有两个 CPU 模块在同时运行一个程序，不同的是，系统不是靠冗余处理单元对两个 CPU 模块进行切换。主 CPU 模块通过通信口与备用 CPU 模块连在一起进行通信，在每个扫描周期的末了进行数据校验比较，当有故障时，备用 CPU 立即接替故障 CPU 模块的工作。对易于出故障的模块或部件，例如电源模块、输出继电器等，最好适当作备份，一旦发现故障则立即更换，以最大限度地减小停机损失。

3. 必须的保护措施

1) 短路保护

PLC 的输出线路上要装熔断器(速熔)，以防负载短路。最好在每个负载的回路中都装上熔断器。

2) 联锁措施

对电动机的正反转控制，不仅在编程序时要保证正反转互锁，PLC 的外部接线也要采取互锁措施。在不同电机或电器之间有连锁要求时，最好也在 PLC 外部进行触点联锁，这是 PLC 控制系统中常用的做法。如果因为 PLC 的误动作或其他影响 PLC 操作的外部因素而出现异常，为了保证系统安全，在外部控制电路中必须设有应急停止电路、联锁电路、限位电路和类似的安全措施。没有适当的安全措施，可能会导致严重的事故。图 5.26 是一个联锁电路的例子：

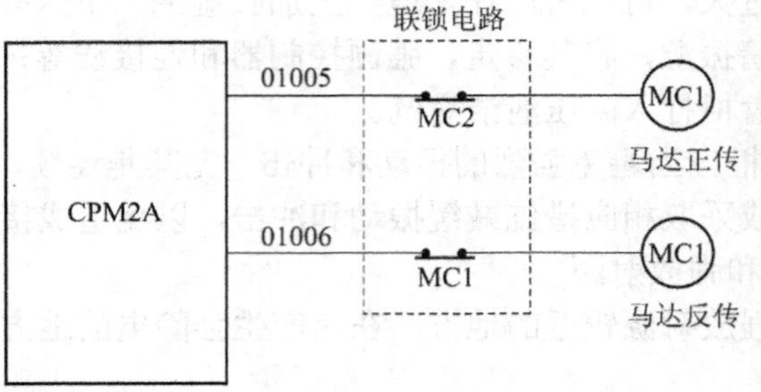

图 5.26　硬件互锁电路

在上面的联锁电路中，即使 CPM2A 输出 01005 和 01006 同时为 ON(PC 误动作)，MC1 和 MC2 也不会同时为 ON。

4. 抗干扰措施

可编程控制器内部的工作电压是直流 5V，频率为数兆赫兹。周围的干扰很容易引起控制系统的误动作，为提高 PLC 系统工作的稳定性，必须采取抗干扰措施。具体如下：

(1) 电源抗干扰采取隔离变压器、滤波器、分离供电系统等几种方式。

(2) 接地措施可以减少干扰电流的影响。为防止电击和电气噪声引起误动作，务必将接地端子接地，接地电阻小于 100Ω。接地线必须使用 1.25mm 以上的电线。安装时，必须接地，接地电阻小于 100Ω，具体如图 5.27 所示。

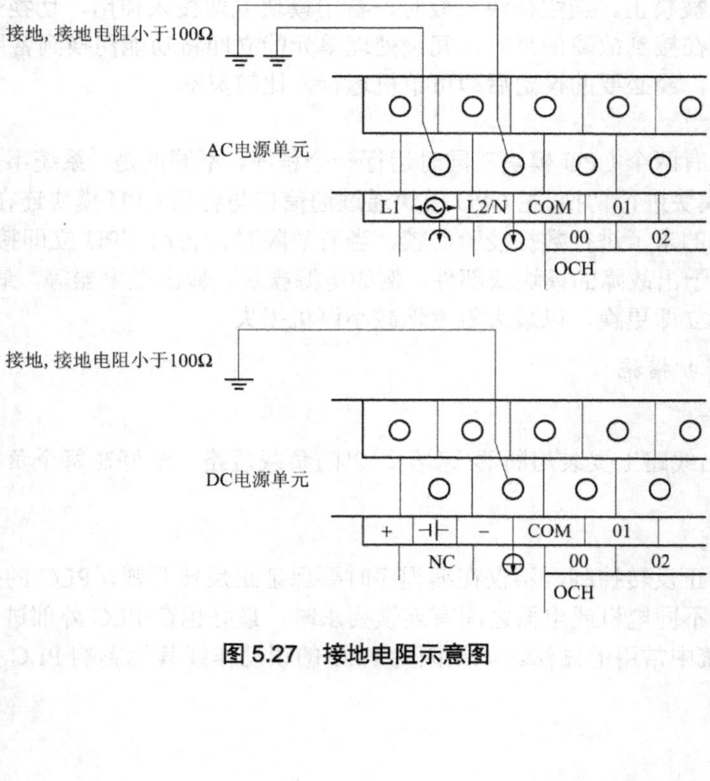

图 5.27　接地电阻示意图

5.5.3　PLC 控制系统设计技巧

充分利用 PLC 的硬件和软件条件，减少外部节点的数量，减少硬件投资，具体措施如下所述。

1. 节约使用输入点的措施

1) 改变 PLC 的外部输入接线

当一些输入电器的触点之间只是简单的逻辑关系(如与、或等)时，如果完全用程序来实现这些逻辑关系，那么这些触点都需占用 PLC 的输入点。若在 PLC 外部用硬接线来实现它们之间的逻辑，则可节约一些输入点。

例如，图 5.28 是在三处均能启、停一台电动机的控制电路图。SB_1、SB_2、SB_3 是启动按钮，SB_4、SB_5、SB_6 是停止按钮。若用程序来实现这个逻辑关系时，PLC 的外部接线如图 5.28(a)所示，对应的梯形图如图 5.28(b)所示。

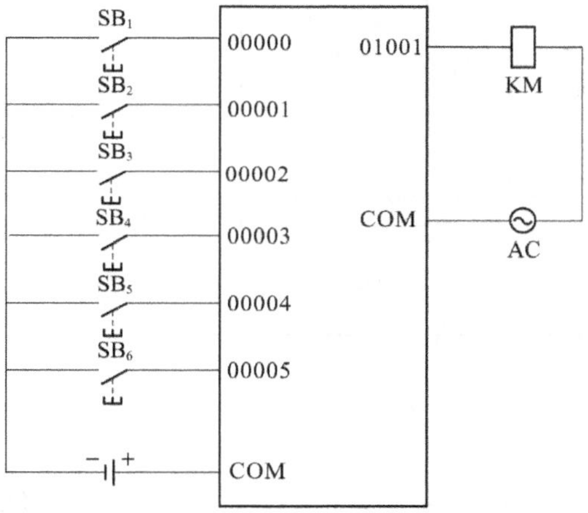

(a)

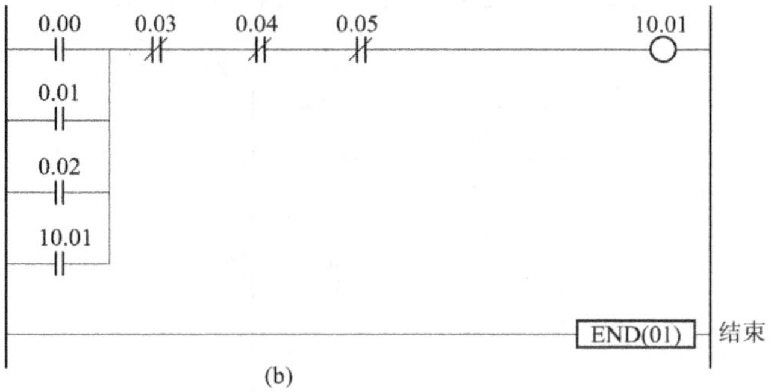

(b)

图 5.28　三处可启、停一台电动机的方案一

由继电器控制电路的常识可知，在异地控制时，所有启动按钮之间是“或”的逻辑关系，所有停止按钮之间也是“或”的逻辑关系。因此可以按图 5.29(a)的方法改变 PLC 的外部接线。与图 5.28(a)相比，显然节省了 4 个输入点，而且图 5.29(b)比图 5.28(b)的梯形图显得更为简洁。

采用分组控制方式可以节省输入点。例如系统有手动、自动两种控制方式时，每种各有 M 个输入信号，那么就要占用 2M 个输入点。但是采用分组控制方式时，2M 个输入信息只需占用 M 个输入点。图 5.30 就是分组控制的例子。图中，开关 S 有 1、2 两个工作位，PLC 的 00000 输入点作为控制点使用。当 S 合在 2 号位(手动)时 00000 被接通，这时 00001 点输入的是 SB_1 的信息；当 S 合在 1 号位(自动)时 00000 输入点 OFF，00001 点输入的是 S_1 的信息。可见，同一个输入点 00001，在 00000 不同状态下输入了不同的内容。这个例子说明，采用分组控制法相当于使 PLC 的输入点扩大约 2 倍。

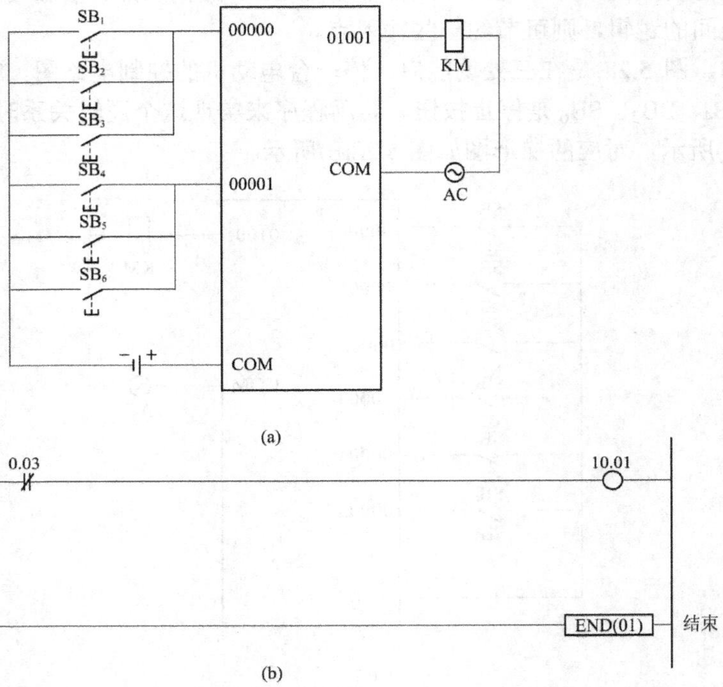

图 5.29　三处可启、停一台电动机的方案二

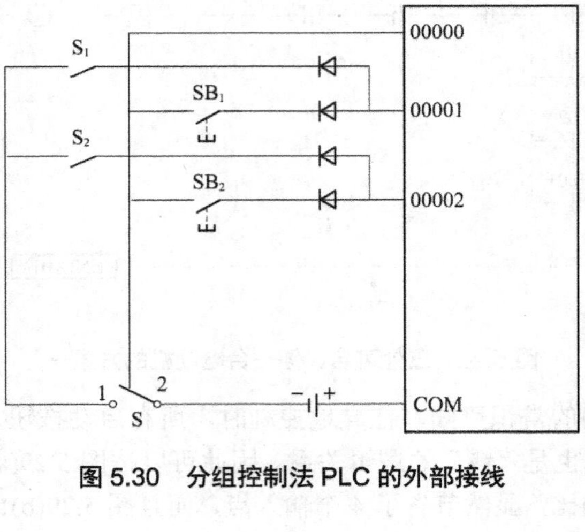

图 5.30　分组控制法 PLC 的外部接线

2) 利用编程来节约输入点数

PLC 内部器件的数量一般远超过用户编程的需求，合理编程可以达到节约输入点的目的。

图 5.31(a)采用一个按钮实现启动停止控制，利用 KEEP 指令的特点，第一次按下按钮 0.00，启动 11.00，第二次按下 0.00 使 11.00 复位，停止 11.00。

图 5.31(b)是采用一个按钮实现启动停止控制的另一种方案。第一次按下 0.00，210.00 置位，启动 10.00，第二次按下 0.00，210.01 置位，使 10.00 复位，停止 10.00。

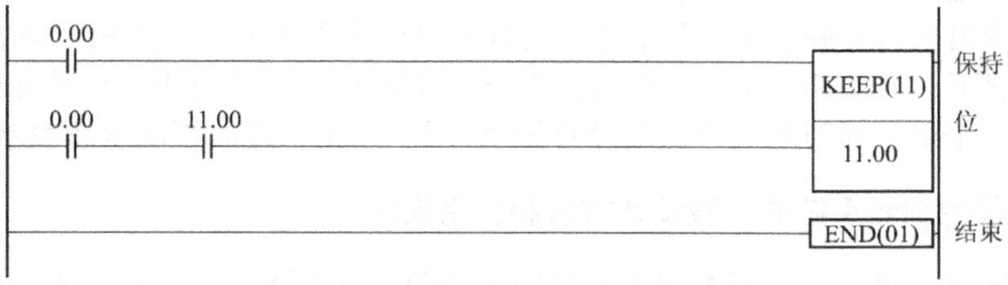

图 5.31(a) 一个按钮启、停电动机的方案 1

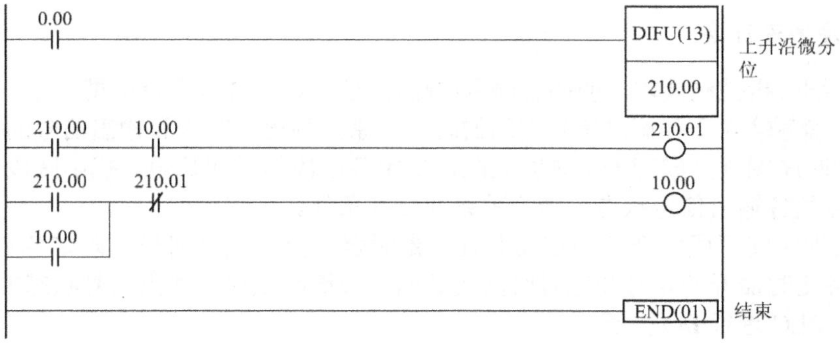

图 5.31(b) 一个按钮启、停电动机的方案 2

也可以利用移位寄存器和计数器等指令，编写出用一个按钮启、停一台电动机的控制程序。

由一个输入点的不同状态来控制两段程序。使用跳转或分支指令时，可以由一个输入点的不同状态来控制两段程序的执行，如图 5.32 所示。

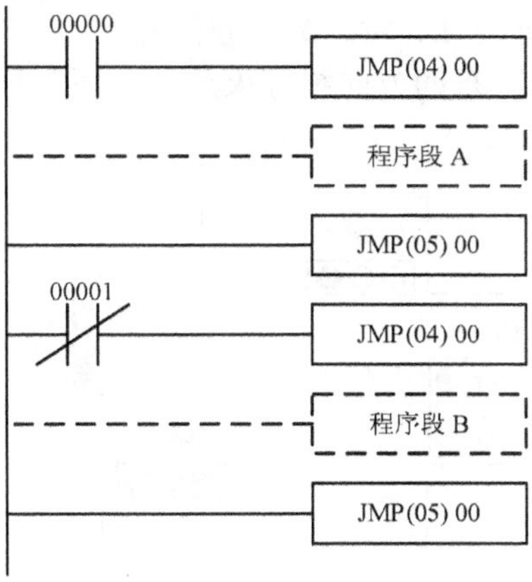

图 5.32 使用跳转指令

用 PLC 内部器件代替外部电器。在对位移要求不是很严格的场合，可以用定时器指令代替行程开关进行行程控制，这样就节约了行程开关占用的输入点。

2. 节约使用输出点的措施

部分电器可不接入 PLC。对控制逻辑简单、不参与系统过程循环、运行时与系统各环节不发生动作联系的电器，可不纳入 PLC 控制系统，因此就不占用输出点。例如，一些机床设备的油泵电机或通风机的电动机等就属于这一类电器。

令部分输出电器并联使用。几个通、断状态完全相同的负载，在 PLC 输出点的电流限额允许的情况下，可以并联在同一个输出端子，若 PLC 的输出点不允许其并联连接，可用 PLC 外部的一个继电器对这两个负载进行控制；用一个指示灯的不同状态表示不同的信息。

5.5.4 可编程控制器系统的一般设计方法和应用实例

PLC 控制系统设计中，经常采用时序图和经验设计方法，在工程实践中证明，这两种方法是十分有效的。具体介绍如下。

1. 时序图设计法

(1) 详细分析控制要求，明确各输入/输出信号个数，合理选择机型。

(2) 明确各输入和各输出信号之间的时序关系，画出各输入和输出信号的工作时序图。

(3) 把时序图划分成若干个时间区段，确定各区段的时间长短。找出区段间的分界点，弄清分界点处各输出信号状态的转换关系和转换条件。

(4) 根据时间区段的个数确定需要几个定时器，分配定时器号，确定各定时器的设定值，明确各定时器开始定时和定时时间到这两个关键时刻对各输出信号状态的影响。

(5) 对 PLC 进行 I/O 分配。

(6) 根据定时器的功能明细表、时序图和 I/O 分配画出梯形图。

(7) 作模拟运行实验，检查程序是否符合控制要求，进一步修改程序。

对一个复杂的控制系统，若某个环节属于这类控制，就可以用这个方法去处理。

如果 PLC 各输出信号的状态变化有一定的时间顺序，可用时序图法设计程序。因为在画出各输出信号的时序图后，容易理顺各状态转换的时刻和转换的条件，从而建立清晰的设计思路。下面通过一个例子说明这种设计方法。

【例 5.1】 在十字路口上设置的红、黄、绿交通信号灯，其布置如图 5.33 所示。东西放行时间 20s，南北放行时间 30s；东西方向绿灯灭后，东西黄灯与南北红灯一起以 5Hz 闪烁 5s，南北绿灯，东西红灯。

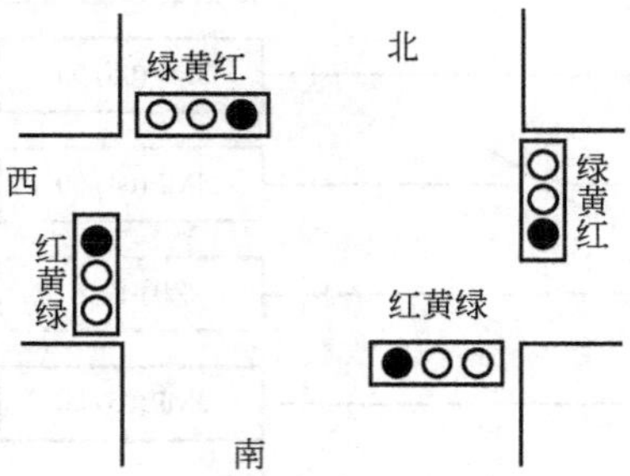

图 5.33　交通灯布置图

下面用时序图法编程进行设计。

(1) 分析 PLC 的输入和输出信号，以作为选择 PLC 机型的依据之一。系统有启动开关，1 个输入；东西和南北相同颜色的灯可以串联，共有 6 个输出。I/O 分配表见表 5-9。

表 5-9 I/O 分配表

I	0.00					
	启动					
O	10.0	10.1	10.2	10.3	10.4	10.5
	南北绿	南北黄	南北红	东西绿	东西黄	东西红

(2) 为了弄清各灯之间亮、灭的时间关系，根据控制要求，可以先画出各方向三色灯的工作时序图。本例的时序如图 5.34 所示。时序图分析各输出信号之间的时间关系。图 5.34 中，南北方向放行时间可分为两个时间区段；南北方向的绿灯和东西方向的红灯亮，换行前东西方向的红灯与南北方向的黄灯一起闪烁；东西方向放行时间也分为两个时间区段，东西方向的绿灯和南北方向的红灯亮，换行前南北方向的红灯与东西方向的黄灯一起闪烁。一个循环内分为 4 个区段，这 4 个时间区段对应着 4 个分界点：t_1、t_2、t_3、t_4。在这 4 个分界点处信号灯的状态将发生变化。

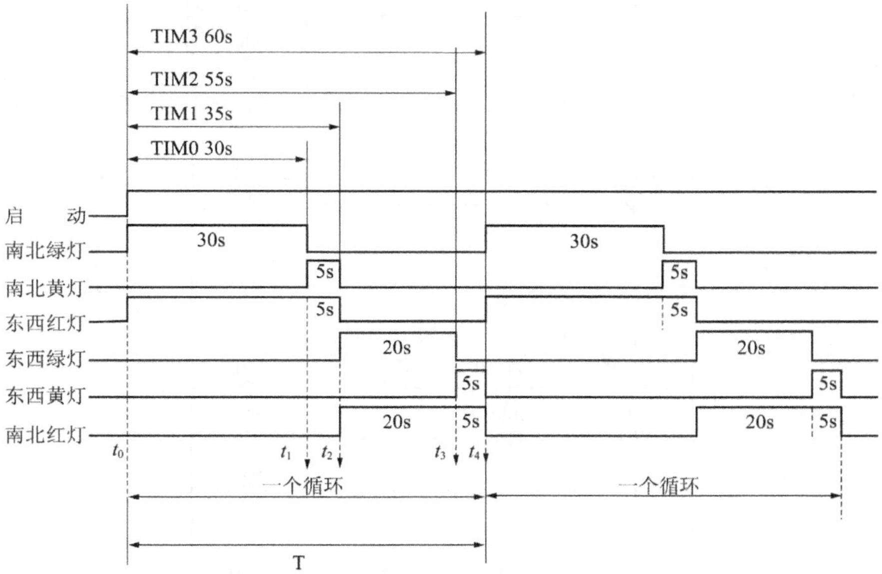

图 5.34 交通灯工作时序图

(3) 4 个时间区段必须用 4 个定时器来控制，为了明确各定时器的职责，以便理顺各色灯状态转换的准确时间，最好列出定时器的功能明细表。

(4) 根据定时器功能明细表和 I/O 分配，画出的梯形图如图 5.35 所示。对图 5.35 的设计意图及功能简要分析如下。

① 程序用 IL/ILC 指令控制系统启停，当 00000 为 ON 时程序执行，否则不执行。

② 程序启动后 4 个定时器同时开始定时，且 01000 为 ON，使南北绿灯亮、东西红

灯亮。

③ 当 TIM000 定时时间到：01000 为 OFF，使南北绿灯灭；01001 为 ON，使南北黄灯闪烁(25501 以 5Hz 的频率 ON、OFF)，东西红灯也闪烁。

④ 当 TIM001 定时时间到：01001 为 OFF，使南北黄灯、东西红灯灭：01003 为 ON，使东西绿灯、南北红灯亮。

⑤ 当 TIM002 定时时间到：01003 为 OFF，使东西绿灯灭；01004 为 ON，使东西黄灯闪烁，南北红灯也闪烁。

⑥ TIM003 记录一个循环的时间。当 TIM003 定时时间到：01004 为 OFF，使东西黄灯、南北红灯灭；TIM000～TIM003 全部复位，并开始下一个循环的定时。由于 TIM000 为 OFF，所以南北绿灯亮、东西红灯亮，并重复上述过程。

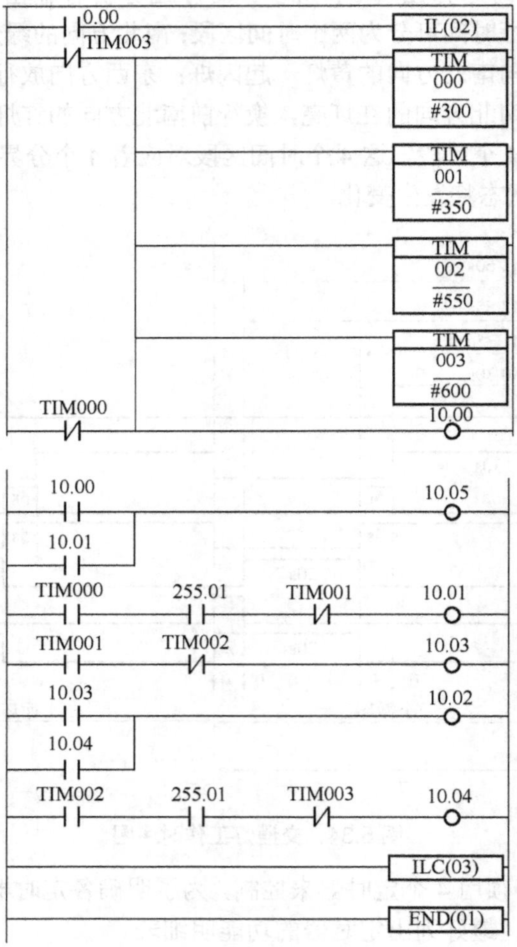

图 5.35 交通信号灯控制梯形图

2. 经验设计法

在熟悉继电器控制电路设计方法的基础上，如果能透彻地理解 PLC 各种指令的功能，凭着经验能比较准确地选择使用 PLC 的各种指令而设计出相应的程序。这种方法没有固定模式可循，设计出的程序质量与编者的经验有很大关系。下面通过例子说明经验法的大致步骤。

【例 5.2】 运料小车系统设计。

(1) 控制要求：如图 5.36 所示。

① 空载小车正向启动后自动驶向 A 地(正向行驶)，到达 A 地后，停车 1min 等待装料，之后自动向 B 地运行。到达 B 地后，停车 1min 等待卸料，然后再自动返回 A 地。如此往复。

② 满载小车反向启动后自动驶向 B 地(反向行驶)，到达 B 地后，停车 1min 等待卸料，之后自动向 A 地运行。到达 A 地后，停车 1min 等待装料，然后再自动返回 B 地。如此往复。

③ 小车在运行过程中，可以用手动按钮令其停车。再次启动后过程①或②。

④ 小车在前进或后退过程中，分别由指示灯显示行进的方向。

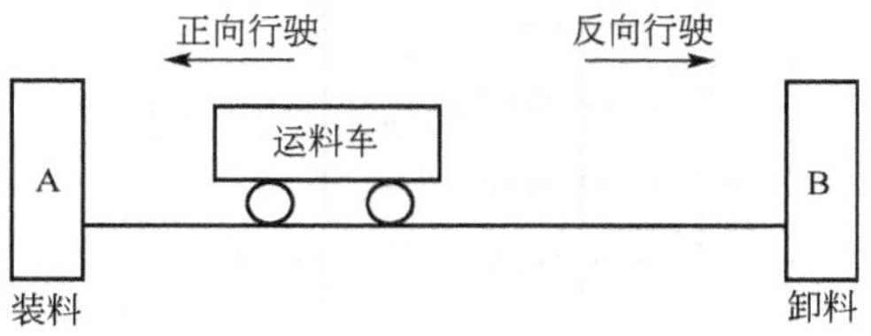

图 5.36　运料小车示意图

(2) 绘制系统流程图：本系统的控制对象是运料小车。系统流程图如图 5.37 所示。

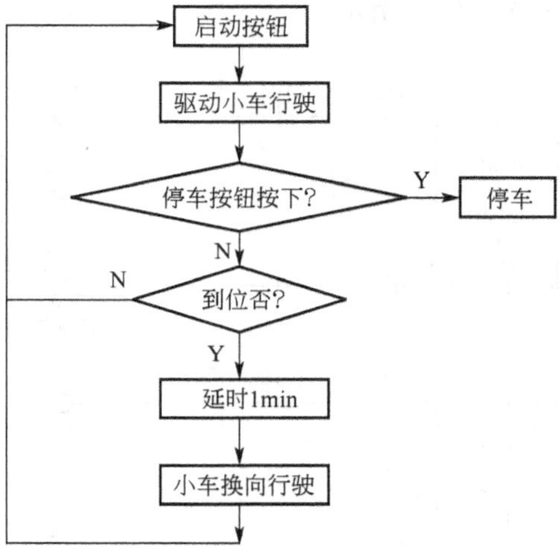

图 5.37　运料小车流程图

(3) 确定 PLC 机型：本系统不涉及 A/D、D/A 等特殊功能，任一机型均可以满足要求。

(4) PLC 的 I/O 点的地址分配：I/O 点的地址分配见表 5-10。

表 5-10　I/O 点的地址分配

输入信号	输入点地址	输出信号	输出点地址
停止按钮 K1	00000	正向驱动 KM1	01001
正向启动按钮 K2	00001	反向驱动 KM2	01002
反向启动按钮 K3	00002	正转指示灯 LD1	01003
A 地行程位置开关 SQ1	00003	反转指示灯 LD2	01004
B 地行程位置开关 SQ2	00004		

(5) 硬件电路接线：将停止按钮、正反向启动按钮、*A* 地 *B* 地的行程位置开关分别串行接入可编程控制器的输入端 00000、00001、00002、00003、00004。将可编程控制器的输出接至小车电动机主控制回路，如图 5.38 所示。

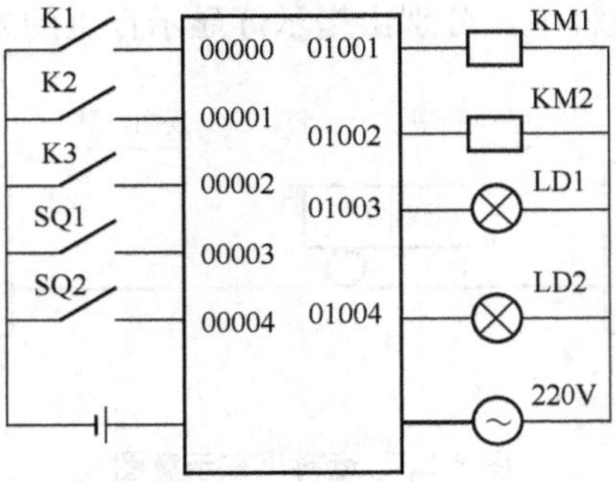

图 5.38　运料小车硬件接线图

(6) 程序设计：梯形图如图 5.39 所示。

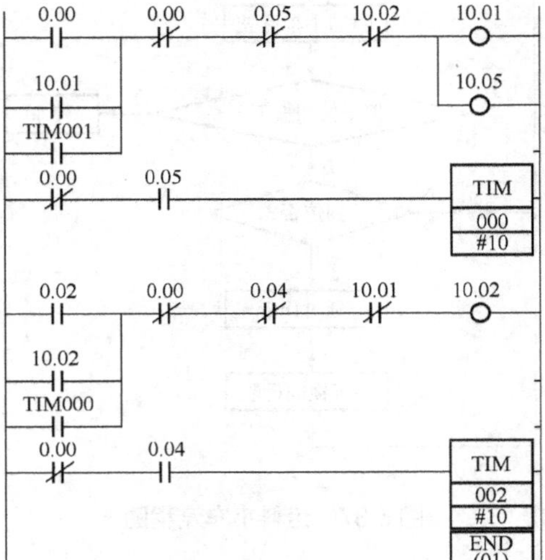

图 5.39　运料小车程序梯形图

(7) 装配调试。

① I/O 端子的调试。在硬件接线连好后，以手动方式对 I/O 端子进行调试，以观察 I/O 端子的正确性。

② 对每一个输入信号进行单独调试，观察系统的运行结果是否与要求一致。

③ 系统的总体调试。按实际运行的状态进行系统总体的调试。

3. 综合性实验设计

1) 液体混合实例

如图 5.40 所示的一个液体混合装置，打开阀门 A 向液体缸内放入液体 A，当液位升至 L2 时关闭阀门 A，并并打开阀门 B 放入液体 B 至 L1，关闭阀门 B，启动搅拌机 M，搅拌 10s 后停止搅拌机，打开阀门 C 放出 A、B 混合液体 C，当液位降至 L3 时，关闭阀门 C，再次放入液体 A，按原过程循环进行。

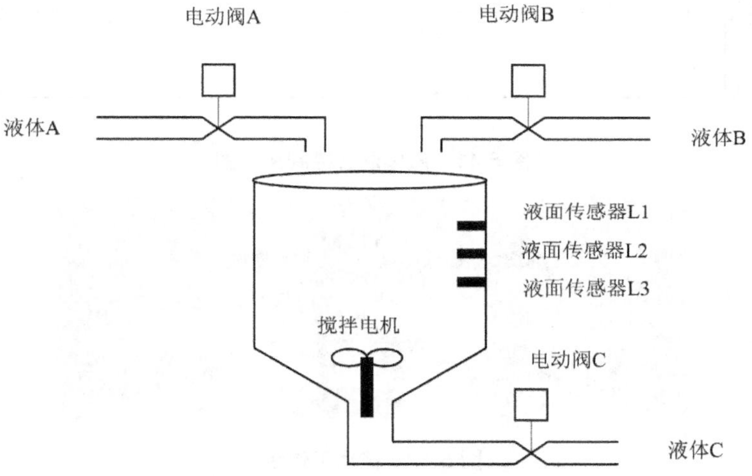

图 5.40 液体混合装置示意图

确定系统的 I/O 端子表，见表 5-11。

表 5-11 I/O 端子表

输入		输出	
总启动	00003	电磁阀 A	01000
总停机	00004	电磁阀 B	01001
SL3	00000	电机	01002
SL2	00001	电磁阀 C	01003
SL1	00002		

设计程序实现以上功能如图 5.41 所示。

2) 往返工作台实例

设计要求：往返工作台是很多实际应用的模拟，也是 PLC 应用比较典型的例子，本例中用了工业中常用的接近开关与行程开关，具有很好的示范作用。其实验台模型如图 5.42 所示。

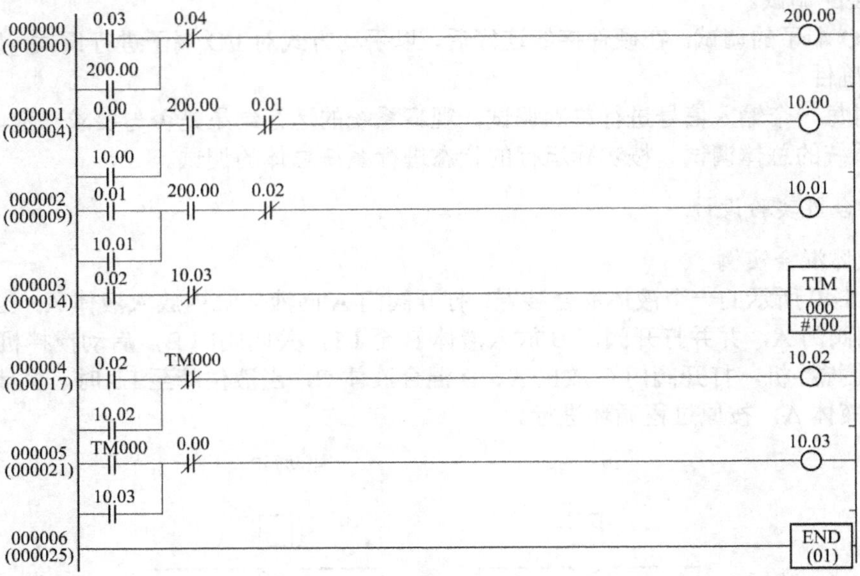

图 5.41　液体混合控制梯形图

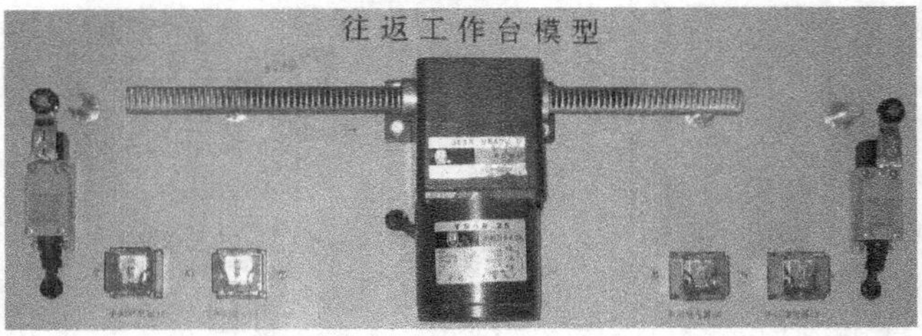

图 5.42　往返工作台

实验台包括电机、运动机构、接近开关、行程开关、中间继电器。

利用现有的硬件，可以设计工作过程如下：启动后，丝杆向右运动；当碰到右端行程开关时，改变运动方向，向左运动；当丝杆离开右端接近开关时，停机 5s，然后继续向左运行；到左端行程开关时，再次改变运动方向；当其离开左端接近开关时，停机 5s，然后继续运行，至此，一个周期完成，接下来就重复上述过程。对应控制过程确定 I/O 端子表见表 5-12。

表 5-12　I/O 分配表

输入		输出	
总启动	00000	向左运动电磁线圈	01000
总停机	00001	向右运动电磁线圈	01001
左端行程开关	00002		
左端接近开关	00003		
右端行程开关	00004		
右端接近开关	00005		

参考梯形图如图 5.43 所示。

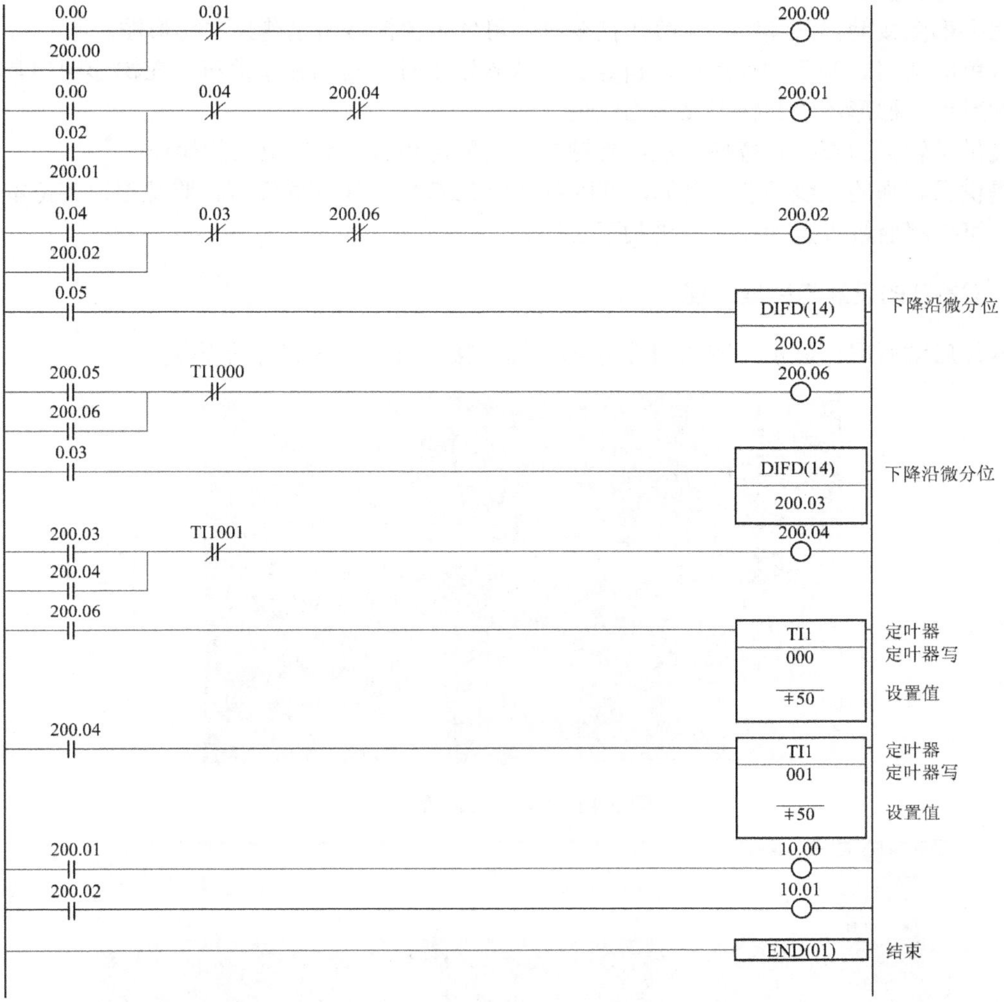

图 5.43　参考梯形图

5.6　编程软件 CX-P 使用

5.6.1　CX-P 简介

CX-Programmer 是一个用来对 OMRON PLC 进行编程和对 OMRON PLC 设备配置进行维护的工具，支持 C、CV、CS1 系列 PLC，它具有比 CPT 更加强大的编程、调试、监控功能和完善的维护功能，使程序开发及系统维护更为简单、快捷。

CX-P5.0 版本的主要特性如下所述：

以树状目录的形式分层显示一个工程的各个项目，这些项目能够被直接访问。

在单个工程下支持多个 PLC；单个 PLC 下支持一个应用程序，其中 CV、CS1 系列的 PLC 可支持多个应用程序；单个应用程序下支持多个程序段。

CX-P 除了可以直接采用地址和数据编程外，还提供了符号编程功能，编程时使用符号而不必考虑其位和地址的分配。

用梯形图或助记符编程。在输入指令时，可使用快捷按钮迅速建立梯形图。

颜色的使用。颜色的使用可以自定义，缺省设置时，全局和本地符号在梯形图中具有不同的颜色，梯形图中的错误显示为红色。

提供了较强的查找和替换功能，支持文本通配符和内存地址范围的操作。

提供了较强的在线功能。例如，可以对多个 PLC 梯形图在线编程，监视窗口支持本地符号，可以将监视设置为在十六进制下工作。

5.6.2　CX-P 的设置与新建工程

软件启动后屏幕显示如图 5.44 所示的界面，接着进入图 5.45 所示窗口。

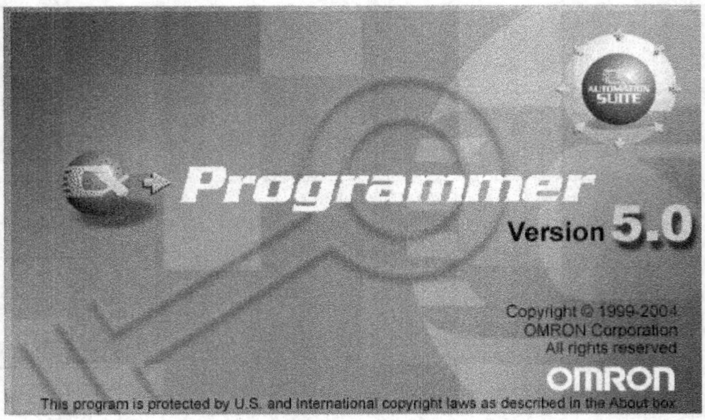

图 5.44　CX-P 启动界面

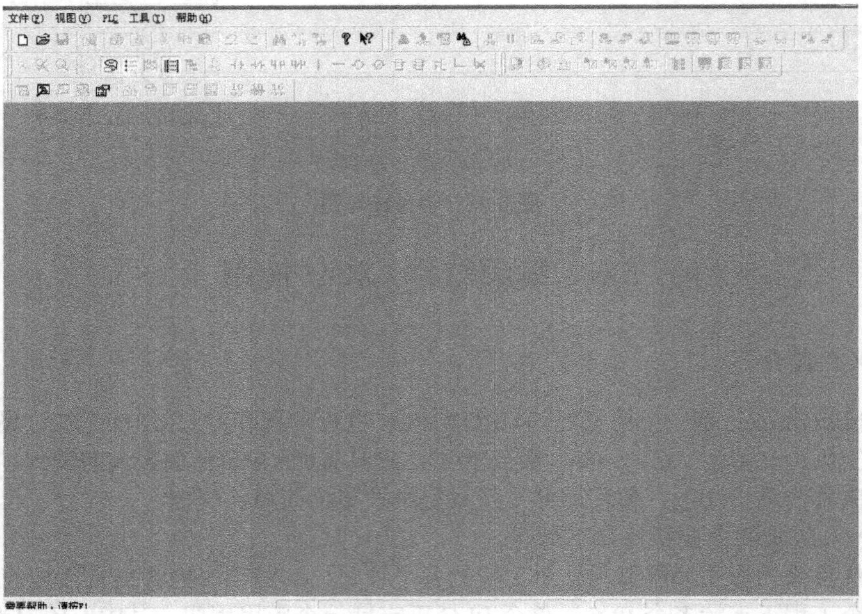

图 5.45　CX-P 运行界面

软件启动后，可以通过菜单文件/新建来建立新的PLC编程文件。在弹出的更改PLC的窗口图5.46中，需要做以下设置：指定设备名，该名称可以随意输入；

指定设备类型(PLC的型号)，设备类型需要和被编程的PLC一致，然后单击第一个“设定”按钮，选择CPU的类型；选择网络类型，如果是计算机和PLC一对一进行RS232C通信，应该选择SYSMACWAY，然后单击第二个“设定”，在弹出的窗口中选择驱动器设置RS232C通信参数。若是PLC使用默认RS232C通信参数，则也选择默认参数就可以，但是应该选择连接到计算机的RS232C通信口(COM1或COM2)。

图 5.46　更改 PLC 的设置

设置完成后，单击确定关闭窗口，然后选择PLC/在线工作菜单与PLC进行连接，确定连接的正确性。若是不能建立正确的连接，则需要重新设置通信参数。

建立新文件后的窗口如图5.47所示。

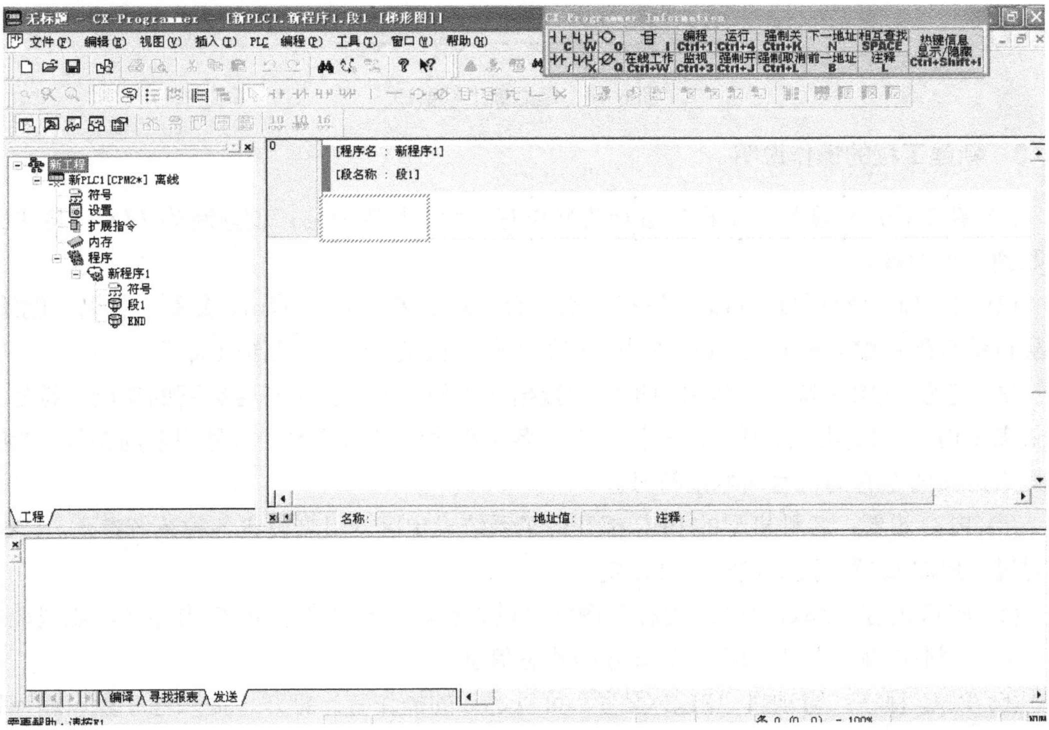

图 5.47　编程界面

由图5.47可见，主窗口分为4个部分。屏幕左侧是工程管理窗口，屏幕右侧是梯形图编辑窗口。屏幕底部是报告文件显示窗口。屏幕上部是菜单和工具按钮。

工程管理窗口如图5.48所示。

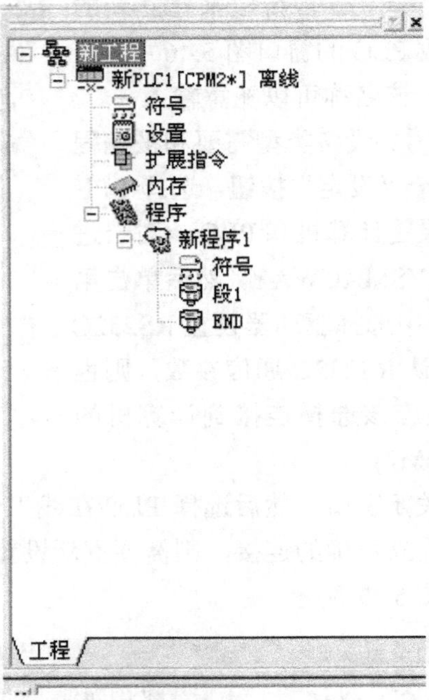

图 5.48　建立新工程窗口

5.6.3　新建工程的操作说明

(1) 新工程：对项目“工程”进行的操作有：为工程重命名；创建新的 PLC；将 PLC 粘贴到工程中等。

(2) 新 PLC：对项目“PLC”进行的操作有：对 PLC 修改、剪切、复制、粘贴、删除；符号自动分配；编译所有的 PLC 程序；在线工作；改变 PLC 的操作模式等。

(3) 符号：CX-P 除了直接采用地址和数据编程外，还提供了符号编程的功能。符号是用来表示地址、数据的标识符。一个 PLC 下各个程序都可以使用的符号叫全局符号，为某个程序定义的专有的符号叫本地符号。

(4) PLC 设置：各种机型的 PLC 都开辟了系统设定区，用来设定各种系统参数。CX-P 可通过“PLC 设置”图标进行各种设定。

(5) PLC 内存：通过“PLC 内存”图标可以查看、编辑和监视 PLC 内存区，监视地址和符号、强制位地址以及扫描和处理强制状态信息。

(6) PLC 程序：对项目“PLC 程序”可以进行的操作有：打开、插入程序段、编译程序，以及将显示转移到程序中指定位置、剪切、复制、粘贴、删除、重命名等。

5.6.4　PLC 菜单说明

PLC 菜单如图 5.49 所示。

图 5.49 PLC 菜单

(1) 在线工作：该软件与 PLC 连接在一起，称为在线工作，否则称为离线工作。该菜单可以在在线工作与离线工作之间切换。

(2) 操作模式：PLC 工作模式为编程、调试、监视和运行四种。调试模式是 PLC 只工作不输出的工作模式，虽然在屏幕上看见好像输出也在动作，但是实际的 PLC 不输出。监视模式是 PLC 程序执行，I/O 被激活，而且可以通过计算机操作 PLC 存储器的工作模式。该模式下可以改变 PLC 模式，梯形图在线编辑，改变计数器和定时器的设定值，强迫触点和线圈 ON 或 OFF。

(3) 监视：在观察窗口监视 PLC 运行情况。观察窗口的使用，见视图菜单。

(4) 编译所有 PLC 程序：当使用 CS，CV 系列的 PLC 时，有时一个完整的程序需要分成几个部分，这时就要使用这个菜单对所有程序部分进行编译，该菜单可以在线使用在编译过程检查程序错误，并最终形成 PLC 需要的目标码。

(5) 程序分配：用于指定工程任务与 PLC 之间的对应关系。

(6) 传送：

PLC 下载选项：将程序、扩展指令等下载到 PLC；

PLC 上载选项：从 PLC 中上载程序、扩展指令，方法同下载；

PLC 比较选项：将其窗口中设置的内容与 PLC 中的内容进行比较。

复选项含义为：

程序：梯形图和助记符程序。

扩展函数：扩展指令。

内存分配：有关内存的信息。

设定：有关 PLC 设置的信息。

I/O 表：PLC 中的 I/O 单元安排。

(7) 保护：该菜单用于保护 PLC 程序，可以设置密码、解除密码和设置有关解除 PLC 访问权三项内容。

(8) 时间监视图：时间图监视与数据跟踪操作相似，但是时间图是实时观察触点、线圈和数据的变化情况的变化情况。在该窗口的视图、选项菜单可以对显示的数据格式、曲线颜色、背景颜色、标尺进行设置，同时可以暂停、停止时间监视器的运行，如图 5.50 所示。

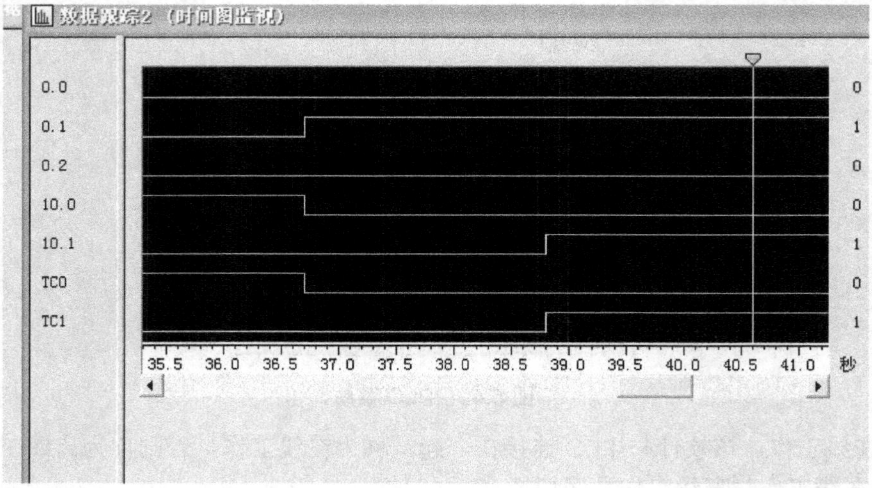

图 5.50　PLC 监视窗口

(9) 强制：在监视模式下，对选择的触点进行强制 ON、OFF、取消强制和全部取消强制操作。

(10) 设置值：在监视模式下，对计数器、定时器等指令的值进行重新设置。

(11) 微分监视器：对触点、线圈动作的上升沿、下降沿进行监视。

5.6.5　使用 CX-P 开发 PLC 程序的步骤

(1) 启动 CX-P 软件。

(2) 尝试 CX-P 软件与 PLC 之间的连接。

(3) 编辑梯形图或助记符程序。

(4) 通过编译程序检查程序的错误。

(5) 使 PLC 处于在线状态。

(6) 将没有错误的程序下载到 PLC 中。

(7) PLC 处于运行或监视模式。

(8) 在梯形图上监视程序的运行。

(9) 在助记符程序编辑窗口监视程序运行。

(10) 建立观察窗口监视程序运行。

(11) 使用时间图观察触点、线圈和数据的变化情况。

(12) 使用微分监视器观察快速变化的信号。

(13) 使用内存观察功能监视各个存储区的数据。

(14) 使用强制功能改变触点、线圈的状态，以便于调试程序。

(15) 使用设置值功能改变定时器、计数器或数据区的数据，使调试工作更加容易进行。

5.6.6　CX-P 使用实例

下面介绍简单梯形图程序实例。

如图 5.51 所示为电机正反转的梯形图，各个 I/O 功能见下表：

I/O 口地址	功能
0.00	正转开始开关
0.01	反转开始开关
0.02	正转停止开关
0.03	反转停止开关
10.00	正转执行线圈
10.01	反转执行线圈

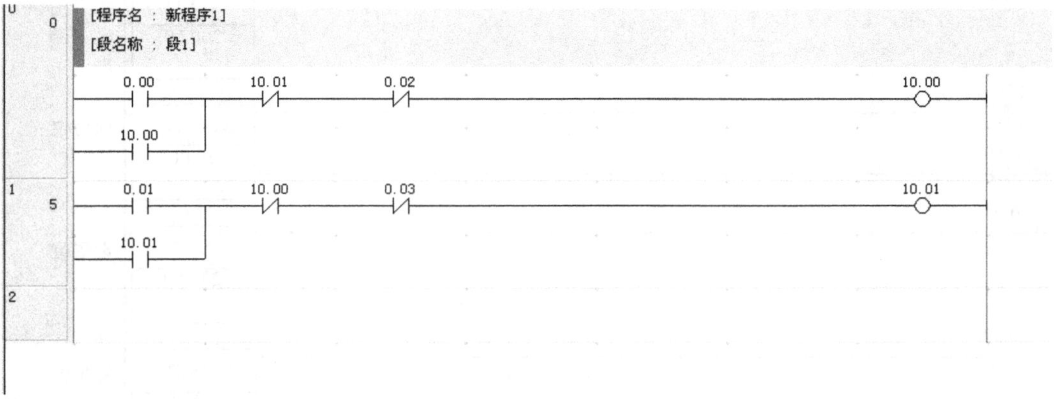

图 5.51　简单梯形图程序

图中当 0.00 为 ON、0.02 为 OFF 时，10.00 上电，线圈开始工作，实现正转，并且 10.00 实现自锁。

当 0.01 为 ON、0.03 为 OFF 时，10.01 上电，线圈开始工作，实现反转，并且 10.01 实现自锁。

10.00 和 10.01 之间形成互锁，即两个线圈不能同时导通。

在正(反)转进行时，若要切换到相反的运行状态，先按下 0.02(0.03)，然后再启动反(正转)。

本 章 小 结

这一章所讲的主要内容是可编程控制器的组成、工作原理、欧姆龙 CPM2A 的基本指令、PLC 控制器应用系统的设计及编程软件 CX-P 使用。通过本章的学习要掌握可编程控制器的原理及其应用程序设计方法。掌握一种 PLC 的指令和编成方法，对学习其他机型的 PLC 具有触类旁通的作用。同时，要想较好的完成 PLC 控制系统的设计，还需要同学不断地学习和实践。

习题与思考题

5-1 PLC 有哪些主要特点？有哪些主要用途？

5-2 PLC 主要有哪些外部设备？各有何作用？

5-3 PLC 的数据存储区 DM 的哪些区域可读可写？哪些区域只能读取数据？

5-4 根据如图 5.52 所示的梯形图写出助记符。

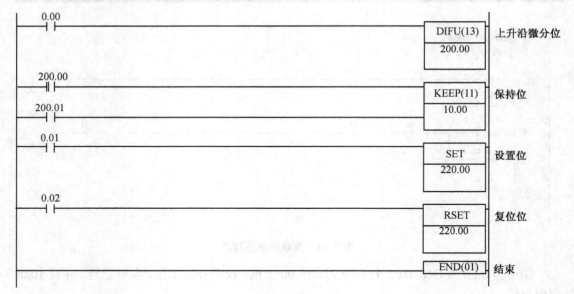

图 5.52　题 5-4 图

5-5 画出助记符对应的梯形图。

LD	00000
AND	01000
LD	20000
AND NOT	00002

OR LD

LD 00001

OR 20001

AND LD

OUT HR0000

RESET 22000

5-6 指出下列程序段的错误，并加以改正。

LD 0002

AND 0003

KEEP(11) 0500

LD 0004、

OR 0005

5-7 写出如图 5.53 所示梯形图的语句表，并画出 01000 的工作波形。

5-8 按下列要求编制 8 位数相加的梯形图和助记符程序。

加数是：87 654 321，放在 DM0001(高 4 位)，DM0000(低 4 位)单元中。

被加数是：12 341 234，放在 DM0004(高 4 位)，DM0003(低 4 位)单元中。

结果放在 DM0008、DM0007 单元中。

加法的执行条件是 00400 触点接通。

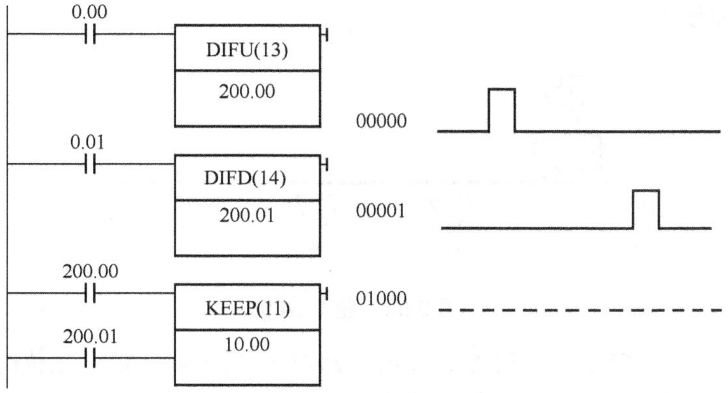

图 5.53 题 5-7 图

5-9 仿照 8 位数相加的思路，编制一个两个 8 位数相减的梯形图和助记符程序。

5-10 水箱水少报警电路设计：当水箱水过少时，低限开关 00400 变为接通，蜂鸣器 00300 开始鸣叫，同时报警灯 00301 开始闪烁(亮 2s，灭 3s)，当复位按钮 00401 接通时，蜂鸣器停止鸣叫和报警灯停止闪烁。

5-11 画出如图 5.54 所示梯形图中 010 通道各输出位的波形图。

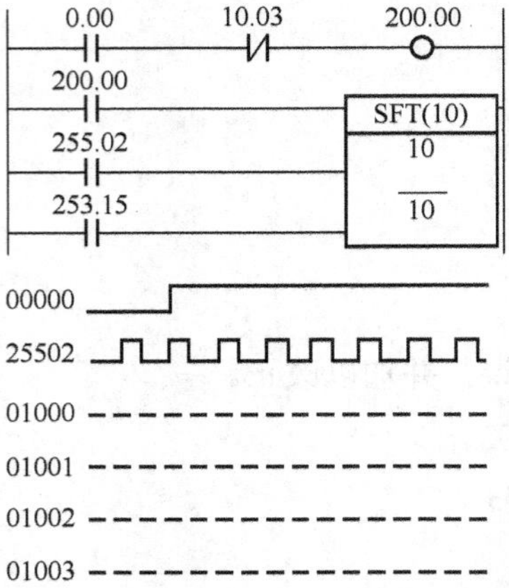

图 5.54　题 5-11 图

5-12 用 PLC 对两台水泵 B1 和 B2 进行控制，控制要求分别如下。

(1) 启动：B1 和 B2 同时启动；停止：B1 先停止，B2 才能停止。

(2) 启动：B1 先启动后，B2 才能启动；停止：B2 先停止，B1 才能停止。

(3) 启动：B1 先启动后，B2 才能启动；停止：B1 和 B2 同时停止。

5-13 三台电动机，要求启动时每隔 10min 启动一台。每台运行 8h 后，自动停机，运行中还可以用停止按钮将 3 台电机同时停机，试编制与该控制过程对应的梯形图。

5-14 电动机拖动的运输小车，可以向 A、B、C 三个工作位运送物料，如图 5.55 所示。其动作过程如下：

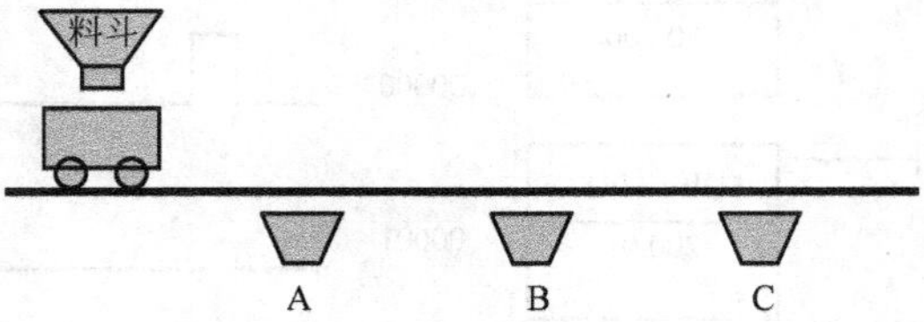

图 5.55　题 5-14 图

(1) 第一次，小车把物料送到 A 处并自动卸料 5s 后返回，返回原位时料斗开关打开，装料 10s 后，料斗开关关闭并启动第二次送料。

(2) 第二次，小车把物料送到 B 处并自动卸料 5s 后返回，返回原位时料斗开关打开，装料 10s 后，料斗开关关闭并启动第三次送料。

(3) 第三次，小车把物料送到 C 处并自动卸料 5s 后返回，返回原料时料斗开关打开，装料 10s 后，料斗开关关闭并启动第四次送料(物料送到 A 处)，此后重复上述送料过程。

要求有手动、单周期、连续 3 种工作方式。

按上述要求，提出所需控制电器元件，选择 PLC 机型(CPM2A 系列)，作 I/O 分配，画出 PLC 外部的接线图及操作盘的面板布置图，画出小车电动机的主电路图，设计一个满足要求的梯形图程序。

第 6 章　变频调速器

对电动机的启动、制动、换向以及调速控制是本书讨论的主要内容之一。第 2 章已经介绍了有关异步电动机的启动、制动、换向控制以及双速电动机的调速控制。本章在简述异步电动机调速原理的基础上，主要讲述目前应用极为广泛的变频调速技术与变频调速装置——变频器。

6.1　变频调速简介

6.1.1　概述

三相交流异步电动机的结构简单、坚固、运行可靠、价格低廉，在工业控制领域发挥着巨大作用。尽管异步电动机调速系统的种类很多，但是效率最高、性能最好、应用最广的是变频调速，尽管它可以构成高动态性能的交流调速系统来取代直流调速系统，是交流调速的主要发展方向。变频调速以变频器向交流电动机供电，并构成开环或闭环系统，从而实现对交流电动机的宽范围内无级调速。

在中、小容量范围内，采用自关断器件的全数字控制 PWM 变频器已经实现通用化，通用变频器具有调速范围宽、调速精度高、动态响应快、运行效率高、功率因数高、操作方便、易与其他设备接口等优点，在机电控制技术中占有非常重要的地位。变频器的发展与普及应用提高了现代工业的自动化水平，提高了产品质量和劳动生产率，节约了能源和原材料，降低了生产成本。目前，变频器的应用几乎遍及生产、生活的各个领域。

通用变频器在我国经过十几年的发展，在产品种类、性能和应用范围等方面都有了很大提高。目前，国内市场上流行的通用变频器品牌多达几十种，如欧美国家的品牌有西门子、ABB、Vacon(瓦控)等十几个品牌，日本产的品牌有富士、三菱、安川、三垦、日立等十几个品牌，韩国产的品牌有 LG、三星、现代等。国产的品牌有康沃、安邦信、惠丰、森兰等十几个品牌。欧美国家的产品以性能先进、适应环境性强而著称。日本产的产品以外形小巧、功能多而闻名。港澳台地区的产品以符合国情、功能简单实用而流行。而国产的产品则以大众化、功能简单、功能专用、价格低的优势广泛应用。本章从众多通用变频器的共性出发，介绍通用变频器原理、控制方式、构成、分类及应用。

6.1.2　变频调速的基本原理

异步电动机的同步转速，即旋转磁场的转速为

$$n_0 = \frac{60 f_1}{p}$$

式中　n_0——同步转速(r/min)；

　　　f_1——定子频率(Hz)；

p——磁极对数。

而异步电动机的轴上输出的转速为

$$n = n_0(1-s) = \frac{60 f_1}{p}(1-s)$$

式中 s——异步电动机的转差率，$s = \frac{(n_0 - n)}{n_0}$。

改变异步电动机的供电频率，可以改变其同步转速，实现调速运行。

对异步电动机进行调速控制时，希望电动机的主磁通保持额定值不变。磁通太弱，铁心利用不充分，同样的转子电流下，电磁转矩小，电动机的负载能力下降；磁通太强，则处于过励磁状态，使励磁电流过大，这就限制了定子电流的负载分量，为使电动机不过热，负载能力也要下降。异步电动机的气隙磁通(主磁通)是定、转子合成磁动势产生的，下面说明怎样才能使气隙磁通保持恒定。

由电动机理论知道，三相异步电动机定子每相电动势的有效值为

$$E_1 = \sqrt{2}\pi f_1 N_1 k_{\mathrm{W1}} \varPhi$$

式中 E_1——定子每相感应电动势有效值(V)；

f_1——定子频率(Hz)；

N_1——定子相绕组有效匝数；

k_{W1}——定子绕组因数(<1)；

$\varPhi$——每极磁通(Wb)。

异步电动机定子电动势方程式为

$$U_1 = I_1 Z_1 + E_1$$

式中 U_1——定子供电电压(V)；

I_1——定子电流(A)；

Z_1——定子阻抗(Ω)。

如果略去定子阻抗电压降，则感应电动势近似等于定子外加电压

$$U_1 \approx E_1 = \sqrt{2}\pi f_1 N_1 k_{\mathrm{W1}} \varPhi$$

从上式可以看出，若端电压U_1不变，则随着f_1的升高，气隙磁通$\varPhi$将减少，又从转矩公式

$$T = C_{\mathrm{T}} \varPhi I_2 \cos\varphi_2$$

式中 I_2——转子电流；

$\cos\varphi_2$——转子电路功率因数；

C_{T}——转矩常数。

可以看出，$\varPhi$的减小势必导致电动机允许输出转矩T下降，降低电动机的出力。同时，电动机的最大转矩也将降低，严重时会使电动机堵转。若维持端电压U_1不变，而减小f_1，则$\varPhi$增加，将造成磁路过饱和，励磁电流增加，导致铁损急剧增加。铁心过热，这是不允许的。因此，在调频的同时需改变定子电压U_1，以维持气隙磁通$\varPhi$不变。根据U_1和f_1的不同比例关系，将有不同的变频调速方式。

6.1.3　变频调速的控制方式

1. 基频以下恒磁通变频调速

这是考虑从基频(电动机额定频率)向下调速的情况。为了保持电动机的负载能力，应保持气隙主磁通 Φ 不变。这就要求降低供电频率的同时降低感应电动势 E_1，保持 $E_1/f_1=$ 常数，即保持电动势与频率之比为常数进行控制，这种控制又称为恒磁通变频调速，属于恒转矩调速方式。但是由于 E_1 难于直接检测和直接控制，当 E_1 和 f_1 较高时，定子的阻抗压降相对比较小，如忽略不计，则可以近似地保持定子电压 U_1 和频率 f_1 的比值为常数，即保持 U_1/f_1=常数，这就是恒压频比控制方式，是近似的恒磁通控制。

当频率较低时，U_1 和 E_1 都变小，定子阻抗的压降已不可忽略。这种情况下，可以人为地适当提高定子电压以补偿定子阻抗压降的影响，使气隙磁通基本保持不变，如图 6.1 所示。

图中曲线 1 为 $U_1/f_1=$ 常数 C 时的电压、频率关系；曲线 2 为有补偿时近似的 $E_1/f_1=$ 常数 C 时的电压、频率关系。通用变频器中 U_1 与 f_1 之间的函数关系有很多种，使用时可以根据负载性质和运行状况加以选择或设定。

2. 基频以上的弱磁变频调速

这是考虑由基频开始向上调速的情况。频率由额定值向上增大时，电压 U_1 由于受额定电压 U_{1N} 的限制不能再升高，只能保持 $U_1=U_{1N}$ 不变，这样必然会使主磁通 Φ 随着 f_1 的上升而减小，相当于直流电动机弱磁调速的情况，即近似的恒功率调速方式。

上述两种情况综合起来，异步电动机变频调速的基本控制方式如图 6.2 所示。

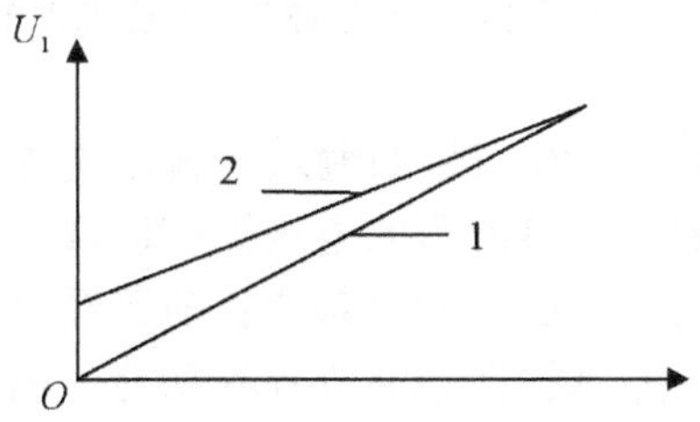

图 6.1　变频调速时的 U_1/f_1 曲线

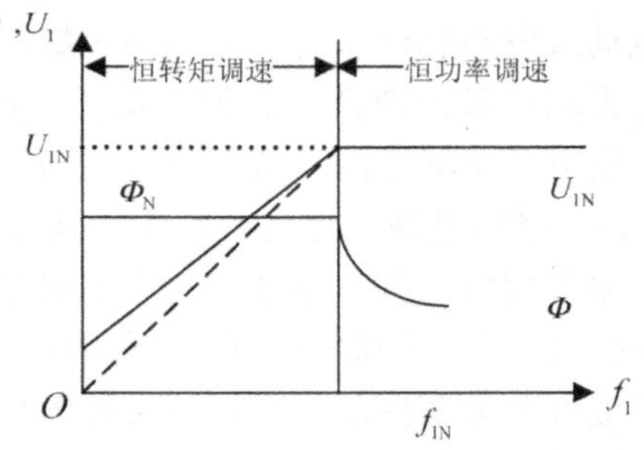

图 6.2　异步电动机变频调速时的控制特性

由上面的讨论可知，异步电动机的变频调速必须按照一定的规律同时改变其定子电压和定子频率，基于这种原理构成的变频器即所谓的 VVVF(Variable Voltage Variable Frequency)调速控制，这也是通用变频器的基本原理。

6.2　通用变频器的基本构成及其分类

从用途上看，在工业中使用的变频器可以分为通用变频器和专用变频器两大类。通用变频器是相对于专用变频器而言的，它的使用范围广泛，是所有中小型异步电动机都使用的变频调速器。专用变频器是为专门的用途而设计的变频器，它的品种虽多，但多由通用变频器稍加功能“演变”而成，若掌握了通用变频器，其他专用变频器的安装、操作、使用和维护也就易如反掌了。本书主要讨论通用变频器。

6.2.1 变频器的基本构成

从结构上看，变频器分为交—交和交—直—交两种形式。交—交变频器可将工频交流直接变换成频率、电压均可控制的交流，又称直接式变频器。而交—直—交变频器则是先把工频交流通过整流器变成直流，然后再把直流变换成频率、电压均可控制的交流，又称间接式变频器。目前常用的通用变频器即属于交—直—交变频器，以下简称变频器。变频器的基本结构原理如图 6.3 所示。

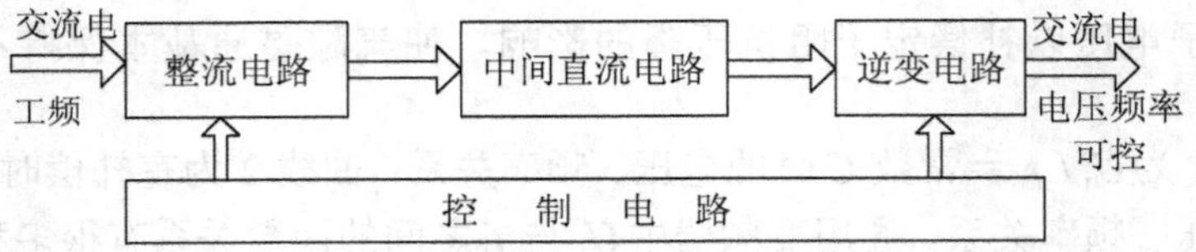

图 6.3 变频器的基本结构

由图 6.3 可见，变频器主要由主回路(包括整流器、中间直流环节、逆变器)和控制回路组成，变频器基本构成分述如下。

(1) 整流器。整流器的作用是把三相(也可以是单相)交流整流成直流。

(2) 逆变器。最常见的结构形式是利用六个半导体主开关器件组成的三相桥式逆变电路。有规律地控制逆变器中主开关的通断，可以得到任意频率的三相交流输出。

(3) 中间直流环节。由于逆变器的负载为异步电动机，属于感性负载。无论电动机处于电动或发电制动状态，其功率因数总不会为 1，因此，在中间直流环节和电动机之间总会有无功功率的交换。这种无功能量要靠中间直流环节的储能元件(电容器或电抗器)来缓冲。所以又常称中间直流环节为中间直流储能环节。

(4) 控制电路。控制电路常由运算电路、检测电路、控制信号的输入、输出电路和驱动电路等构成。其主要任务是完成对逆变器的开关控制、对整流器的电压控制以及完成各种保护功能等。控制方法可以采用模拟控制或数字控制。高性能的变频器目前已经采用计算机进行全数字控制，采用尽可能简单的硬件电路，主要靠软件来完成各种功能。由于软件的灵活性，数字控制方式常可以完成模拟控制方式难以完成的功能。

6.2.2 变频器的分类

变频器的分类方法很多，下面就其主要的几种分类进行介绍，以便对变频器有一个整体上的了解。

1. 按直流电源的性质分类

当逆变器输出侧的负载为交流电动机时，在负载和直流电源之间将有无功功率交换，用于缓冲中间直流环节的储能元件可以是电感或是电容。据此，变频器可分为电流型和电压型两类。

1) 电流型变频器

电流型变频器的特点是在直流回路中串联了一个大电感，用来限制电流的变化以吸收无功功率，如图 6.4 所示，开关器件为 GTO。由于串入了大电感，故电源的内阻很大，直流电流 I_d 驱于平稳，类似于恒流源。

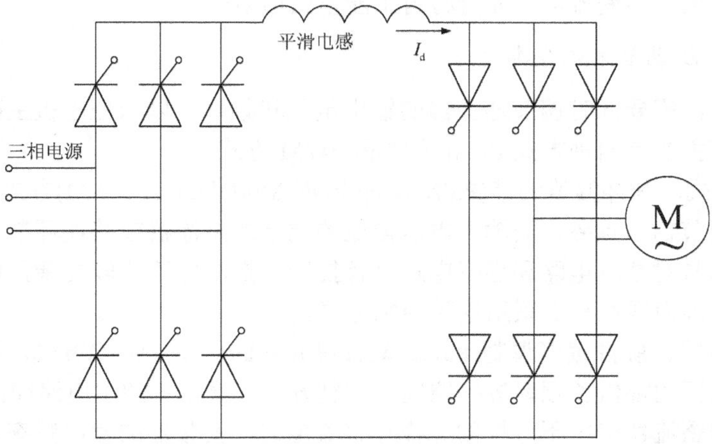

图 6.4　电流型变频器的主电路

电流型变频器的一个较突出的优点是，无须在主回路中附加任何设备，就可将回馈到直流侧的再生能量回馈到交流电网。这是因为整流和逆变两部分的结构相似，无论变频器工作在任何状态下，滤波器上的电流方向不变，只要改变逆变器的控制角(α>90º)，使电动机上电压极性相反，就能把能量回馈到电网。这种变频器可用于频繁急加减速的大容量电动机的传动。

2) 电压型变频器

电压型变频器典型的一种主电路结构形式如图 6.5 所示，其中逆变器中的开关器件为 BJT。这种变频器的特点是在直流侧并联了一个大滤波电容，用来存储能量以缓冲直流回路与电动机之间的无功功率传输。从直流输出端看，电源因并联大电容，其等效阻抗变得很小，大电容又使电源电压稳定，因此具有恒压电源的特性。

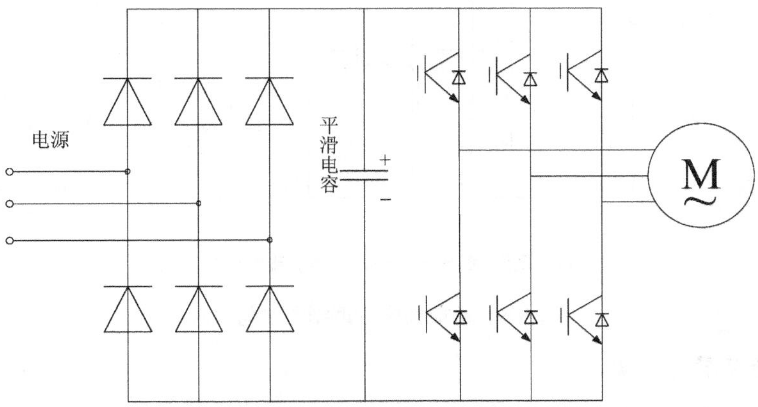

图 6.5　电压型变频器的主电路

对负载电动机而言，变频器是一个交流电压源，在不超过容量的情况下，可驱动多台电动机并联运行，具有不选择负载的通用性，因而使用广泛。通用变频器大多是电压型变频器。但电压型变频器在深度控制时，电源侧的功率因数低，同时因存在较大的滤波电容，动态响应较慢。而且当电动机处于再生发电状态时，回馈到直流侧的无功能量难于回到交流电网，只有采用可逆变流器，才能将再生能量回馈电网。

2. 按输出电压调节方式分类

变频调速时，需要同时调节逆变器的输出电压和频率，以保证电机主磁通的恒定。对输出电压的调节主要有两种方式 PAM 方式和 PWM 方式。

(1) PAM 方式。脉冲幅值调节(Pulse Amplitude Modulation，PAM)方式。在变频器中，逆变器只负责调节输出频率，而输出电压幅值的调节靠整流器或其他环节完成，由于这种控制方式必须同时对整流电路和逆变电路进行控制，控制电路比较复杂，而且低速运行时转速波动较大，因而现在较少采用这种控制方式。

(2) PWM 方式。脉冲宽度调制(Pulse Width Modulation，PWM)方式，是在逆变电路部分同时对输出电压的幅值和频率进行控制的控制方式。最常见的主电路如图 6.5 所示。

变频器中的整流器采用不可控的二极管整流电路，变频器的输出频率和输出电压的调节均由逆变器完成。在这种控制方式中，以较高频率对逆变电路的半导体开关元器件进行通断，并通过改变输出脉冲的宽度来达到控制电压的目的。

为了使异步电动机在进行调速运转时能够更加平滑，目前在变频器中多采用正弦波 PWM 控制方式，即通过改变 PWM 输出的脉冲宽度，使输出电压的平均值接近正弦波。这种方式也被称为 SPWM 控制，如图 6.6 所示。

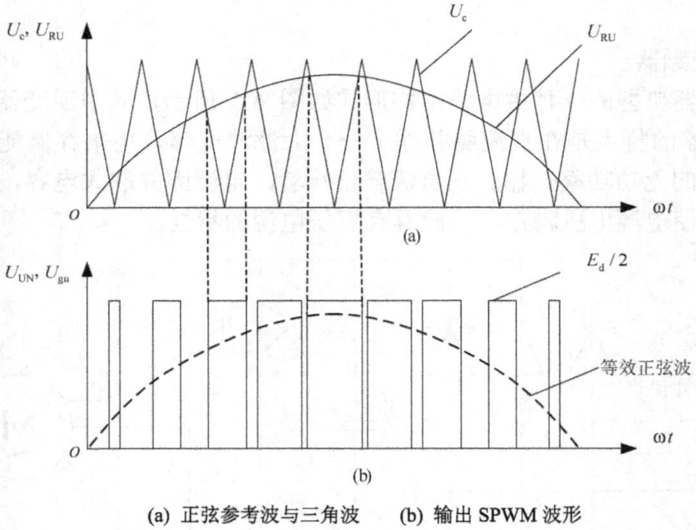

(a) 正弦参考波与三角波　　(b) 输出 SPWM 波形

图 6.6　单极性脉宽调制方法与波形

3. 按主开关器件分类

逆变器中主开关器件的性能往往对变频器装置的性能有较大的影响。这些器件主要有 SCR、GTO、BJT、MOSFET 和 IGBT。

(1) SCR 变频器。从现代电力电子器件的发展看，20 世纪 80 年代已经进入了第二代即全控时代。SCR 由于没有自通断能力，需要强迫换流电路，并且开关频率低，用于逆变器时输出的波形谐波含量大。到目前为止，仅在特大容量的变频器中尚占有一席之地。中小容量通用变频器基本上都采用了自关断器件的 PWM 方式。

(2) GTO 变频器。GTO 器件具有高电压、大电流的特点，但由于其电流增益太低，所需驱动功率大，驱动电路相对复杂，其应用受到一定的限制，多用于功率较大场合。

(3) BJT 变频器。BJT 已经达林顿化，开关频率相对比较高，在通用 PWM 变频器中的应用最多。

(4) MOSFET 变频器。MOSFET 具有开关频率高、驱动功率小的特点，但目前器件的功率等级低，导通压降大，在商用通用变频器中应用较少。

(5) IGBT 变频器。IGBT 是一种双极型复合器件，它是 MOSFET 和 BJT 的复合，兼有两者的优点。具有 MOSFET 的输入特性与 BJT 的输出特性，驱动功率小，驱动电路简单；导通电压降低，通态损耗小。其开关频率介于 MOSFET 和 BJT 之间，是一种比较理想的开关器件。随着该器件容量的提高和应用开发的进展，有可能在很大范围内取代 BJT 变频器，逐步使 IGBT 变频器上升为通用变频器的主流。

4. 按控制方式分类

按控制方式变频器可分为U/f控制变频器、转差频率控制变频器和矢量控制变频器。

(1) U/f 控制变频器。按照图 6.7 所示的电压、频率关系对变频器的频率和电压进行控制，称为U/f控制方式，又称为 VVVF 控制方式。

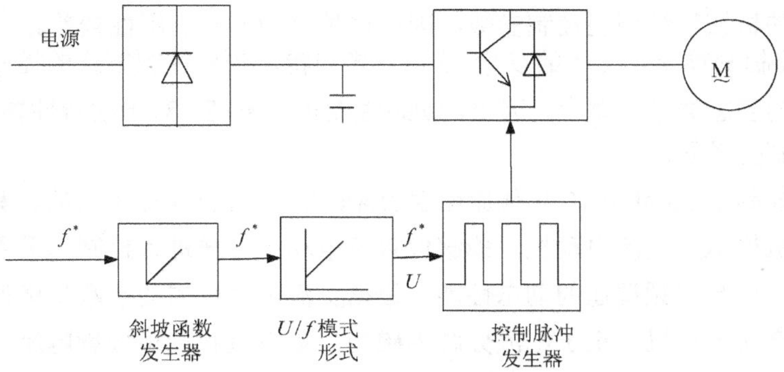

图 6.7　U/f 控制方式

主电路中逆变器采用 BJT，用 PWM 进行控制。逆变器的控制脉冲发生器同时受控于频率指令 f^* 和电压指令U，而 f^* 与U之间的关系是由U/f曲线发生器决定的。这样经 PWM 控制之后，变频器的输出频率f、输出电压U之间的关系就是U/f曲线发生器所确定的关系。由图 6.7 可见，电机转速的改变是靠改变频率的设定值 f^* 来实现的。

U/f 控制是一种转速开环控制，控制电路简单，负载可以是通用标准异步电动机，通用性强，经济性好。但电动机的实际转速受负载大小变化的影响，在 f^* 不变的条件下，电机转速将随负载转矩变化而变化，因而常用于速度精度要求不高的场合。

(2) 转差频率控制变频器。如上所述，在U/f控制方式下，转速会随负载的变化而变化，其变化量与转差率成正比。为了提高调速精度，就需要控制转差率。通过速度传感器检测出速度，可以求出转差角频率，再把它与速度设定值叠加以得到新的逆变器的频率设定值，实现转差补偿。这种实现转差补偿的闭环控制方式称为转差频率控制方式，其原理框图如图 6.8 所示。对应于转速频率设定值为 $f_1^* = f^* + \Delta f$ 。

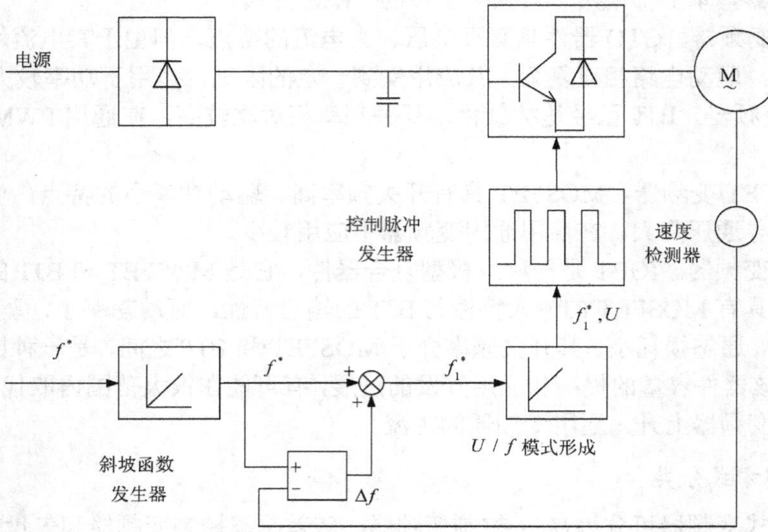

图 6.8　转差频率控制方式

由于转差补偿的作用，大大提高了调速精度。但是，使用转速传感器求取转差角频率，要针对电动机的机械特性调整控制参数，因而这种控制方式通用性较差。

(3) 矢量控制变频器。上述的 U/f 控制方式和转差频率控制方式的控制思想都是建立在异步电动机的静态数学模型上，因此，动态性能指标不高。对于动特性要求较高的场合，须采用矢量控制变频器。

矢量变换控制是 20 世纪 70 年代原西德 Blaschke 等人首先提出来的。其基本思想是把交流异步电动机模拟成直流电动机，能够像直流电动机一样进行控制。采用矢量控制的目的，主要是为了提高变频调速的动态性能。根据交流电动机的动态数学模型、利用坐标变换的手段，将交流电动机的定子电流分解为磁场分量电流和转矩分量电流，并分别加以控制，即模仿自然解耦的直流电动机的控制方式，对电动机的磁场和转矩分别进行控制，以获得类似于直流调速系统的动态性能。

在矢量控制方式中，磁场电流 i_{m1} 和转矩电流 i_{t1} 可以根据可测定的电动机定子电压、电流的实际值经计算求得。磁场电流和转矩电流再与相应的设定值相比较并根据需要进行必要校正。高性能速度调节器的输出信号可以作为转矩电流(或称有功电流)的设定值，如图 6.9 所示。动态频率前馈控制 df/dt 可以保证快速动态响应。图中有“*”的为给定值。

矢量控制是一种新的控制思想和控制技术，是交流异步电动机的一种理想调速方法。矢量控制属闭环控制方式，是异步电动机调速最新的实用化技术。它可以实现与直流电动机电枢电流控制相匹敌的传动特性，最终能控制电磁转矩，而不像 VVVF 调速系统只是保持电动机气隙磁通恒定。

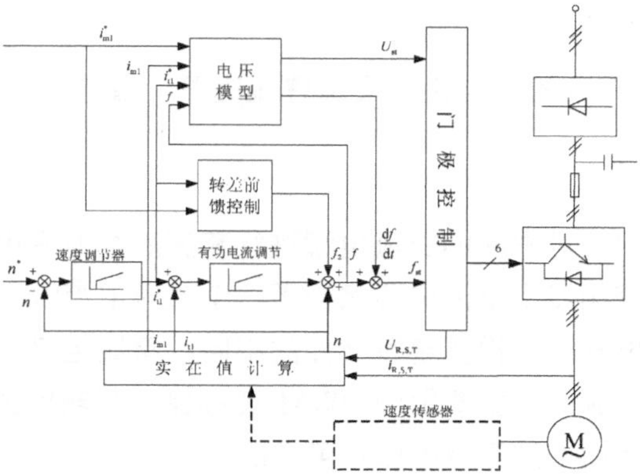

图 6.9　矢量控制原理框图

6.3　通用变频器内部结构和主要功能

6.3.1　通用变频器的内部结构

如上所述，变频器的种类很多，但基本结构如图 6.3 所示。它们的区别仅仅是主电路工作方式不同和控制电路、检测电路等实现的不同而已。通用变频器的内部结构如图 6.10 所示，下面对其主要部分及其功能进行说明。

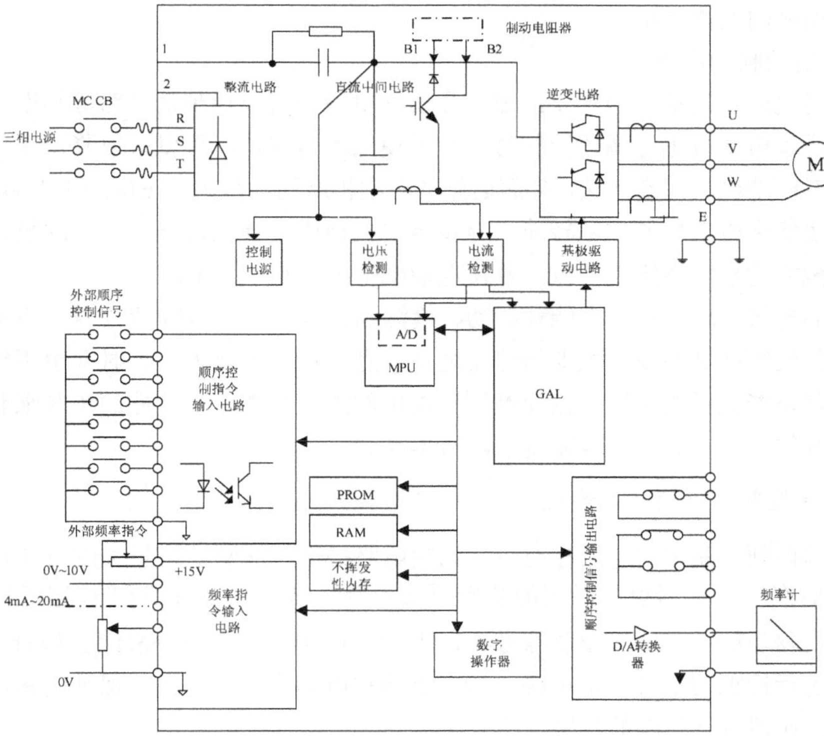

图 6.10　通用变频器的内部结构框图

1. 变频器的主电路构成

如图 6.10 所示，变频器的主电路主要由整流电路、直流中间电路和逆变电路 3 部分组成。

1) 整流电路

整流电路的主要作用是对电网的交流电源进行整流后给逆变电路和控制电路提供所需的直流电源。在电流型变频器中整流电路相当于一个直流电流源，而在电压型变频器中整流电路相当于一个直流电压源。根据整流元件的不同，整流电路可有二极管整流电路和晶闸管整流电路。二极管整流电路主要用于 PWM 变频器，其输出直流电压决定于电源电压的幅值。晶闸管整流电路输出的直流电压是可控的。

2) 中间直流电路

整流电路输出的直流电压经中间电路的电容进行平滑处理后送至逆变电路。电压型变频器中用于直流中间电路的直流电容为大容量铝电解电容。在电源接通时电容中将流过较大的充电电流(浪涌电流)，有烧坏二极管及影响处于同一电源系统的其他装置正常工作的可能，因而变频器提供了直流电抗器选件，以抑制浪涌电流。电抗器选件从图 6.10 中 1 和 2 两端接入。

3) 逆变电路

逆变电路是变频器最主要的部分之一。它在控制电路的作用下将直流中间电路输出的直流电压转换为具有所需频率的交流电压。逆变器的输出即为变频器的输出，它被用来实现对异步电动机的调速控制。

4) 变频器的制动电路

为了满足电动机制动时的需要，在变频器主电路中还包括制动电路等辅助电路。在采用变频器对异步电动机进行调速控制时，为了使电动机减速，可以采取降低变频器输出频率的方法降低电动机的同步转速，从而达到使电动机减速的目的。在电动机的减速过程中，由于同步转速低于电动机的实际转速，异步电动机便成为异步发电机，负载机械和电动机所具有的机械能量被馈还给电动机，并在电动机中产生制动力矩。

变频器的电气制动一般分为能耗制动、电源回馈制动、直流制动 3 种。直流制动通常用于几赫兹的低频区域即电动机即将停止之前，且制动力不能太大，时间也不能太长。电源回馈制动则将能量通过回馈电路反馈到供电电网上。当然，从节能的角度来看，电源回馈制动是最好的一种方式，但线路复杂，成本高。

2. 变频器控制电路的基本构成

变频器的控制电路与主电路相对应，为主电路提供所需驱动信号(如图 6.10 所示)。控制电路的主要作用是根据事先确定的变频器的控制方式产生进行 U/f 或电流控制时所需要的各种门极驱动信号或基极驱动信号。此外，变频器可控制的电路还包括对电流、电压、电动机速度进行检测的信号检测电路，为变频器和电动机提供保护的保护电路，对外接口电路和数字操作器进行控制的控制电路。

1) 变频器主控制电路

变频器主控制电路的中心是一个高性能的微处理器，并配以 ASIC、PROM、RAM 芯片和其他必要的周边电路。它通过 A/D、D/A 等接口电路接收检测电路和外部接口电路送来的各种检测信号和参数设定值，利用事先编制好的软件进行必要的处理，并为变频器提供各种必要的控制信号或显示信息。一个通用变频器中主控制电路主要完成输入信号处理、加减速率调节功能、运算处理、PWM 波形演算处理等，给主驱动电路提供控制信号。

2) 检测电路

检测电路的主要作用是将变频器和电动机的工作状态反馈至微处理器，并由微处理器按照事先确定的算法进行处理后为各部分电路给出所需的控制信号和保护信号，以达到控制变频器输出和为变频器及电动机提供必要的保护的目的。

3) 保护电路

保护电路的主要作用是由微处理器对检测电路得到的各种信号进行算法处理，以判断变频器本身或系统是否出现了异常，以便进行各种必要的处理，包括停止变频器的输出，以对变频器各系统提供保护。

4) 外部接口电路

随着变频器技术的发展和变频器在各种领域中的广泛应用，变频器在控制系统中往往被当作一个部件而不是一个设备，并对其提出了更高的要求，其外部接口电路的功能也越来越丰富。变频器的外部接口电路通常包括以下硬件电路：顺序控制指令输入电路、频率指令(模拟信号)输入电路、监测信号输出电路以及通信接口电路。变频器具有 RS-232、RS-485 或与现场总线的通信接口，以便变频器与计算机、PLC 或现场总线的连接。通常，各个变频器厂家备有各种接口卡供用户选用。

5) 数字操作器

数字操作器的主要作用是给用户提供一个良好的人机界面，使变频器控制系统的操作和故障检测工作变得更加简单。随着半导体和显示技术的提高，数字操作器本身变得小巧玲珑。

而随着变频器内部微处理器性能的提高，数字操作器所具有的功能也越来越丰富。用户可以利用数字操作器对系统进行各种运行、停止操作，监测变频器的运行状态，显示故障内容及发生顺序以及根据系统运行的需要进行各种参数的设定等。

6) 变频器的保护电路

变频器的保护功能可以分为 3 类：对变频器本身的保护、对驱动电动机的保护和对系统的保护。其中变频器本身的保护由变频器自身完成，而对驱动器和系统的保护，则需要用户根据负载和外部环境设置必要的工作条件。

6.3.2 通用变频器的主要功能

为了保证其通用性，变频器的功能比较多。其功能除了保证其自身的基本控制功能外，大多数功能是根据变频器传动系统的需要而设计的。下面按其用途将通用变频器的主要功能进行分类，见表 6-1。

表 6-1 变频器的主要功能

系统功能	全区域自动转矩补偿功能	频率设定功能		多级转速设定功能
	防失速功能			频率上下限设定功能
	过转矩限定运行			禁止特定频率功能
	无速度传感器简易速度控制功能			指令丢失时的自动运行功能
	带励磁释放型制动器电动机的运行			频率指令特性反转功能
	减少机械振动、降低冲击动能			禁止加减速功能
	运行状态检测显示			加减速时间切换功能
	出现异常后的再启动功能			S 型加减速功能
	3 线顺序控制	保护功能	变频器的保护	瞬时过电流保护
	通过外部信号对变频器进行“起/停”控制			对地短路保护
				过电压保护
与运行方式有关的功能	直流制动(DC 制动)停机			欠电压保护
	无制动电阻的直流制动快速停机			变频器过载保护
	运行前的直流制动			散热片过热保护
	自寻速跟踪功能			由保险丝进行过电流保护
	瞬时停电后自动再启动功能			控制电路异常保护
	电网电源/变频器切换运行功能		电动机的保护	电动机过载保护
	节能运行			电动机失速保护
	多 U/f 选择功能			光(磁)码盘断线保护
与状态监测有关的功能	显示负载速度		系统保护	过转矩检测功能
	脉冲监测功能			外部报警输入功能
	频率/电流计的刻度校正			变频器过热预报
	LCD 显示窗(数字操作盒)的监测功能			制动电路异常保护
多控制方式	无 PG(速度传感器)U/f 控制方式	其他功能		载频频率设定功能
	有 PG$U/f$ 控制方式			高载波频率运行
	无 PG 矢量控制方式			平滑运行
	有 PG 矢量控制方式			全封闭结构

通用变频器可设定的参数很多，一般有几百个，且不同品牌和型号的通用变频器的参数表示方式和设置方法也不一样，功能上也有很大差别，但使用方法都大致相同。实际工作中，并不需要对每个参数都非常熟悉和了解，只要对一些实际需要的基本参数了解和正确设置就可以了。

6.4 变频器的应用

目前，新型的通用变频器已经采用微处理器进行全数字化控制，硬件电路相对简化，各种功能主要靠软件来实现。由于软件的灵活性，数字控制方式可以完成模拟控制方式难以完成的功能。通用变频器的主要功能是通过外部接口电路及数字操作面板来设定的。图 6.11 是小容量通用变频器的外形结构示意图。

图 6.11 中数字操作面板可以通过连接线缆与通用变频器连接而远距离操作。在通用变频器的后部有冷却风扇，当通用变频器开机时，与通用变频器同步启动工作。控制端子与通用变频器控制板安装在一起。主电路端子与通用变频器主电路的功率模块连接在一起。

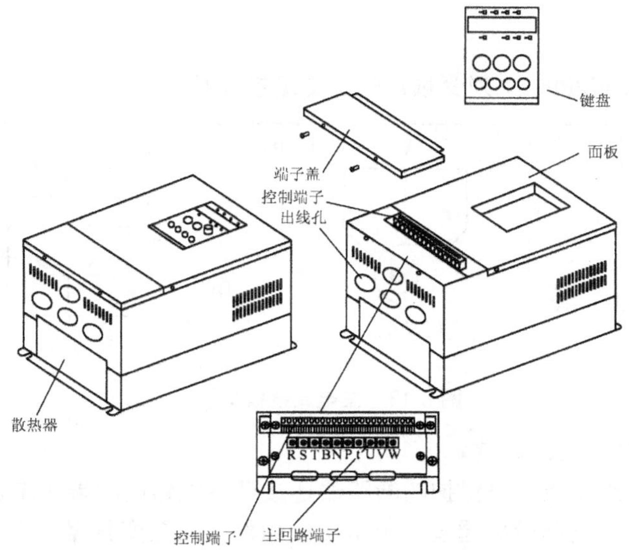

图 6.11 通用变频器的外形结构示意图

6.4.1 通用变频器标准接线

各种系列的变频器都有其标准接线端子，这些接线端子与其自身功能的实现密切相关。变频器接线主要包括主电路接线和控制电路接线。下面以日本富士公司 FRN-G9S/P9S 系列变频器的基本接线为例说明变频器的接线，变频器的基本接线如图 6.12 所示。

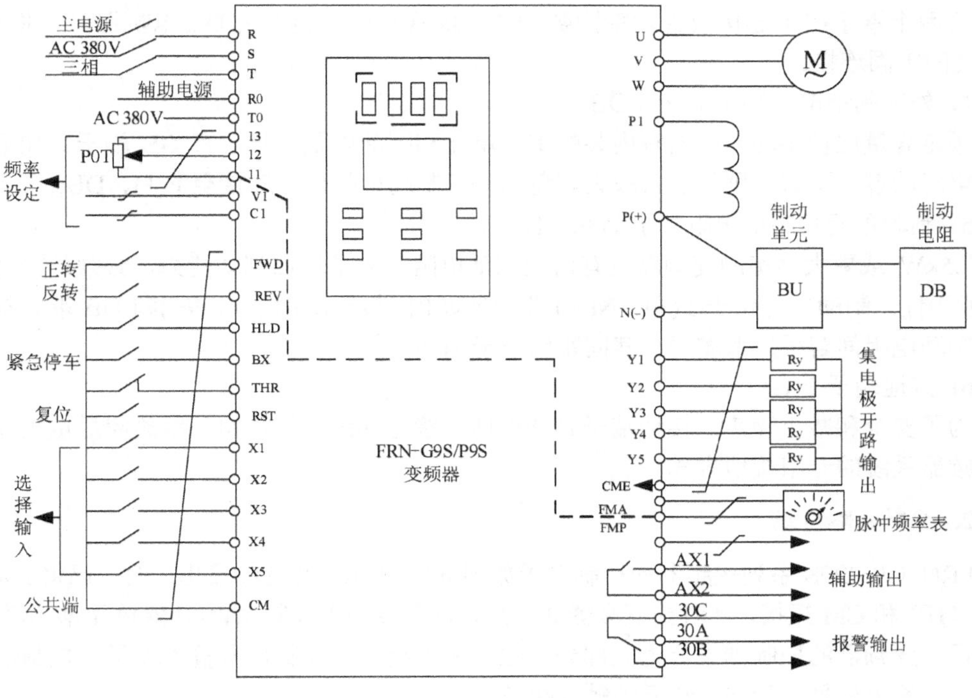

图 6.12 FRN-G9S/P9S 变频器的基本接线

1. 主电路接线

图 6.13 为 FRN-G9S/P9S 系列变频器的主电路接线端子。

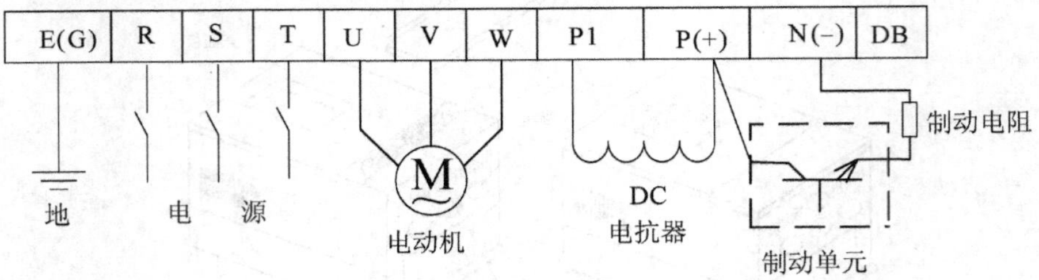

图 6.13　主电路接线端子

1) 主电路电源端子(R、S、T)

交流电源通过断路器或漏电保护的断路器连接至主电路电源端子(R、S、T)，电源的连接不需考虑相序。交流电源最好通过一个电磁接触器连接至变频器。不要用主电源开关的接通和断开来启动和停止变频器运行，而应使用控制端子 FWD / REV 或控制面板上的 RUN/STOP 键。不要将三相变频器连接至单相电源。

2) 变频器输出端子(U、V、W)

变频器输出端子(U、V、W)按正确相序连接三相电动机。当运行命令和电动机的旋转方向不一致时，可在 U、V、W 三相中任意更改两相接线，或将控制电路端子 FWD/REV 更换一下。

3) DC 端子 P1、P(+)

这两个端子用于连接改善功率因数 DC 电抗器选件。当不用 DC 电抗器时，将 P1 和 P(+)之间牢固连接。

4) 外部制动电阻端子 P(+)、DB

额定容量比较小的变频器有内装的制动单元和制动电阻，故才有 DB 端子。如果内装制动电阻的容量不够，则需要将较大容量的外部制动电阻选件连接至 P(+)、DB。

5) 制动单元和制动电阻端子 P(+)、N(−)

7.5kW 或更大功率的变频器没有内装制动电阻。为了增加制动能力，必须外接制动单元选(购)件。制动单元接于 P(+)、N(−)端，制动电阻接于制动单元 P(+)和 DB 端。制动单元与制动电阻间若采用双绞线，其间距应小于 10m。

6) 接地端子 E(G)

为了安全和减小噪声，接地端子必须接地。接地导线应尽量粗，距离应尽量短并应采用变频器系统的专用接地方式。

2. 控制电路接线

FRN-G9S/P9S 系列变频器的控制端子如图 6.14 所示。在变频器出厂时，已将 FWD 和 CM、THR 和 CM 短接，此时当变频器送电后，可直接利用控制面板(功能单元)操作变频器的运行。变频器的控制端子分为五部分：频率输入端子、控制信号输入端子、控制信号输出端子、输出信号显示端子和无源触点端子。

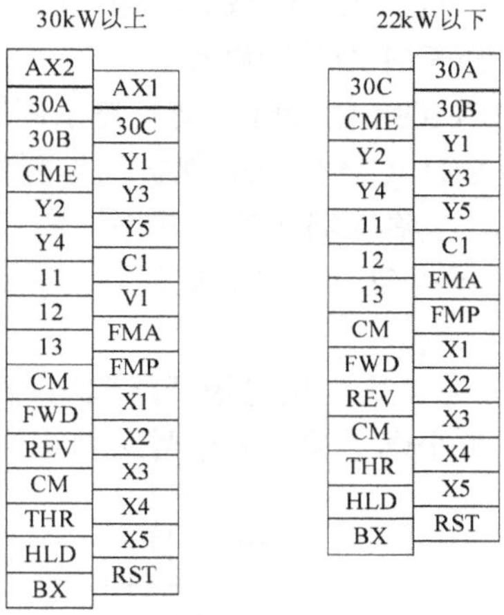

图 6.14 控制电路连接端子

1) 频率输入端子

11、12、13 这 3 个端子接电位器(POT)进行频率的外部设定。其中 13 为正电源端+10V，12 为中间滑动端，11 为电压设定和电流设定的公共地。

V1 为电压输入信号 0～10V，进行频率的外部给定。

C1 为电流输入信号 4～20mA，进行频率的外部设定。

2) 控制信号输入端子

CM 为公共端，是所有开关量输入信号的参考点。

FWD、REV 为输入正反转操作命令，FWD-CM 闭合时为正转命令，REV-CM 闭合时为反转命令。如果 FWD-CM 和 REV-CM 同时闭合，则减速停止。HLD 是 FWD/REV 命令保持信号，图 6.15 是应用自保持端子 HLD 的接线和工作原理图。

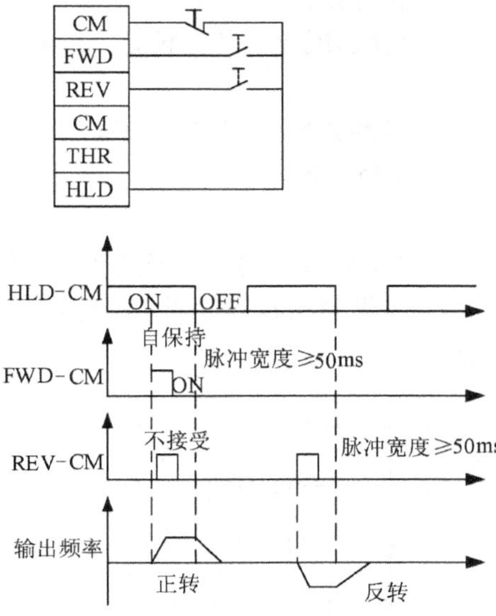

图 6.15 自保持端子 HLD 的接线

THR 为外部报警输入端，当电动机过载或制动电阻过热时，可使其报警信号输入到该端子，让变频器停止工作，THR-CM 为常闭触点。

BX 为自由停车命令，当 BX-CM 闭合时电动机自由停车。

RST 为报警复位信号，当 RST-CM 闭合时保护动作复位。

Xl、X2、X3、X4、X5 这五个输入端子的公共端均是 CM。Xl-CM 闭合时为 Xl 有效，断开时为无效。Xl～X5 各个端子有效时，可完成的功能是通过程序设定来改变的。

3) 控制信号输出端子

控制信号输出端子为 Y1～Y5，均为集电极开路输出端，CME 为 Y1～Y5 的公共端。图 6.16 为 Y1～Y5 输出接线，每个端子输出的信号可自由设定。

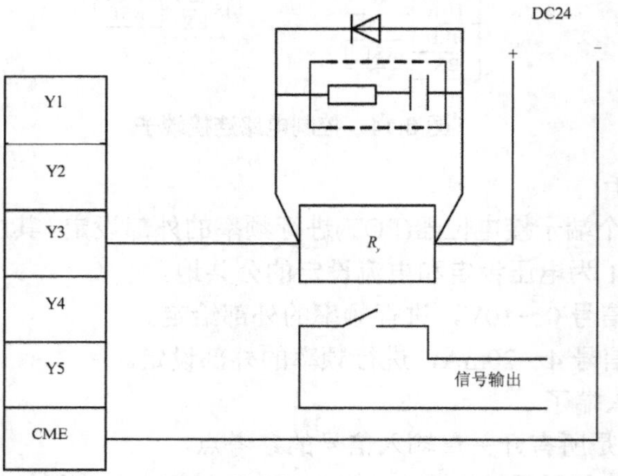

图 6.16　Y1～Y5 端子输出接线

4) 输出信号显示端子

FMA 为模拟信号输出端子。输出 DC 0V～10V 电压信号、输出频率、输出电流、输出转矩和负载率。该输出信号可用于显示或驱动其他设备，一般应将 FMA 端子的输出信号种类设定为频率输出。

FMP 为脉冲频率输出端子。脉冲频率(≤6kHz)＝变频器输出频率脉冲倍频(6～100)。FMP-CM 信号可用于显示或驱动其他设备。

5) 无源触点端子

30A、30B、30C 为故障报警继电器输出端子。当变频器保护功能动作时，输出继电器触点信号。当变频器正常时，触点信号如图 6.17(a)所示；当故障报警时，触点信号如图 6.17(b)所示。触点容量为 250V/0.3A。

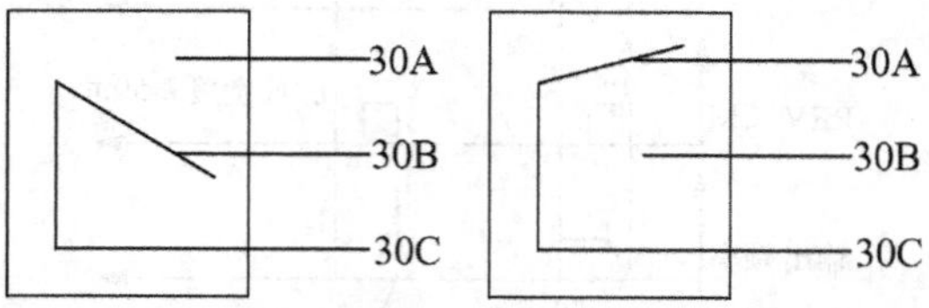

(a) 变频器正常时的触点信号　(b) 故障报警时的信号

图 6.17　报警继电器的内部结构

AX1、AX2 为电源侧接触器断开指令输出端子。在主电源的输入部分中设有接触器时，可利用无源触点 AX1 和 AX2 的输出信号断开该接触器。触点容量为 250V / 0.3A。22kW 以下的变频器无此端子。

3. 控制电源与辅助电源的连接

目前的通用变频器除了有主电源端子外，还有控制电源和辅助电源的端子，如图 6.18 所示。

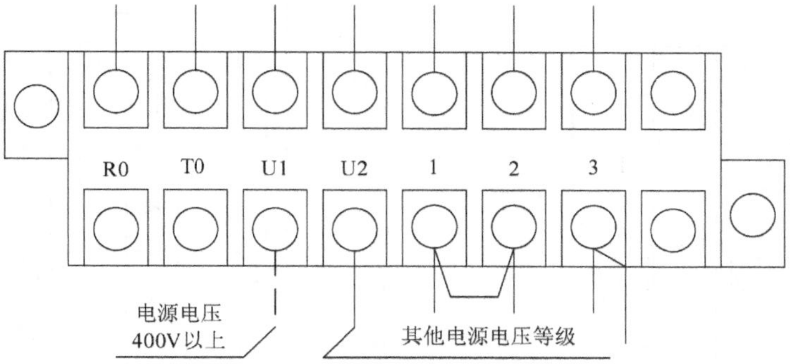

图 6.18　控制电源和辅助电源端子

1) 控制电源端子

变频器的控制电源取自变频器主电路的直流侧。当变频器发生故障报警而跳闸时，主接触器有可能被断开，此时变频器主电路直流侧断电，从而使控制电源无法供电，导致故障报警指示消失。因此，应在断路器和接触器之间引电源至 R0 和 T0 端。

2) 辅助电源端子

U1 和 U2 端子仅为 400V 系列变频器提供。当主电路输入电压处在表 6-2 所示的范围内时，辅助电源端应接至 U1 或 U2 上。变频器出厂时，接至 U2 端。

表 6-2　辅助电源端子接线

接至端子	电源电压(V，50Hz)	电源电压(V，60Hz)
U1	400～420	430～480
U2	400 以下	430 以下

3) 冷却风扇电源端子

1、2、3 是为维护和更换冷却风扇时而用的，一般最好不要使用。

4. 制动单元与制动电阻的连接

变频器运行时，当需要进行频繁制动或高转矩制动时，应按照规定连接制动单元和制动电阻，如图 6.19 所示。制动单元的 P(+)、N 端分别接至变频器主电路 P(+)、N(−)端子，制动电阻 P(+)、DB 端分别接至制动单元 P(+)、DB 端。制动单元和制动电阻的过热保护装置 1、2 端接至变频器控制电路 THR、CM 端子。变频器在连接制动单元和制动电阻时，应根据其使用率、放电能力和最大转矩来选择。

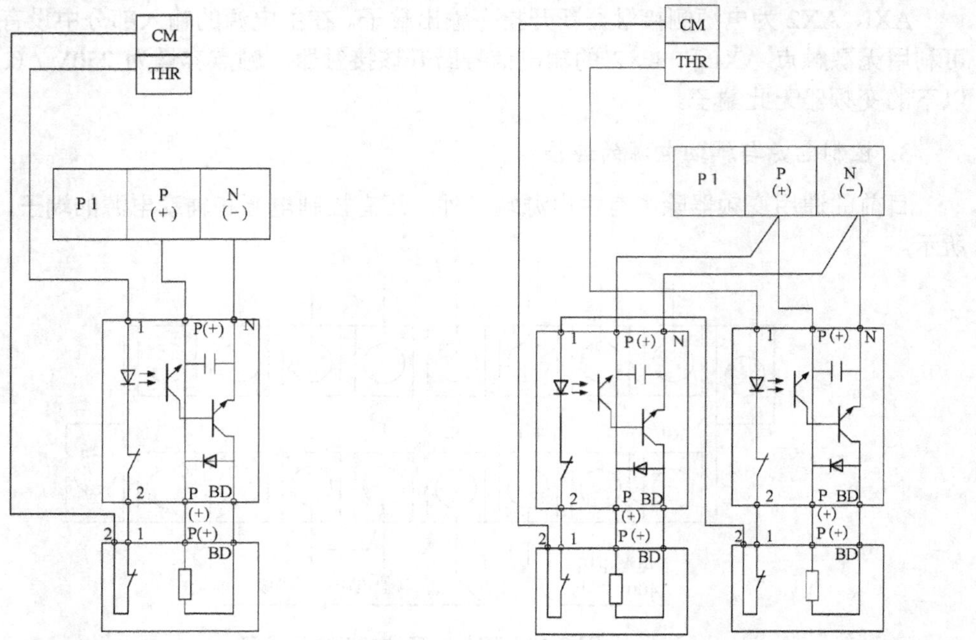

(a) 1 个制动单元和 1 个制动电阻的连接　　(b) 2 个制动单元和 2 个制动电阻的连接

图 6.19　制动电源与制动电阻的连接

5. 控制端子外部接线

变频器在实际系统中往往不是独立运行而是相互连锁的，共同完成系统的变频调速控制，如图 6.20 所示。图中，KM 为主接触器，SBZ、SBF、SBT 分别为变频器的正转、反转、停止按钮，SBA、SBD 分别为送电、断电按钮，Ry 为控制继电器，HA 为报警灯，HL1、HL2 分别为报警灯和变频器运行指示灯，FM 为变频器输出频率显示表。

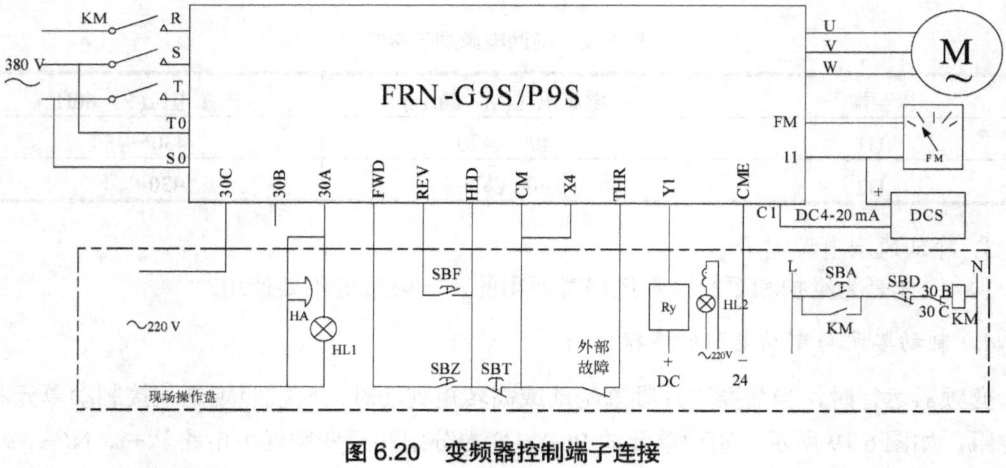

图 6.20　变频器控制端子连接

变频器频率给定信号通过计算机集散系统 DCS 输出 4～20mA 电流信号给端子 1～11，使 X4、CM 闭合。FWD、CM 闭合为电动机正转；REV、CM 闭合为电动机反转；Y1、CME 输出变频器运行信号；当变频器出现故障报警而跳闸时，30A、30C 闭合，报警指示灯亮，报警铃响，同时 30B、30C 断开，切断主接触器 KM。FM—11 输出 DC 0～10V，用于输出频率显示。THR-CM 为制动电阻，控制电动机和电动机外部报警输入。

6.4.2 变频器与 PLC 的连接

当利用变频器构成自动控制系统时，往往需要与 PLC 等上位机配合使用，如恒压供水系统、电梯控制系统等。下面就介绍一些典型的变频器与 PLC 的连接线路，供实际应用时参考。

1. 变频器的接口电路

1) 运行信号的输出

变频器的输出信号中包括对运行/停止、正转/反转、微动(寸动)等运行状态进行操作的运行信号(数字输入信号)。变频器通常利用与 PLC 连接，得到这些运行信号。常用的 PLC 输出有两种类型：继电器触点输出和晶体管输出。图 6.21 所示为变频器与 PLC 连接的两种方式。在使用继电器触点输出的场合，为防止出现因接触不良而带来的误动作，要考虑触点容量及继电器的可靠性。而当使用晶体管集电极开路形式连接时，也同样需要考虑晶体管本身的耐压容量和额定电流等因素，使所构成的接口电路具有一定的余量，以达到提高系统可靠性的目的。

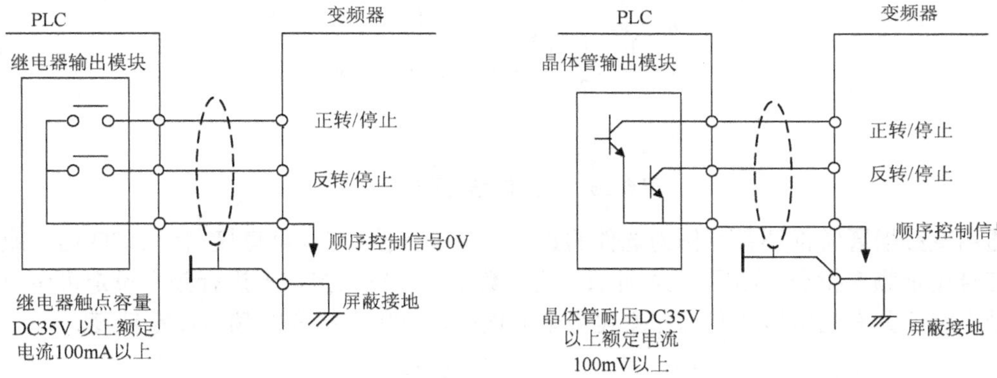

(a) 继电器接点 (b) 晶体管(集电极开路)

图 6.21 运行信号的连接方式

2) 频率指令信号的输入

如图 6.22 所示，频率指令信号可以通过 0～10V、0～5V、0～6V 等电压信号和 4～20mA 的电流信号输入。由于接口电路因输入信号而异，必须根据变频器的输入阻抗选择 PLC 的输出模块。而连线阻抗的电压降以及温度变化、器件老化等带来的漂移则可通过 PLC 内部的调节电阻和变频器内部参数进行调节。

当变频器和 PLC 的电压信号范围不同时(例如，变频器的输入信号为 0～10V 而 PLC 的输出电压信号为 0～5V)，也可通过变频器的内部参数进行调节，如图 6.23 所示。但由于在这种情况下只能利用变频器 A/D 转换器的 0～5V 部分，所以和输出信号在 0～10V 范围的 PLC 相比，进行频率设定时的分辨率将会更差。反之，当 PLC 一侧的输出信号电压为 0～10V 而变频器的输入信号电压为 0～5V 时，虽然也可通过降低变频器内部增益的方法使系统工作，但由于变频器内部的 A/D 转换被限制在 0～5V，将无法使用高速区域。这时若要使用高速区域，可调节 PLC 的参数或电阻的方式将输出电压降低。

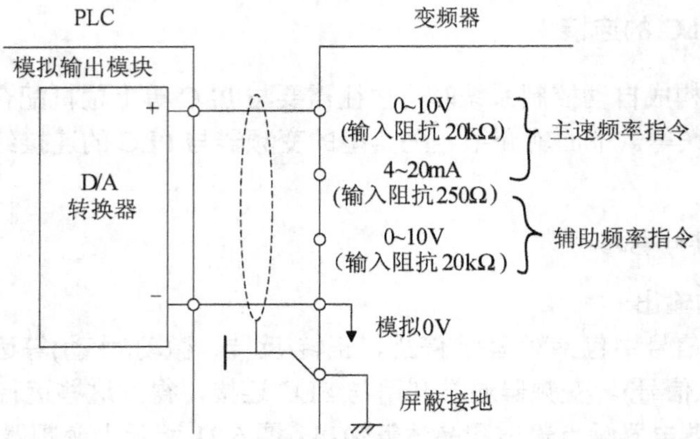

图 6.22　频率指令信号与 PLC 的连接

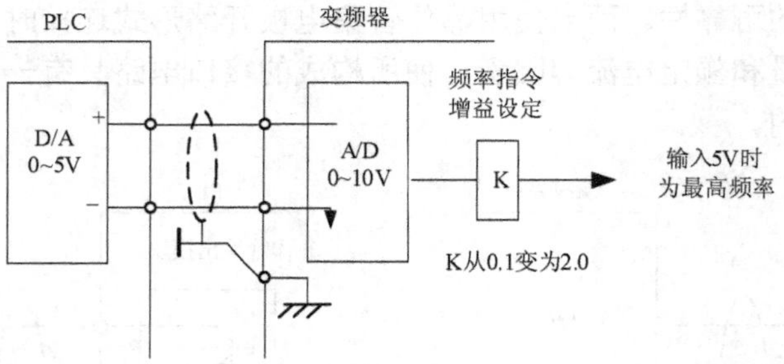

图 6.23　输入信号电平转换

通用变频器通常都还备有作为选件的数字信号输入接口卡，可直接利用 BCD 信号或二进制信号设定频率指令，如图 6.24 所示。使用数字信号输入接口卡进行频率设定可避免模拟信号电路所具有的电压降和温差变化带来的误差，以保证必要的频率设定精度。

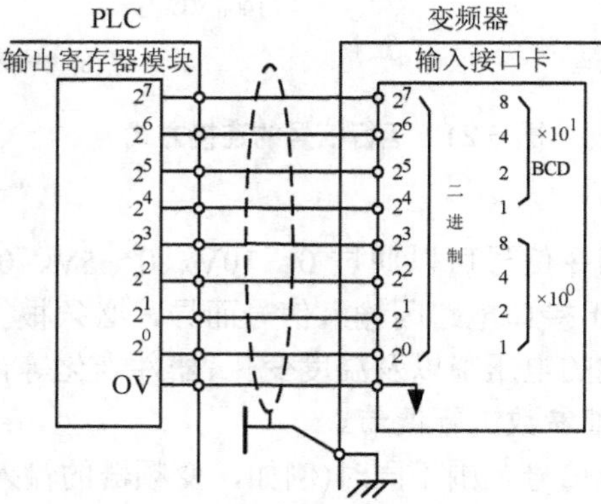

图 6.24　二进制信号和 BCD 信号连接

变频器也可将脉冲序列作为频率指令，如图 6.25 所示。由于当以脉冲序列作为频率指令时需要使用 F/V 转换器将脉冲转换为模拟信号，当利用这种方式进行精密的转速控制时，必须考虑 F/V 转换器电路和变频器内部 A/D 转换电路的零漂、由温度变化带来的漂移以及分辨率等问题。

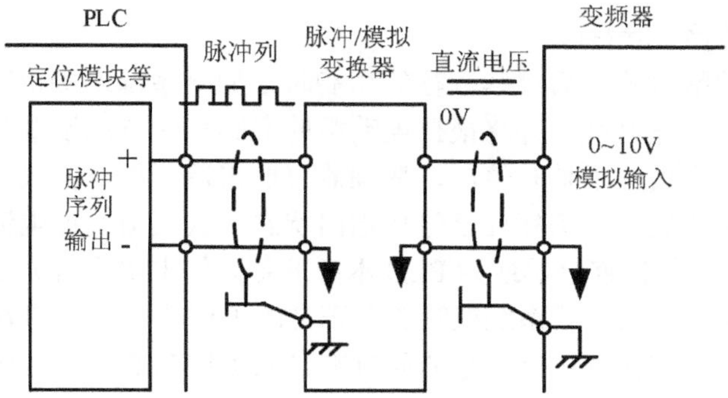

图 6.25 脉冲序列作为频率指令时的连接

当不需要进行无级调速时，可利用 X1～X3(FRNG9/P9 系列为 X1～X5)输入端子，通过触点的组合使变频器按照事先设定的频率进行调速运行，这些运行频率可通过变频器的内部参数进行设定，而运行时间可由 PLC 输出的开关量来控制。与利用模拟信号进行调速给定的方式相比，这种方式的设定精度高，也不存在由漂移和噪声带来的各种问题。

3) 接点输出信号

在变频器的工作过程中，常需要通过继电器触点或晶体管集电极开路输出的形式将变频器的内部状态(运行状态)通知外部，如图 6.26 所示。而在连接这些送给外部的信号时，也必须考虑继电器和晶体管的允许电压、允许电流等因素以及噪声的影响。例如，在主电路(AC 200V)的通断是以继电器进行，而控制信号(DCl2～24V)的开闭是以晶体管进行的场合，应注意将布线分开，以保证主电路一侧的噪声不传至控制电路。

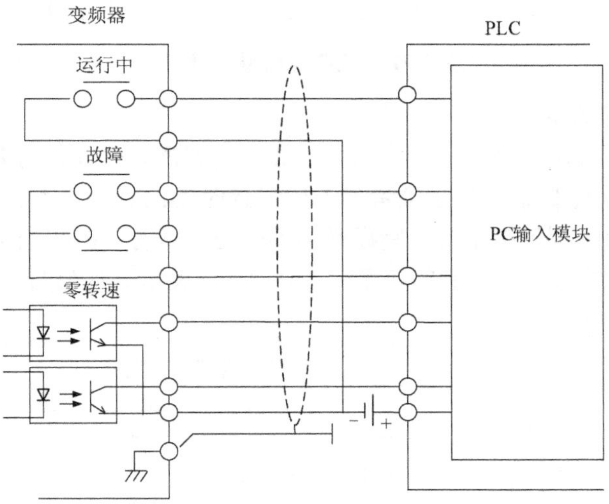

图 6.26 触点输出信号的连接

在对带有线圈的继电器等感性负载进行通断时，必须以和感性负载并联的方式接上浪涌吸收器或续流二极管。而在对容性负载进行通断时，则应以串联的方式接入限流电阻，以保证通断时的浪涌电流值不超过继电器和晶体管的容许电流值。

2. 连接注意事项

1) 瞬时停电后的继续运行

在利用变频器的瞬时停电后继续运行的功能时，如果系统连接正确，则变频器在系统恢复供电后将进入自寻速过程，并将根据电动机的实际转速自动设置相应的输出频率后重新启动。但是，也会出现由于瞬时停电，变频器可能将运行指令丢失的情况，在重新恢复供电后不能进入自寻速模式，仍然处于停止输出状态，甚至出现过电流的情况。因此，在使用该功能时，应通过保持继电器或为 PLC 本身准备无停电电源等方法将变频器的运行信号保存下来，以保证恢复供电后系统能够进入正常的工作状态，如图 6.27 所示。在这种情况下，频率指令信号将在保持运行信号的同时被自动保持在变频器内部。

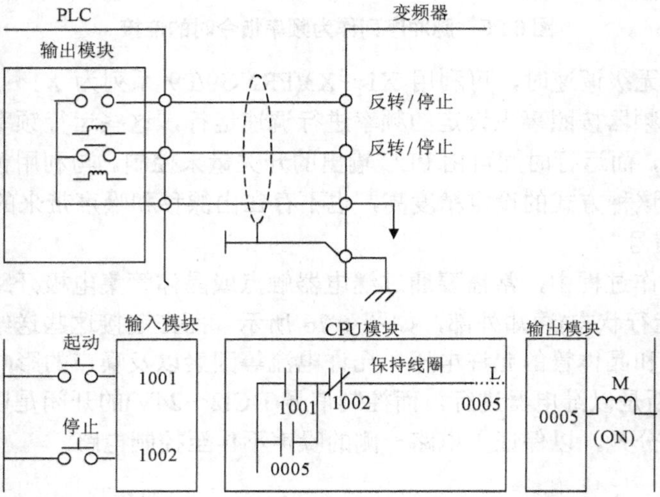

图 6.27　PLC 保持继电器回路

2) PLC 扫描时间的影响

在使用 PLC 进行顺序控制时，由于 CPU 进行处理需要时间，总是存在一定时间(扫描时间)的延迟。在设计控制系统时必须考虑上述扫描时间的影响，尤其在某些场合下，当变频器运行信号投入的时刻不确定时，变频器将不能正常运行，在构成系统时必须加以注意。图 6.28 给出了以自寻速功能为例的例子，图中“*”表示寻速信号应比运行(正转、反转)信号先接通或同时接通。

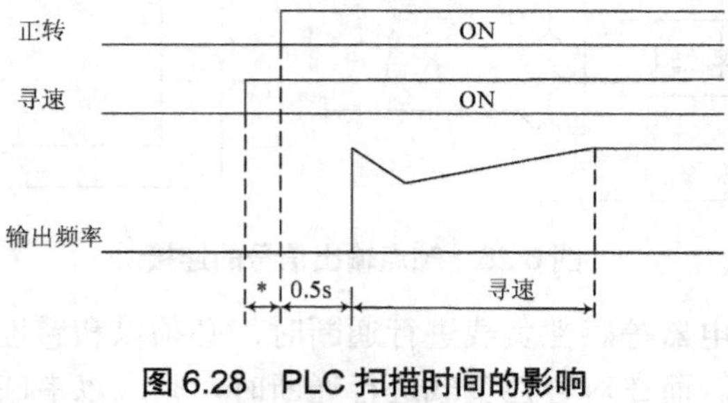

图 6.28　PLC 扫描时间的影响

3) 通过数据传输进行的控制

在某些情况下，变频器的控制(包括各种内部参数的设定)是通过 PLC 或其他上位机进行的。在这种情况下，必须注意信号线的连接以及所传数据顺序格式等是否正确，否则将不能得到预期的结果。此外，在需要对数据进行高速处理时，往往需要利用专用总线构成系统。

3. 接地和电源系统

为保证 PLC 不因变频器主电路断路器产生的噪声而出现误动作，必须注意以下几点。

(1) 对 PLC 本体按照规定的标准和接地条件进行接地，应避免与变频器使用共同的接地线，并在接地时尽可能使两者分开。

(2) 当电源条件不好时，应在 PLC 的电源模块以及输入、输出模块的电源线上接入噪声滤波器和降低噪声用的变压器等，或在变频器一侧采取相应措施，如图 6.29 所示。

(3) 当把变频器和 PLC 安装在同一操作柜中时，应尽可能使与变频器有关的电线和与 PLC 有关的电线分开。

(4) 通过使用屏蔽线和双绞线达到提高抗噪声水平的目的。当配线距离较长时，对于模拟信号来说应采取 4～20mA 的电流信号或在途中加入放大电路等措施。

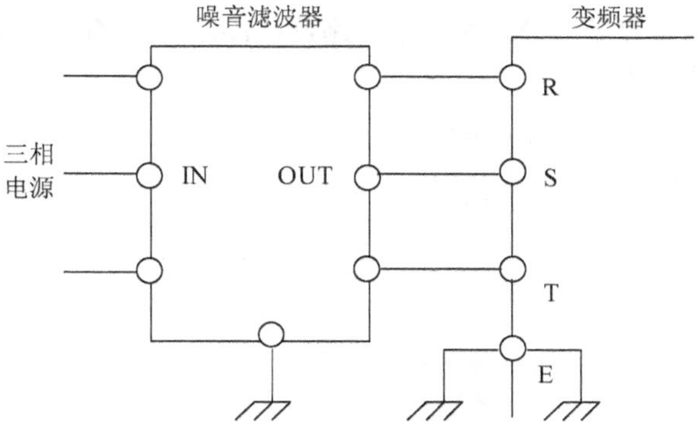

图 6.29　噪声滤波器的连接

6.4.3　变频器在恒压供水系统中的应用

变频调速恒压供水系统均为闭环系统，有单片机、PID 及 PLC 等方式的控制。有的系统供水管网比较大，所控制的水泵台数也比较多，则可采取总线控制方式，在系统内形成局域网，以提高自动化程度和生产效率。

1. 计算机控制恒压供水

恒压供水是指不管用户端用水量大小，总保持管网中水压基本恒定，这样既可满足用户对水的需求，又不使电动机空转而造成电能浪费。为实现上述目标，需要变频器根据给定压力信号和反馈压力信号来调节水泵转速，从而控制管网中水压恒定。变频器恒压供水系统如图 6.30 所示。

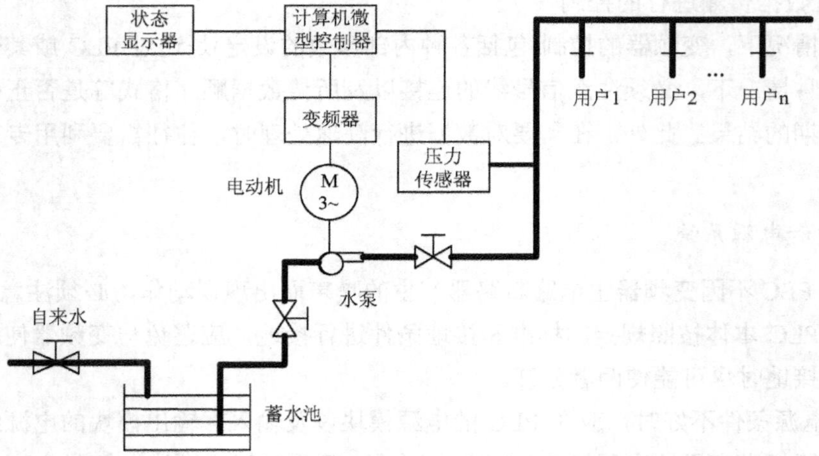

图 6.30 变频器恒压供水系统

1) 系统主电路

一用一备变频器恒压供水系统就是一台水泵供水，另一台水泵备用，当供水泵出现故障或需要定期检修时，备用泵马上投入使用，不使供水中断。两台水泵均为变频器驱动，且当变频器出现故障时，可自动实现变频/工频切换。其主电路如图 6.31 所示。M1 为主泵电动机；M2 为备用泵电动机；QF 为低压断路器；KM0、KMl、KM2、KM3、KM4 为接触器；FR1、FR2 为热继电器。

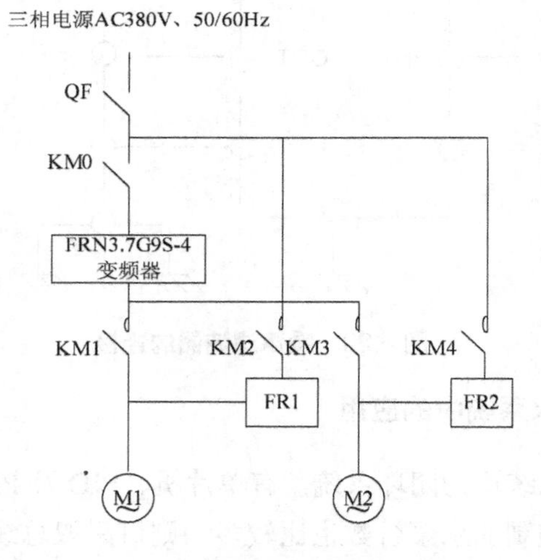

图 6.31 一用一备变频器恒压供水系统主电路

2) 控制系统

该系统主要由富士 FRN3.7G9S-4 变频器和微型计算机控制器组成，控制系统接线如图 6.32 所示。该系统为一用一备、变频/工频自动转换的恒压供水系统，通过拨码开关设定开关量输出，RLl 和 RL2 控制主泵电动机和备用泵电动机，实现自动切换。计算机微型控制器根据给定压力和反馈压力的大小，输出相应的 0V～5V 电压信号给变频器，变频器依据输入电压信号的大小，控制水泵进行调速运行。计算机控制器给变频器启动信号和接收变频器故障报警信号。控制系统的给定压力、实际压力和系统的工作状态通过显示面板进行显示。计算机自动检测水池中的水位，使变频器控制水泵电动机在无水后自动停机，有水后自动启动。该系统具有电动机过电流、过电压、过载、欠电压等故障保护功能。

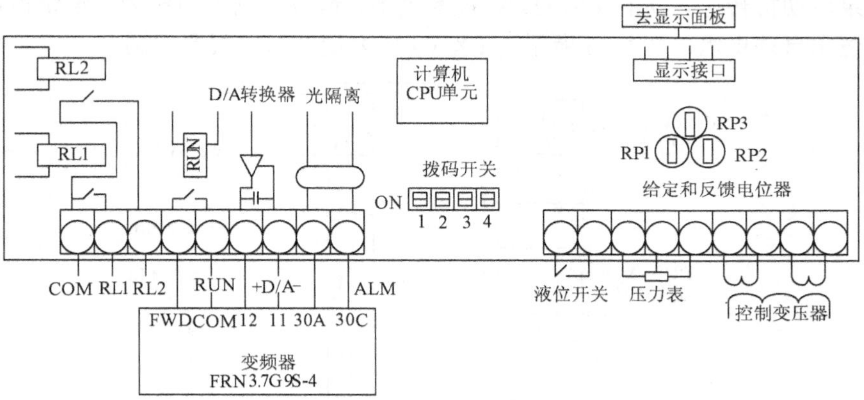

图 6.32　恒压供水控制系统接线

3) 变频器功能设定

变频器通电后，根据本系统的工艺情况，即可进行功能设定：最大频率 50Hz；最小频率 0Hz；基本频率 50Hz；额定电压 380V；加速时间 15s；减速时间 15s；电子热保护 105%；转矩限制 150%；转矩矢量控制不动作。其他功能按照变频器出厂设定值。

2. PLC 控制恒压供水

在中小型恒压供水系统中，采用 PXW9 智能型多功能控制器作为压力调节器，使 PLC 控制下的变频调速恒压供水控制系统，具有节能稳定运行、高可靠性、操作方便、结构简单、自动化程度高、经济易配置等优点。

1) PXW9 的控制原理

水泵电动机容量是根据使用高峰期的水压设计的。而很多时间用水量较少，如夜间。而水流量取决于水泵电动机的转速。若水泵电动机能根据实际用水量来调整，可大大减少电动机功耗，节约电能，且使水压恒定。

由于驱动泵的电动机输出功率 $P=0.105M_2n^2$，所以电动机转速 n 稍有下降时，输出功率就会大幅度减小。而 n 与 f 成正比，所以采用变频器调速系统的节能效果非常显著，且具有供水质量高、灵活性强、操作方便、电动机启动为软启动、延长水泵使用寿命等优点。变频调速系统控制框图如图 6.33 所示。

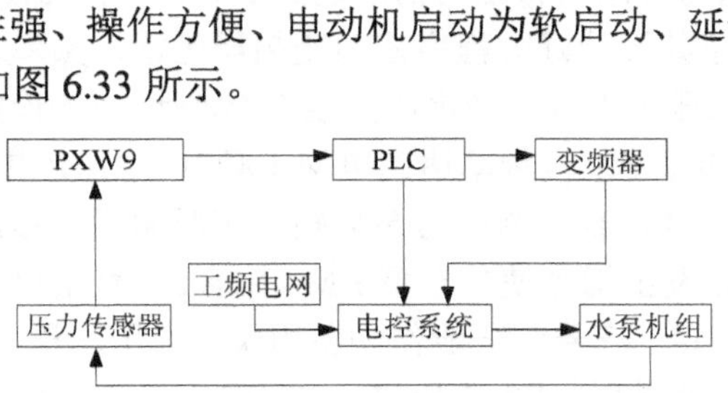

图 6.33　变频调速系统框图

PXW9BF1-IV 数字式多功能控制器具有模糊逻辑控制功能，水泵出水管上安装一只压力传感器，将压力信号送到 PXW9 控制器，控制器采样并与压力设定信号比较求其偏差，经自身模糊控制，给出一个 DC～20mA 的信号。此信号由 PLC 控制变频器输出频率，从而改变水泵电动机转速，以消除偏差。经反复调节，最终管网出口压力与设定值保持一致，从而实现恒压自动供水。图 6.34 所示为 PXW9 压力调节器电气原理图。

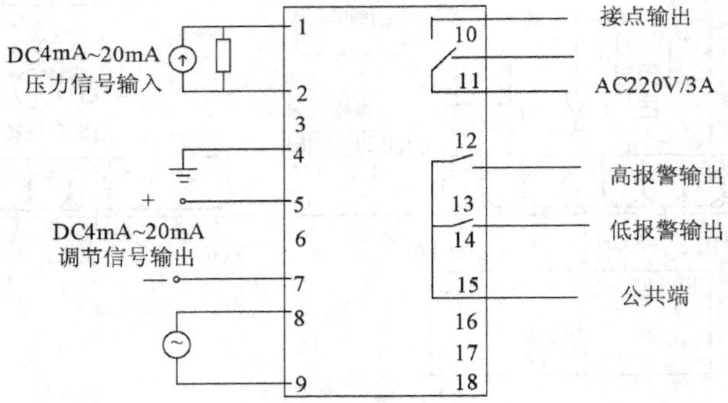

图 6.34　PXW9 压力调节器电气原理图

2) PLC 控制下的变频调速控制原理

某小区楼群变频调速恒压供水系统共三台水泵(7.5kW)。一台变频器通过 PLC 控制器的切换和控制，可使任一台电动机处于工频或变频下运行，并分别依次进行软启动。图 6.35 是 PLC 控制下的变频调速主回路，KMl、KM3、KM5 分别是三台水泵工频运行接触器；KM2、KM4、KM6，分别是三台水泵变频运行时的接触器，它们都由 PLC 控制。

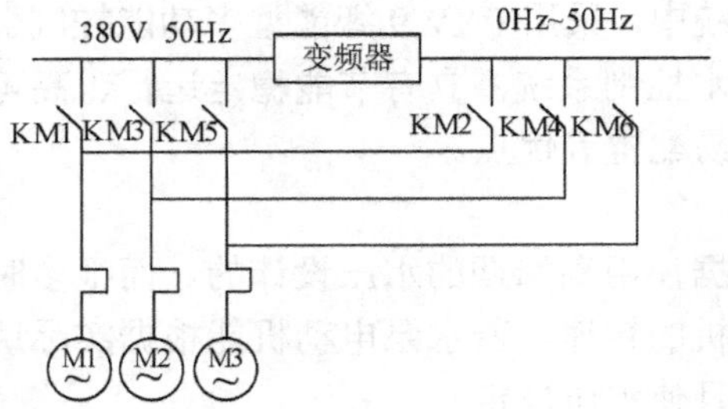

图 6.35　变频调速主回路

系统开始工作时，压力传感器将压力信号送到 PXW9 调节器。开始时水压低于设定值，PLC 启动升速程序，并按其设计好的程序控制变频器运行，频率逐渐上升，并使电动机启动逐渐升速，同时管网水压也上升。当水压升至 PXW9 调节器设定值时，泵机在此频率下稳定运行，保持了水压恒定。若泵机频率达到电网工频时，水压还未达到设定值，此时 PXW9 调节器给出信号至 PLC。PLC 自动将一号泵切换至工频电网，接触器 KM2 释放、KMl 吸合，变频器输出为零，PLC 发出指令使二号泵 KM4 闭合。二号泵启动并调速至水压达 PXW9 的设定值，使水压转速恒定。三号泵一般作为备用泵，当用水量变化，水压超过了设定值，水泵输出频率降低至频率为零时，KM4 释放，二号泵停机。PLC 发出指令使变频器至工频输出，一号泵工频运行，KM1 关，切换为变频，KM2 吸合并降频，使水泵转速降至 PXW9 调节器的设定值，水泵稳定恒压运行，整个系统可将用水量从最小至最大全面控制。对水泵进行工频和变频电网切换过程应尽量快，各接触器间的动作时间由 PLC 设定。

本系统中，PLC 可选用 OMRON 公司的 C28P，该小型整体式 PLC 具有 16 个输入点、12 个输出点并可扩展一块 D/A 模块，满足系统的要求。变频器可选用富士电机公司的 FRENIC 5000G9S，频率可调范围 0～60Hz。

6.4.4 变频器在电梯控制系统中的应用

电梯传动方式根据升降轿箱动力媒体的不同，可分为绳索式和液压式两种。液压式电梯采用变频器控制泵的转速，以调节泵的输出流量，从而提高系统控制质量。绳索式电梯又可分为低速电梯与高速电梯，采用变频器控制。下面以绳索式低速电梯为例介绍电梯变频调速系统。

1. 低速电梯的高载波频率变频器控制

利用变频器驱动电动机时，通常采用 PWM 控制方式。而用频率为 f_c 的三角波作载波进行 PWM 控制，会产生 $nf_c(n=1, 2, \cdots)$ 及其旁频高次谐波电压，因而产生电动机噪声。降低噪声的方法是使载波频率高于声频，可采用大容量高速开关 IGBT，低速电梯采用低噪声高载波频率 PWM 变频器。IGBT 开关速度是双极晶体管的数倍，但不能只从开关速度决定载波频率。如果载波频率过高，会出现开关器件及其缓冲电路损耗过大等副作用；另一方面，电动机噪声随载波频率的增大而减小，当达到一定频率时，则与使用市电驱动的电动机几乎相同，在噪声强度 N_O 处达到饱和，如图 6.36 所示。在此范围内，上述副作用实际不产生影响，且电动机噪声与用市电驱动时相同，变频器载波频率为 10kHz。由于载波高频化，噪声大幅度降低，即使不用滤波器也可使电梯噪声很小。由于 IGBT 为电压型驱动器件，故可减小驱动回路耗电量，提高驱动回路的可靠性，并使其小型化，也使得变频器体积变小。

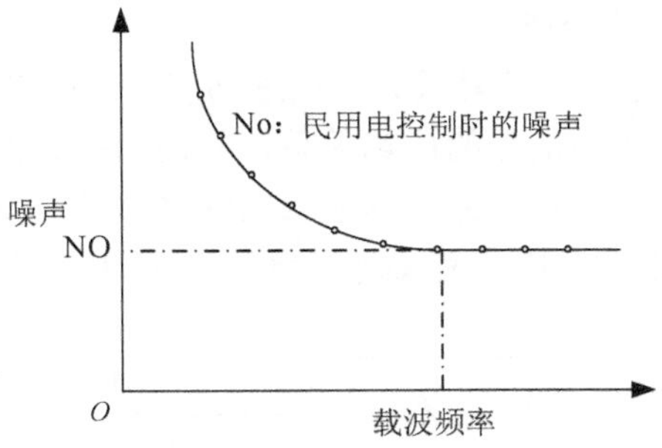

图 6.36 载波频率与噪声的关系

2. 安川 VS-616G5 通用变频器电梯调速系统

通用变频器 VS-616G5 可直接控制交流异步电动机的电流，使电动机保持较高的输出转矩。它适用于各种应用场合，可在低速下实现平稳启动并且极其精确地运行，其自动调整功能可使各种电动机达到高性能的控制。VS-616G5 将 U/f 控制、矢量控制、闭环 U/f 控制、闭环矢量控制四种控制方式融为一体，其中闭环矢量控制是最适合电梯控制要求。

1) 变频器的配置及容量选择

VS-616G5 变频器用在电梯调速系统中时，必须配 PG 卡及旋转编码器，以供电动机测速及反馈。旋转编码器与电动机同轴连接，对电动机进行测速。旋转编码器输出 A、B 两相脉冲，当 A 相脉冲超前 B 相脉冲 90° 时，可认为电动机处于正转状态；当 A 相脉冲滞后于 B 相脉冲 90° 时，可认为电动机处于反转状态。旋转编码器根据 AB 脉冲的相序，可判断电动机转动的方向，并根据 A、B 脉冲的频率(或周期)测得电动机的转速。旋转编码器将此脉冲输出给 PG 卡，PG 卡再将此反馈信号送给 616G5 内部，以便进行运算调节。A、B 两相脉冲波形如图 6.37 所示。

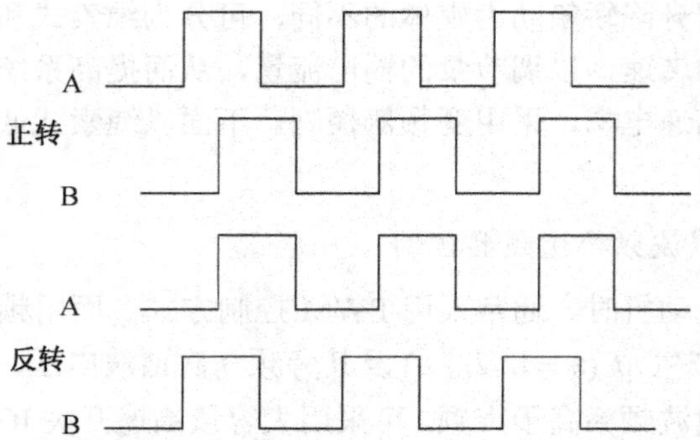

图 6.37　A、B 脉冲波形

VS-616G5 用在电梯调速系统中时，还必须配置制动电阻。当电梯减速运行时，电动机处于再生发电状态，向变频器回馈电能。这时同步转速下降，交—直—交变频器的直流部分电压升高，制动电阻的作用就是消耗回馈电能，抑制直流电压升高。

除 PG 卡和制动电阻外，VS-616G5 还需配置 600 脉冲旋转编码器和电梯运行曲线输入板(可选配)。其容量可选 1∶1 配置，即电动机容量和变频器容量相等。最好采用大一数量级选配，即 11kW 电动机选 15kW 的变频器、15kW 电动机选 18kW 的变频器。

2) 电梯变频器调速系统的构成

变频器控制的电梯系统中，变频器只完成调速功能，而逻辑控制部分是由 PLC 或微电脑来完成的。PLC 负责处理各种信号的逻辑关系，从而向变频器发出启停等信号，同时变频器也将本身的工作状态信号送给 PLC，形成双向联络关系。变频器通过与电动机同轴连接的旋转编码器和另配置的 PG 卡，完成速度检测及反馈，形成闭环系统。系统构成如图 3.38 所示。

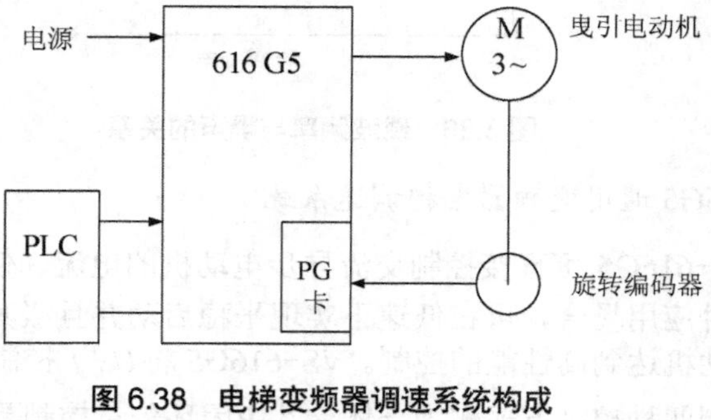

图 6.38　电梯变频器调速系统构成

3) 系统电路原理

电梯的一次完整的运行过程，就是曳引电动机从启动、匀速运行到减速停车的过程。

当正转(或反转)及高速信号有效时，电动机从 0～50Hz 开始启动，启动时间在 3s 左右，然后维持 50Hz 的速度一直运行，完成启动及运行段的工作。当换速信号到来后，PLC 撤销高速信号，同时输出爬行信号。此时爬行的输出频率为 6Hz(也可用 4Hz)。从 50Hz 到 6Hz 的减速过程在 3s 内完成，当达到 6Hz 后，就以此速度爬行。当平层信号到来时，PLC 撤掉正转(或反转)信号及爬行信号，此时电动机从 6Hz 减速到 0Hz。正常情况，在整个启动、运行及减速爬行段内，变频器的零速输出点及异常输出点一直是闭合的，减至 0Hz 之后，零速输出点断开，通过 PLC 抱闸及自动开门。其电路原理如图 6.39 所示。

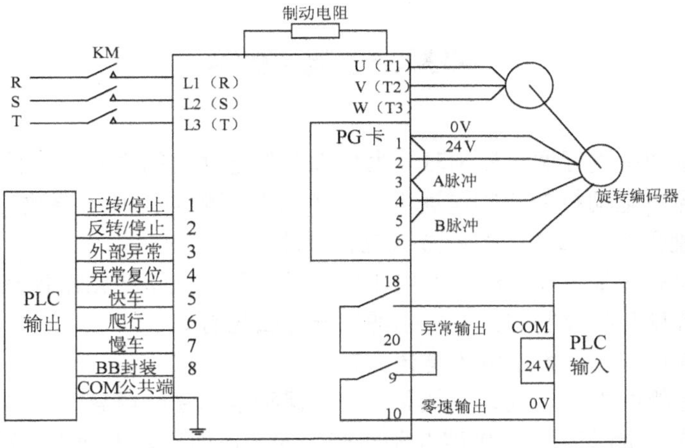

图 6.39　系统电路原理图

在现场调试中，应使爬行段尽可能短，并要求在各种负载下都以大于零为标准来调整减速起始点。电梯的运行曲线如图 6.40 所示。

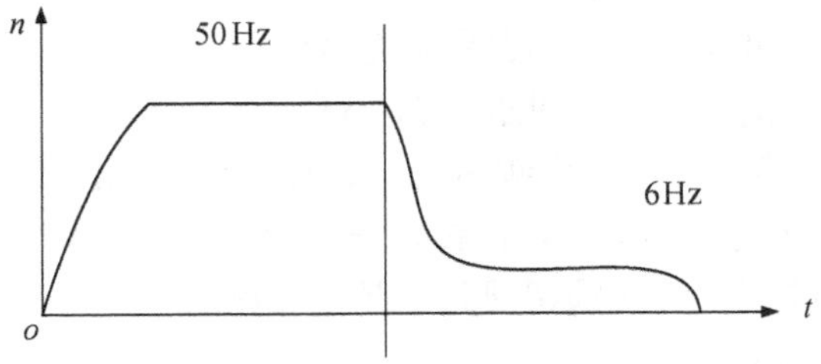

图 6.40　电梯运行曲线

如果配置运行曲线输入板，则将此板的模拟输出量送给变频器的频率指令模拟量输入端口，这样整个运行速度就完全以曲线板的输出为理想曲线，自适应调速运行。其优点是无爬行段，电梯可直接停靠。

本 章 小 结

通用变频器具有调速范围宽、调速精度高、动态响应快、运行效率高、功率因数高、操作方便、易与其他设备接口等优点，在机电控制技术中占有非常重要的地位。变频器的发展与普及应用提高了现代工业的自动化水平，提高了产品质量和劳动生产率，节约了能源及原材料，降低了生产成本，其社会效益十分显著。目前，变频器的应用几乎遍及生产、生活的各个领域。

本章在简要介绍变频调速基本原理、控制方式、基本结构及分类的基础上，从应用角度出发，详细介绍了通用变频器与PLC的典型连线，并以市场上较常用的OMRON公司的C28P和安川公司的VS-616G5通用变频器为例，介绍变频调速与PLC在恒压供水系统和电梯控制系统中的典型应用。

习题与思考题

6-1 对异步电动机进行调速控制时，为什么希望电动机的主磁通保持额定值？

6-2 在交流异步电动机的变频调速中，为什么在变频的同时还要改变电压？在基频以上或基频以下分别采取什么样的控制方式进行调速？

6-3 变频器由哪些基本环节组成？电压型变频器和电流型变频器各有什么特点？

6-4 变频器有哪几种控制方式？分别适用于什么场合？

6-5 矢量变换控制的基本出发点是什么？

6-6 变频器有哪些主要功能？变频器自身的保护包括哪些内容？

6-7 为防止PLC因变频器主电路断路器产生的噪声而出现误动作，系统电源和接连可采取哪些措施？

6-8 采用交流变频调速(VVVF)、可编程序控制器技术，以供水压力为反馈信号，完成四台供水泵的控制。

(1) 控制方式：自动、手动两种。

自动——由变频器、可编程序控制器完成全控制；

手动——由继电器、接触器来完成水泵起、停。

(2) 水泵工作程序：第一台水泵变频启动、运行，当水压满足不了使用要求时(即水压不足)，先将第一台水泵转为工频运行，再投入第二台变频自动。以此类推，直到第四台水泵启动。停泵时先停变频泵，将变频切回到工频后变频运行，即先启动的后停止，后启动的先停止(即为顺开，逆停)。

(3) 要求系统具有短路、过载、欠压、缺相、硬件自锁、互锁等其他保护功能。

参 考 文 献

[1] 李仁．电器控制．北京：机械工业出版社，1996.

[2] 余雷声．电气控制与PLC应用．北京：机械工业出版社，1997.

[3] 周军．电气控制与PLC．北京：机械工业出版社，2001.

[4] 张万忠，刘明芹．电器与PLC控制技术．北京：化学工业出版社，2003.

[5] 吴忠俊，黄永红．可编程序控制器原理及应用．北京：机械工业出版社，2004.

[6] 黄净．电器与PLC控制技术．北京：机械工业出版社，2002.

[7] 张凤池，曹荣敏. 现代工厂电气控制. 北京：机械工业出版社，2000.

[8] 宫淑贞，王冬青，徐世许. 可编程控制器原理及应用. 北京：人民邮电出版社，2002.

[9] 王兆义. 可编程控制器教程. 北京：机械工业出版社，1999.

[10] 陈立定，等. 电气控制与可编程控制器. 广州：华南理工大学出版社，2001.

[11] OMRON SYSMAC CPM1A 可编程控制器操作手册，1997.

[12] OMRON CX-Programmer 5.0 用户手册，2000.

[13] 余雷声. 电气控制与 PLC 应用. 北京：机械工业出版社，2004.

[14] 刘涳. 常用低压电器与可编程序控制器. 西安：西安电子科技大学出版社，2005.

[15] 齐占庆. 机床电气控制技术. 北京：机械工业出版社，1993.

[16] 郑萍. 现代电气控制技术. 重庆：重庆大学出版社，2001.

[17] 王仁祥. 通用变频器选型与维修技术. 北京：中国电力出版社，2004.

[18] 姚锡禄. 变频器控制技术与应用. 福州：福建科学技术出版社，2005.

[19] 张燕宾. SPWM 变频器变频调速应用技术. 北京：机械工业出版社，2005.

[20] 任致程. 电动机变频器实用手册. 北京：中国电力出版社，2004.

[21] 满永奎，韩安荣，吴成东. 通用变频器及其应用. 北京：机械工业出版社，1995.